Naturwissenschaft und Geschichte

Vorträge und Aufsätze
von
Markus Fierz

Springer Basel AG

CIP-Kurztitelaufnahme der Deutschen Bibliothek

Fierz, Markus:
Naturwissenschaft und Geschichte: Vorträge u. Aufsätze / von
Markus Fierz.
ISBN 978-3-7643-1980-9   ISBN 978-3-0348-6045-1 (eBook)
DOI 10.1007/978-3-0348-6045-1

Ursprünglich erschienen bei Birkhäuser Verlag Basel 1988
Softcover reprint of the hardcover 1st edition 1988

Buchgestaltung: Justin Messmer, Basel
ISBN 978-3-7643-1980-9

Inhaltsverzeichnis

Vorwort

Das Buch, das den Leser erwartet, enthält die Perlenkette von vierzehn Abhandlungen wissenschaftshistorischen und wissenschaftsphilosophischen Inhalts, die Markus Fierz zum überwiegenden Teil in Zürich als Vorträge verfasst hat. Sie entstammen seiner zweiten Lebenshälfte. Markus Fierz ist 1912 geboren. Er war von 1943 bis 1959 Professor für Theoretische Physik in Basel, von 1960 bis zu seiner Emeritierung 1977 als Nachfolger von Wolfgang Pauli Professor an der Eidgenössischen Technischen Hochschule in Zürich. Wie es zu seiner Studienzeit in Göttingen und Zürich ausgesehen hat, schildert er liebenswürdig anschaulich in seinem «Rückblick vom Hönggerberg». An der grossen Umwälzung der Physik, die seither stattgefunden hat, war er selbst in verschiedenster Weise aktiv beteiligt. Jedoch ist es nicht der Spezialist oder der Wissenschaftspolitiker, der uns gegenübertritt, sondern der gebildete Humanist, der über «den Sinn seiner Tätigkeit Rechenschaft ablegt». Dies führt ihn notwendig zur geschichtlichen Entwicklung der modernen Naturwissenschaften und zur Psychologie, denn «Physik und Psychologie scheinen ihm komplementäre Betrachtungsweisen der Welt zu sein, die beide einer bestimmten Einstellung des Bewusstseins entsprechen. Die mit ihrer Hilfe gewonnenen Weltaspekte sind Bilder der gleichen Welt, die aber in der Anschauung nicht vereinigt werden können», die jedoch beide gleich wichtig sind, denn die (natur-) «wissenschaftliche Erkenntnis für sich allein ist gefährlich: Das Licht, in dem das Erkannte strahlt, taucht das große Feld des Unbekannten in desto tieferes Dunkel und macht uns blind für die Gefahren, die von dorther kommen».

Zwei Gestalter der Gegenwart sind ihm dabei Führer und Vor-

8

bilder: Wolfgang Pauli und Carl Gustav Jung. Beide hat er gekannt und beide haben seine Entwicklung bestimmt, nicht im Sinne von Antagonisten, herrschte doch zwischen ihnen selbst ein Geben und Nehmen, dessen sichtbarstes Zeichen ihr Buch über «Naturerklärung und Psyche» vorstellt. Markus Fierz hat ihm einen eigenen Aufsatz in dieser Sammlung gewidmet. Das hat ihm einige Mühe gemacht, aber auch er «musste diesen Vortrag halten und dokumentieren, was er den beiden Autoren verdanke». Wer aber zählt die Zeugen aus der historischen Vergangenheit auf, die in diesen Abhandlungen herbeigerufen werden? Sie reichen vom tiefsten assyrischen Altertum bis zu Albert Einstein, dessen bewunderungswürdigste Leistung, die Allgemeine Relativitätstheorie, mehrfach angesprochen wird, wobei auch Bernhard Riemanns Verdienste gebührend gewürdigt werden. Sie alle überragt aber Isaac Newton, der eigentliche Schöpfer der exakten Naturwissenschaften, der nicht nur Mathematiker, Physiker und Chemiker war, sondern auch Historiker, Theologe und Alchimist, und der nur in seiner Gesamtheit verstanden werden kann. Newton und seine Zeit bilden das zentrale Forschungsgebiet des Historikers Markus Fierz. Ihm gehört die weitausgreifende Studie «Über den Ursprung und die Bedeutung der Lehre Isaac Newtons vom absoluten Raum» (Gesnerus *II* [1954] 62–120) an, die in dieser Sammlung fehlt. Dagegen ist in diesem Band die Abschiedsvorlesung des Autors über «Die frühen Jahre der Royal Society of London» enthalten. Sie ist vielleicht die vollkommenste Abhandlung des Buches, in der die ganz unerhörte Gelehrsamkeit des Autors mit leichter Hand zum grössten Vergnügen des Lesers ausgebreitet wird.

In unserer Zeit, die durch die praktischen Ergebnisse der Naturwissenschaften mächtig geprägt ist, die aber zunehmend an ihren Grundlagen zweifelt, ist dieses Buch als eine Hilfe zur Orientierung ein wahrer Segen.

Im Januar 1988
Res Jost

Zur physikalischen
Erkenntnis
(1949)

Ich bin durch Frau Fröbe aufgefordert worden, an dieser Tagung, die dem Menschen gewidmet sein soll, als Physiker zu sprechen. Aber ist es denn Sache des Physikers, über den Menschen zu sprechen? Die Physik ist doch, so sagt man, eine Naturwissenschaft, in der wir nach einer besonderen Methode die Grundgesetze erforschen, welche die Vorgänge in der stofflichen Natur leiten. Der Mensch, als beseeltes Wesen, scheint somit kein Gegenstand der Physik zu sein. Aber die Physik ist eine Tätigkeit und Schöpfung des Menschen, und zwar des modernen Menschen. Zwar sind nur wenige Menschen Physiker, und ihre Tätigkeit ist wohl den meisten ein Rätsel. Ja, die wenigsten haben eine zutreffende Vorstellung von dem, was ein theoretischer Physiker den ganzen Tag treibt. Und doch hat das Treiben der Physiker für unser Leben tiefgreifende Folgen gehabt. Die gesamte moderne Technik ist zum überwiegenden Teile physikalische Technik und sie beherrscht unser Leben in erstaunlichem Maße.

Physik in unserem Sinne gibt es etwa seit dem Anfang des 17. Jahrhunderts. Galileo Galilei (1564–1642), der geboren wurde, als Michelangelo starb, ist ihr erster großer Meister. 1657 hat der Holländer Christian Huygens (1629–1695) die Pendeluhr erfunden, d. i. die erste Uhr, die ein wirkliches physikalisches Zeitmeßinstrument vorstellt. Mit Hilfe der Pendeluhr wird eigentlich die physikalische Zeit erzeugt, denn ohne sie ist die Zeit nur erkennbar als Tag und Nacht, Sommer und Winter, als die Lebenszeit, als Vergangenheit, Gegenwart und Zukunft. Nun aber ist sie dargestellt in der Schwingung eines Pendels – offenbar eine bei weitem farblosere und abstraktere Vorstellung.

Heute beherrscht diese physikalisch gemessene Zeit unser Leben. Die Organisation von Arbeit und Unterricht, das moderne Verkehrswesen, sie laufen nach der Uhr. Uhren sind ein begehrter Handelsartikel, und jede gute Uhr stellt einen hochwertigen physikalischen Apparat dar, den jedermann mit sich herumträgt. Daher kommt es, daß die Schweiz jedes Jahr an 20 Millionen Uhren ins Ausland exportieren kann, was mehr Geld einbringt als unsere gesamte chemisch-pharmazeutische Industrie. So ist Zeit Geld geworden, und wir sind ihre Sklaven.

Das möge bloß ein Beispiel sein, wie tief die Physik in unser Leben eingreift. Wir sehen hier leicht, welche Faszination von den physikalisch-technischen Maschinen ausgeht. Diese ist durchaus ursprünglich: schon unsere Kinder zeigen größtes Interesse für alle Arten von Maschinen. Sie spielen eifrig mit Autos, sie zeichnen diese und sind selber in ihren Spielen Automobile und Lokomotiven. Diese sind eine Art magischer Wesen, deren Namen man wissen muß, d. h. jeder bessere Erstkläßler kennt und erkennt fast alle Automarken, und diesem Wissen wird eine beträchtliche Bedeutung zugemessen.

Das und vieles andere sind Äußerungen dessen, was man schon die Dämonie der Technik genannt hat. Technik ruht aber auf Physik. Ihre Wirkung kann nicht begriffen werden, ohne Verständnis dieser ihrer Grundlage. Ohne solches Verständnis bleiben wir die Opfer der Technik und eines Denkens, das auf die Dauer niemanden befriedigen kann.

Mit «Verständnis der Physik» meine ich nun nicht, daß jeder ein Physiker sein sollte. Das dürfte für die meisten eine unmögliche Forderung sein. Die Physiker aber wären dann jeder Aufgabe enthoben oder hätten sich lediglich darum zu bemühen, das, was heute ungeklärt ist, weiter abzuklären. Diese Aufgabe ist allerdings schon schwer genug. Ich meine aber, daß gerade den Physikern die weitere Aufgabe gestellt ist, sich über den Sinn ihrer Tätigkeit Rechenschaft zu geben. Dabei zeigt es sich, daß wir schon froh sein müssen, wenn uns ein tastender Versuch in dieser Richtung gelingt.

Wenn wir nun einen solchen Versuch wagen wollen, so ist es vielleicht gut, einen kurzen Blick auf die historische Entwicklung unserer Wissenschaft zu werfen.

Die heutigen exakten Wissenschaften haben bekanntlich Vorläufer, unter denen die Alchemie der bekannteste ist. Diese muß, von uns aus gesehen, als eine vorwissenschaftliche Stufe der Chemie betrachtet werden. Die naturwissenschaftliche Forschung war aber für die Alchemisten zugleich eine symbolisch bedeutsame Tätigkeit, während die Chemie oder Physik für einen modernen Gelehrten kaum diesen Charakter trägt.

Isaac Newton (1643–1727), der um 1700 gewirkt hat, war noch selber ein eifriger Alchemist. Dementsprechend wundert es uns nicht, wenn für ihn auch in der Physik eine Art symbolischer Gotteslehre enthalten war. Raum und Zeit, so lehrte er, sind das «sensorium dei» und werden kraft Gottes Allgegenwart und Ewigkeit erzeugt. So wird der Raum Ausdruck der göttlichen Allgegenwart, die Zeit seiner Ewigkeit: «Durat semper (scilicet deus) et adest ubique, et existendo semper et ubique durationem et spatium, aeternitatem et infinitatem constituit», so heißt es im «Scholium generale» der 2. Auflage der «Principia» von 1713.

Schon Gottfried Wilhelm Leibniz (1646–1716) hat das Unbefriedigende dieser Ideen deutlich empfunden und lebhafte Kritik daran geübt. Auch heute erscheinen uns diese Gedanken künstlich; sie entbehren eines notwendigen Zusammenhangs mit dem eigentlichen physikalischen Denken des Schöpfers der klassischen Mechanik. Während dieses sich als höchst entwicklungsfähig und folgenreich erwiesen hat und noch heute für die Physik von Bedeutung ist, sind jene Ideen nur mehr von historischem Interesse.

Vielleicht hat auch Newton selber schon daran gelitten, daß seine Philosophie nicht recht zu seinem physikalischen Denken passen wollte. Wir wissen, daß er gerade in der Zeit, als er sein Hauptwerk, die Principia, schrieb, eifrig alchemistisch laborierte. Wenig später hat er eine schwere seelische Krise durchgemacht; eine Gleichgewichtsstörung, die wohl teilweise auch mit dem gestörten Gleichgewicht seines Weltbildes zusammenhing. Dann wäre sein damaliges, persönliches Leiden ähnlich der Krankheit, von der heute ein großer Teil der Menschheit befallen ist.

Bei seinen Nachfolgern ist nun das Gefühl dafür, daß das physikalische Weltbild wesentlich unvollständig sei, daß es aber zugleich einen symbolischen Sinn haben könnte, mehr und mehr abhanden gekommen. Andererseits hat das philosophische Denken den Kontakt mit den Naturwissenschaften weitgehend verloren oder es ist in gänzliche Abhängigkeit von diesen gelangt.

Die Fülle der neuentdeckten naturwissenschaflichen Erkenntnisse und Möglichkeiten war allerdings dermaßen überwältigend, daß ihre Einseitigkeit vorerst kaum zu Bewußtsein kam. Zugleich gewannen diese Erkenntnisse ein Maß an innerer Konsequenz, daß sie notwendig überzeugend wirkten. Wie begeistert man über die wissenschaftlichen Fortschritte war, zeigt der uns heute grotesk erscheinende Erfolg des Häckelschen Monismus[1].

Das Gleichgewicht war aber gestört und konnte durch die Philosophie nicht wieder hergestellt werden; denn sie konnte auf nichts hinweisen, was das Interesse der Naturforscher geweckt hätte. Das hätten allgemein gültige Erfahrungen oder Wirkungen sein müssen und eine von der physikalischen Methode verschiedene wissenschaftlich-empirische Methode zu ihrer Erforschung. Darum blieb die Naturforschung selbstgenügsam und suchte mit ihren Mitteln ein sogenanntes naturwissenschaftliches Weltbild aufzubauen. Denn das Bedürfnis, sich vom Sinne des Weltgetriebes Rechenschaft zu geben, ist dem Menschen eingeboren, gehört zu seinem höchsten Streben und bleibt immer lebendig. Indem nun die Naturwissenschaften helfen sollten, diesen Trieb zu befriedigen (wenn wir das so sagen dürfen), mußte ihren Begriffen und Vorstellungen eine weit über jede Erfahrung hinausreichende, absolute, metaphysische Bedeutung zugeschrieben werden.

Und doch blieben die Physiker dem Prinzip induktiver Forschung treu, das mit Galilei so siegreich in die Wissenschaft eingedrungen war. So wurde es möglich, daß um die Jahrhundertwende die Entwicklung der physikalischen Forschung selber zu einer Wandlung der physikalischen Grundvorstellungen führte, die trotz ihrer inneren Konsequenz revolutionär genannt werden darf.

Die konsequente Entwicklung der klassisch-physikalischen Theorien führte zu logischen Widersprüchen und zu solchen mit der Erfahrung. Neue Entdeckungen kamen hinzu und sie führ-

---

[1] Ernst Häckel (1834–1919). Zoologe und Naturphilosoph; entwickelte auf biologisch-naturwissenschaftlicher Grundlage den Monismus (vgl. S. 130).

ten zur modernen Relativitäts- und Quantentheorie. Hierdurch wurde aber der weltanschauliche Überbau der klassischen Physik, das physikalische Weltbild, zum Einsturz gebracht. Da man dieses Weltbild, oder mindestens die Möglichkeit eines solchen, als wesentlichen Teil der Physik betrachtete, so mußte diese Entwicklung als revolutionär erscheinen – sie ist es auch, wenn zwar in anderem Sinne als man damals glaubte.

Bald zeigte sich nämlich, daß die klassische Physik als Grenzfall in der neuen Theorie enthalten ist. Deshalb bewährt sie sich dort noch immer, wo sie sich auch früher in der Erfahrung bewährt hat. Auch ihre Grundbegriffe lassen sich in weitem Umfange rechtfertigen. Denn die neue Physik stellt eine zwar unerwartete, aber notwendige und folgerichtige Verallgemeinerung der klassischen vor.

Man lernte aber zugleich, daß gewisse Schwierigkeiten theoretischer Art, die schon länger bekannt gewesen waren, eine viel tiefere Bedeutung haben, als man vor 1900 anzunehmen geneigt war.

Max Planck (1858–1947), der vor kurzem in seinem 90. Altersjahr gestorben ist, fällt das unsterbliche Verdienst zu, eine jener Schwierigkeiten näher untersucht zu haben, wobei er auf Neuland stieß. Das war im Jahre 1900.

Er bearbeitete nämlich theoretisch das Problem der Wärmestrahlung, d. h. die Frage: Was ist das Spektrum des von einem warmen Körper ausgestrahlten Lichtes? Zuerst gelang es ihm, eine verhältnismäßig einfache Formel zu erraten, welche die damals bekannten, experimentellen Kenntnisse sehr gut wiedergibt. Indem er nun das Problem mit Hilfe der thermodynamischen Statistik theoretisch behandelte, fand er jene Stelle, wo die klassische Elektrodynamik versagt. Es wurde ihm klar, daß er seine halbempirische Formel theoretisch nur ableiten könne, wenn die klassischen Gesetze der Elektrodynamik für die Ausstrahlung von Licht keine Gültigkeit besitzen. So entdeckte Planck die Lichtquanten. Selber suchte er in der Folge noch jahrelang, die prinzipielle Seite seiner Entdeckung zu verschleiern, um so seine Resultate doch noch in den klassisch-physikalischen Rahmen einbauen zu können. Unter der Führung von Albert Einstein (1879–1955) schritt aber die Entwicklung stürmisch weiter. Dieser zeigte 1905, daß die Quanten für die gesamte Physik eine tiefgreifende Bedeutung besitzen. Es gelang ihm, den lichtelektrischen Effekt sowie das thermische Verhalten fester Stoffe bei tiefen Temperaturen quantentheoretisch zu erklären, Erscheinungen, denen die Theoretiker bisher ratlos gegenüberstanden. Indem Einstein aber weitere Folgerungen aus dem Planckschen Gesetz der Wärmestrahlung zog, wurden die begrifflichen Schwierigkeiten, in die die Quantentheorie die Physiker geführt hatte, erst richtig deutlich. Man wurde zu sehr paradoxen Folgerungen geführt und es sollte über zwanzig Jahre dauern, bis ihr Sinn befriedigend verständlich wurde.

Einen Höhepunkt in dieser ersten Entwicklung der Quantentheorie stellen die atomphysikalischen Arbeiten von Niels Bohr (1885–1962) dar. Die erste unter ihnen ist 1913 entstanden. Sie ist grundlegend für das Verständnis der Atomphysik und führte zu einer Theorie des periodischen Systems der chemischen Elemente. In diesen Arbeiten wird konsequent auf ein Verständnis der Erscheinungen im klassischen Sinne verzichtet: die klassische Theorie wird durch sogenannte Quantenbedingungen ergänzt, welche sich theoretisch nur schwer rechtfertigen lassen, da sie die innere Geschlossenheit der Theorie zerstören und zu schwerwiegenden Widersprüchen Anlaß geben. Heute besitzen wir die Möglichkeit, auch die Atome mit Hilfe einer geschlossenen, widerspruchsfreien Theorie zu begreifen, die allerdings manchem noch paradoxer erscheinen mag als jene alte und vorläufige Quantentheorie.

Parallel hierzu gelang es der Kunst der Experimentalphysiker, die Existenz der Atome nachzuweisen und ihre Eigenschaften zu erforschen, was für jene theoretischen Arbeiten natürlich von größter Wichtigkeit war.

Ebenfalls im Jahre 1905 ist die erste Arbeit Einsteins über Relativitätstheorie erschienen. Sie trägt den Titel: «Zur Elektrodynamik bewegter Körper». In der Folgezeit hat Einstein diese Theorie zu einer Theorie der Schwerkraft erweitert – d.i. die sogenannte allgemeine Relativitätstheorie –, die unsere Vorstellungen von Raum und Zeit völlig umgestaltet hat.

Die Entwicklung der Physik in jenen Jahren war zwar von rein wissenschaftlichem Charakter und hatte keinerlei Folgen fürs tägliche Leben. Desto auffallender ist das große Interesse, das ein breites Publikum, vor allem an der Relativitätstheorie, genommen hat. Einsteins Name war in aller Munde. Eine Unzahl mehr oder weniger wissenschaftlicher Aufsätze für oder gegen diese Theorie wurden gedruckt. Und am Kaffeetisch suchte man sich mit Hilfe von Tassen und Löffeln die Relativität der Zeit oder die Krümmung des Raumes, meist vergeblich, klarzumachen.

Doch nicht nur bei Laien, auch bei sonst kompetenten Gelehrten war damals eine durchaus irrationale, affektbetonte Ablehnung der neuen Erkenntnisse zu beobachten.

Als es dann zu Ende der Zwanzigerjahre gelang, eine mathematisch und logisch befriedigende Formulierung der Quantentheorie zu finden, wurde auch dieser Erfolg keineswegs überall freudig begrüßt. Der Theorie wurde nun vielmehr der Vorwurf gemacht, sie sei allzu abstrakt und werde den Forderungen, die an jede physikalische Theorie gestellt werden müßten, nicht gerecht.

Gerade diese merkwürdigen Reaktionen können nun dazu dienen, besser zu verstehen, was physikalische Erkenntnis sei.

Wogegen wehrte man sich denn so leidenschaftlich und was sind jene Forderungen, die eine physikalische Theorie angeblich erfüllen soll? Um diese Frage beantworten zu können, will ich zuerst versuchen, kurz die Auffassung von Raum und Zeit, wie sie durch die allgemeine Relativitätstheorie formuliert wird, zu charakterisieren.

In dieser werden Raum und Zeit in sehr allgemeiner Weise als mathematisches Ordnungsschema aufgefaßt, das durch gewisse Funktionen gekennzeichnet werden kann. Die innere Struktur dieses Schemas, d. h. die geometrischen Eigenschaften von Raum und Zeit sind dabei durch die Materie bedingt. Man darf sogar sagen, Raum und Zeit, die Geometrie der Welt, erscheinen durch die Materie erzeugt, so wie elektrische Ladungen in ihrer Umgebung elektrische Felder erzeugen. Das Raum-Zeit-Kontinuum ist mit dem Schwerefeld identisch, das die Materie in ihrer Umgebung hervorbringt.

In der klassischen Physik dagegen ist der Raum etwas a priori Vorhandenes. Er ist unabhängig von den in ihm ablaufenden physikalischen Vorgängen. Newton vergleicht deshalb den Raum mit dem allgegenwärtigen Gott und zitiert das Pauluswort: «In ihm leben wir, weben wir und sind wir.» In der Philosophie Immanuel Kants (1724–1804) wird diese Idee so ausgedrückt: der Raum ist eine Form der Anschauung und kein Gegenstand physikalischer Erfahrung. Seine Struktur wird in der euklidischen Geometrie unabhängig von jeder empirischen Erkenntnis mit apodiktischer Gewißheit, d.h. a priori erkannt. Wenn es Kant somit auch nicht mehr einfiel, den Raum wie Newton als sensorium dei aufzufassen, so schrieb er ihm doch eine besondere metaphysische, oder wie er es nannte, transcendentale Qualität zu.

In diesem absoluten Raume – absolut, weil er von allem unabhängig ist – sollte sich nun gemäß den Vorstellungen der klassischen Physik das Naturgeschehen abspielen. Dieses dachte man sich durchgängig kausal bestimmt. Auch die Naturvorgänge haben absoluten Charakter, denn sie verlaufen unabhängig davon, ob sie je beobachtet werden oder nicht. Die Folge dieser Auffassung ist, daß die Zeit ihren dynamischen Charakter völlig verliert. Wegen des Kausalgesetzes ist ja das Naturgeschehen für alle Zeiten bestimmt und die Gegenwart ist vor der Vergangenheit oder der Zukunft durch gar nichts ausgezeichnet. Daß wir über das Zukünftige und auch über die Vergangenheit weniger wissen als über die Gegenwart – oder daß es uns wenigstens so erscheint –, muß in diesem Rahmen als eine zwar merkwürdige, aber nicht als eine grundsätzliche Sache gelten. So hat dieses Weltbild einen durchaus statischen Charakter und erinnert in hohem Maße an jenes absolute «Sein» des Parmenides[2].

Nun möchte ich gar nicht die Großartigkeit dieses Versuches, die Welt zu erfassen, bestreiten. Alle suchen wir die Natur als Ausdruck einer ewigen Ordnung zu erschauen, und das klassisch-physikalische Weltbild entspricht diesem Streben in hohem Maße. Doch hat es sich als allzu gewaltsame Vereinfachung erwiesen. Zudem erscheint es schon auf Grund rein erkenntnistheoretischer Erwägungen als verdächtig. Es hatten deshalb auch zu Zeiten, wo seine Schwächen innerhalb der Physik noch nicht deutlich sichtbar waren, viele das Gefühl, daß in diesem Weltbild für den Menschen als lebendes und belebtes Wesen eigentlich kein Raum sei. Und doch war es jedem klar, daß es eine Schöpfung des Menschen sei – was sofort zu sehr paradoxen Folgerungen führt.

Nun müssen wir als Naturforscher der Welt gewiß eine objektive Existenz zuschreiben. Doch zu jedem Objekt gehört stets

---

[2] Vgl. S. 58.

ein Subjekt, das jenes erkennt und von ihm unterschieden werden muß. Jene Welt der klassischen Physik existiert aber gar nicht als Objekt, sondern als ein absolutes Wesen. Sie hat es gewissermaßen gar nicht nötig, erkannt zu werden, weshalb im Rahmen des klassischen Weltbildes der Sinn der Erkenntnis und ihre Möglichkeit nicht einzusehen ist. Doch kann man die Frage nach dem Sinn der Erkenntnis nicht umgehen, sowenig wie diejenige nach dem Sinn des Lebens. Darum gab man zu, daß es noch einen Bereich des Geistigen geben müsse, wo solche Fragen ihre Antwort fänden. Irgendein Zusammenhang zwischen diesem Geistesreich und der physikalischen Welt war jedoch nicht denkbar – obwohl das physikalische Weltbild selber sicher in jenes gehört.

Somit war das erkenntnistheoretische Problem von Anfang an gänzlich verwirrt und nicht einmal vernünftig formulierbar – geschweige denn, daß man hätte darüber nachdenken können. Man gab sich deshalb jeweils – nach einigen mißratenen Versuchen zu etwas Besserem – mit dogmatischen Behauptungen zufrieden, welche nicht besser waren als jene alte prästabilierte Harmonie von Leibniz. Oder aber, man beschränkte sich auf ein ebenso dogmatisches ignorabimus.

Glücklicherweise zeigt nun die Quantentheorie einen Weg aus diesem circulus vitiosus. Die klassische Physik wird eben – abgesehen von ihrer philosophischen Fragwürdigkeit – der wirklichen Natur keineswegs gerecht. Wir haben gelernt, daß jede Beobachtung grundsätzlich einen Eingriff in das beobachtete Objekt darstellt, dessen Folgen sich bei hinreichender Meßgenauigkeit in eigentümlicher Art äußern. Die Wirkungen der Beobachtung auf das Beobachtete können nämlich innerhalb gewisser Schranken grundsätzlich nicht kontrolliert werden und sind daher nur statistisch voraussagbar. Eine derartige Kontrolle wäre nur mit Hilfe eines neuen Eingriffes möglich, was, wie sich zeigen läßt, völlig gleichwertige Störungen zur Folge hätte. Deshalb können über das Verhalten eines beobachteten Einzelobjektes im Prinzip nur statistische, d. h. Wahrscheinlichkeits-Aussagen gemacht werden. Der Einzelvorgang erweist sich somit nicht als kausal determiniert. Die Wahrscheinlichkeits-Aussagen der Quantentheorie beziehen sich deshalb eigentlich auf eine Gesamtheit gleichartiger Naturobjekte, deren statistisches Verhalten theoretisch vorausgesagt und experimentell geprüft werden kann. Diese Gesamtheit wird symbolisch-mathematisch beschrieben, von ihr handelt die Theorie in erster Linie.

Wenn diese Auffassung richtig ist – und wir zweifeln nicht daran –, dann ist die Vorstellung einer absoluten, vom Beobachter unabhängigen Welt falsch. Diese Vorstellung wurde aber gerade für die Grundlage der physikalischen Forschung gehalten, die ihren Ergebnissen objektive Geltung sichern sollte. Nun ist allerdings zuzugeben, daß für eine physikalische Weltanschauung eine solche Vorstellung vielleicht die Grundlage sein muß. Denn nur so können wohl die physikalischen Gesetze als Weltgesetze schlechthin gelten.

Wir müssen uns nun andererseits klarmachen, daß die Physik eine durch bestimmte Methoden gekennzeichnete Wissenschaft ist. Ihre Begriffe und die mit ihrer Hilfe formulierten Gesetze haben deshalb zuerst nur im Rahmen der Physik einen bestimmten Sinn. Sie sind erklärt durch den Hinweis auf ein Gebiet experimenteller Erfahrung und erhalten ihre genauere Umschreibung durch eine mathematisch-physikalische Theorie.

Da nun die Physik eine Erfahrungswissenschaft ist, so sind ihre Theorien nie völlig abgeschlossen. Die genaue Bedeutung und Tragweite physikalischer Begriffe kann darum nie völlig scharf abgegrenzt werden. Indem die Weiterentwicklung der Wissenschaft oft auch zu einer Revision der Grundbegriffe zwingt, so werden auch die Begriffe unserer Wissenschaft eine allmähliche Wandlung erfahren und je nachdem in verschiedenem Lichte erscheinen. Nun dienen zwar manche physikalische Begriffe der Aufweisung eines anschaulich gegebenen Sachverhalts. Solange wir sie nur in dieser Art gebrauchen und uns mehr oder weniger direkt auf die unmittelbare Erfahrung beziehen, treiben wir, wie man sagt, phänomenologische Theorie. Solche Theorien haben einen beschränkten Geltungsbereich, der sich sehr wohl umreißen läßt und besitzen auch einen recht abgeschlossenen Charakter. Sie bleiben immer richtig und haben für die Technik größte Bedeutung. Man hat eine Zeitlang versucht, das Ziel der Physik in der Entwicklung derartiger Theorien zu sehen, doch muß das als eine Art Verlegenheitslösung betrachtet werden. Heute sind wir nicht mehr geneigt, hierin den wesentlichen Inhalt der Physik zu erblicken. Probleme, wie die der Atomphysik, die heute zu den am meisten bearbeiteten gehören, können gar nicht von einem derartigen Gesichtspunkt aus begriffen werden. Denn die Atome sind unserer sinnlichen Erfahrung unzugänglich; sie verhalten sich auch durchaus anders als jeder noch so kleine, direkt wahrnehmbare Körper. Dennoch zweifelt heute niemand mehr an ihrer Existenz.

Wir sagten, daß sich die physikalischen Begriffe auf experimentelle Erfahrung beziehen. Diese ist jedoch durchaus verschieden von dem, was man im täglichen Leben gewöhnlich als Erfahrung bezeichnet. Ein Experiment ist ein durch planmäßige Willkür und mit Hilfe technisch-physikalischer Apparate erzeugter Naturvorgang, der mit ebensolchen Apparaten auch nachgewiesen wird. Deshalb hat auch der Experimentator eine eigentümliche und besondere Liebe zu seinen Apparaten. Er baut sie selber auf und sie vermitteln ihm den Zugang zur physikalischen Natur. Die Naturvorgänge, die in solcher Weise studiert werden, müssen in qualitativer und womöglich auch in quantitativer Hinsicht beliebig oft wiederholt werden können. Zur erfolgreichen Ausführung eines Experimentes ist daher ein möglichst weitgehendes theoretisches Verständnis der Funktion der Meßapparate notwendig. Es ist nur sinnvoll, wenn die Bedingungen, unter denen es reproduziert werden kann, bekannt sind. Zwar ist jedes Experiment ein höchst komplexer Vorgang, den wir nie ganz überblicken können. Dies gilt um so mehr, als ja bei einem wissenschaftlichen Experiment, wie es der Forscher ausführt, das Resultat vorerst nicht bekannt ist. Es muß jedoch möglich sein, aus dem gesamten Vorgange gewisse wesentliche Züge herauszuarbeiten, die eben jenes Merkmal der Reproduzierbarkeit aufweisen. Dieses Ziel mag oft nur mühsam und auf Umwegen und Irrwegen erreicht werden.

Somit sind physikalische Experimente gewissermaßen wohlpräparierte Naturvorgänge. Das Experimentieren ist eine Kunst, die sich ohne spezifisches Talent nicht erlernen läßt; denn der Forscher möchte das Unbekannte ergründen, mehr darin finden als das schon Bekannte und doch den Tücken des Objekts nicht zum Opfer fallen.

Soweit wir sehen können, scheint diese Art der Naturforschung keine Grenzen zu haben. Indem wir mit den Naturobjekten physikalisch experimentieren, werden sie zu physikalischen Objekten – zu physikalischen Präparaten könnte man sagen. So gleicht der Physiker jenem König Midas, in dessen Händen alles zu Gold wurde. Deshalb werden wir innerhalb der Physik auch nie zu jener Grenze gelangen, wo die Physik aufhört und etwas ganz anderes, z. B. das Seelische seinen Anfang nimmt. Hieraus folgt jedoch nicht, daß die Physik die Welt vollständig erfassen könne. Denn sie untersucht nur reproduzierbare Naturvorgänge. Darum ist es auch begreiflich, daß die Gesetze der Atomphysik, die Grundgesetze der Physik, wie sie in der Quantentheorie beschrieben werden, statistische Gesetze sind. Denn solche haben gerade nur für sehr oft in gleicher Weise erzeugbare Erscheinungen einen Sinn. Alles aber, was wesentlich einmalig, was individuell erscheint, kann nicht Gegenstand der Physik sein. Für unser Leben aber mag gerade dieses das Entscheidende sein. So ist die physikalische Welt grenzenlos, aber einseitig. Bevor wir auf die Frage eingehen, wie diese Einseitigkeit kompensiert werden könnte, müssen wir noch eine wesentliche Eigenheit physikalischer Theorien-Bildung näher betrachten.

Die physikalischen Theorien werden bekanntlich nicht mit Worten, sondern mathematisch formuliert. Eine Formulierung mit Hilfe von Worten allein wäre durchaus unzulänglich und mangelte der Überzeugungskraft.

In der Theorie werden die physikalischen Objekte durch ein System mathematischer Größen dargestellt. Aus deren funktionalen Beziehungen lassen sich quantitative Folgerungen herleiten, die als Verhältnisse zwischen meßbaren Größen experimentell nachgeprüft werden können. Die Maßzahlen an sich sind hierbei nicht von wesentlichem Interesse, sondern nur die Relationen zwischen ihnen, die auf eine qualitativ und quantitativ bestimmte Struktur hinweisen.

Eine Theorie ist ein mathematischer Formalismus nebst einem Kommentar, der aussagt, was für physikalische Dinge oder Begriffe die mathematischen Zeichen bedeuten sollen. Unter «mathematischen Zeichen» hat man sich durchaus nicht Zahlen vorzustellen, sondern Formelbilder, die aus Buchstaben und gewissen konventionellen Symbolen zusammengesetzt sind. Diese Formelbilder sind der Gegenstand unserer Betrachtung. Man kann sie nach gewissen Regeln umformen und so ihre Beziehung zu anderen, bekannten Formeln untersuchen. Sie sind uns ähnlich anschaulich und sinnvoll, wie dem Geometer seine Figuren oder auch dem Schachspieler eine Stellung auf dem Schachbrett.

Die Mathematik ist nun in der Physik von so hervorragender

Bedeutung, daß die Art der physikalischen Erkenntnis nicht begriffen werden kann, ohne daß man sich auch darum bemüht, eine einigermaßen zutreffende Auffassung des Mathematischen zu erlangen.

Es ist natürlich naheliegend, die Mathematik als den Inbegriff alles Rationalen aufzufassen. Man würde dann sagen, die Physik erstrebe eine durchgehende Rationalisierung der Naturerkenntnis. Diese Auffassung ist nun nicht gänzlich falsch, aber sie ist sicherlich sehr einseitig und deshalb ungenügend. Wir wollen hier gar nicht auf die Frage eingehen, ob es überhaupt möglich ist, jenen Standpunkt konsequent festzuhalten, da doch die Natur das wesentlich Irrationale ist. Man würde wohl gezwungen sein, die Ratio selber im Irrationalen zu begründen. Ich möchte hier vielmehr zeigen, daß die Mathematik, so wie sie dem Mathematiker erscheint, noch ganz andersartige Züge trägt. Die mathematischen Gebilde haben nämlich einen eigentümlichen, faszinierenden Charakter, der durchaus nicht rationalen Ursprungs ist. Auf primitiver Stufe erscheinen sie als magische Gebilde oder Symbole, wie etwa das Dreieck und das Quadrat oder wie die fünf regulären Körper. Auch die ganzen Zahlen haben eine besondere Qualität, die die Grundlage mystischer Lehren geworden ist. Der Sinn für die Zahlensymbolik ist bezeichnenderweise in der Schule des Pythagoras besonders entwickelt gewesen, welche auch das Gesetz der Grund- und Obertöne einer Saite entdeckt hat: eines der am frühesten bekannten physikalischen Gesetze.

Man kann sich denken, daß jenes Zeichen des Makrokosmos, von dem gesagt wird:

> Wie alles sich zum Ganzen webt,
> Eins in dem andern wirkt und lebt!
> Wie Himmelskräfte auf- und niedersteigen
> Und sich die goldnen Eimer reichen!
> Mit segenduftenden Schwingen
> Vom Himmel durch die Erde dringen,
> Harmonisch all' das All durchklingen!

ein mathematisches Zeichen gewesen sei, eine theoretisch-physikalische Weltformel. Daß Faust in diesem Zeichen schließlich die lebendige Natur nicht finden kann, liegt vielleicht daran, daß

Goethe eben doch kein Mathematiker war wie Leibniz, auf dessen Weltharmonie jene Verse anspielen sollen.

Und doch wird Faust durch jenes Zeichen merkwürdig bezaubert:

> Bin ich ein Gott? Mir wird so licht!
> Ich schau in diesen reinen Zügen
> Die wirkende Natur vor meiner Seele liegen.

Jeder, der sich als Mathematiker oder theoretischer Physiker betätigt, weiß, welchen Zauber die Mathematik ausüben kann. Ein Problem kann vom Denken Besitz ergreifen und ist imstande, eine förmliche Besessenheit zu erzeugen.

Auch der Mathematiker ist ein Forscher: Er entdeckt neue Gebilde und untersucht ihre Eigenschaften und Zusammenhänge; aber er erfindet sie nicht willkürlich. Die Reihe der ganzen Zahlen ist uns gegeben, sie ist nicht unsere Schöpfung. Ihre innere Struktur ist keineswegs durchsichtig und viele scheinbar einfachen Sätze der Zahlentheorie sind bis heute, obwohl lange bekannt, noch nicht aufgeklärt oder sie sind nur mit Hilfe tiefliegender Methoden beweisbar. Jede ganze Zahl hat auch mathematisch einen individuellen, qualitativen Charakter: Die ganzen Zahlen sind keine bloßen Quantitäten.

Vielleicht werden diese Aussagen durch ein Beispiel verständlicher. Es ist wohl jedem aus dem Unterricht an der Mittelschule bekannt, daß die Lösungen der quadratischen Gleichung

$$ax^2 + bx + c = 0$$

durch die Formel

$$x = \frac{1}{2a}\left(-b \pm \sqrt{b^2 - 4ac}\right)$$

gegeben werden. Ähnlich kann die Gleichung vom 3. Grad

$$x^3 = fx + g$$

durch die sogenannte Formel des Cardano gelöst werden.[3]

---

[3] Girolamo Cardano (1501–1576) aus Mailand war Arzt, Astrologe, Mathematiker und Traumdeuter, vgl. S. 175.

Sie lautet

$$x = \sqrt[3]{\frac{g + \sqrt{g^2 - \frac{4}{27} f^3}}{2}} + \sqrt[3]{\frac{g - \sqrt{g^2 - \frac{4}{27} f^3}}{2}}$$

Diese Formel wurde um 1506 durch Scipione del Ferro (ca. 1465–1526) erstmals hergeleitet. Ähnliche Formeln gibt es für Gleichungen vom 4. Grade. Noch Leonhard Euler (1707–1783) hat als selbstverständlich angenommen, daß es auch für Gleichungen höheren Grades derartige Formeln geben müsse, um ihre Lösungen darzustellen. Sie aber für die Gleichung vom 5. Grad

$$x^5 + ax^4 + bx^3 + cx^2 + dx + e = 0$$

aufzufinden, ist trotz eifrigen Bemühens schon nicht mehr geglückt. Erst 1826 gelang dem norwegischen Mathematiker Niels Hendrik Abel (1802–1829) der Beweis, daß für Gleichungen von höherem Grade als dem 4. keine solchen Formeln existieren können, so daß das Suchen danach zwecklos ist. Andererseits hat jedoch Carl Friedrich Gauß (1777–1855) gezeigt, daß jede Gleichung genau soviele Lösungen besitzt, wie ihr Grad angibt, die Gleichung 5. Grades also 5. Diese Lösungen lassen sich somit nicht explicite darstellen.

Das zeigt, daß die Zahlen 2, 3, 4 eine besondere Eigenschaft besitzen, die allen größeren Zahlen abgeht – es handelt sich hier aber um recht schwierige Zusammenhänge.

Ich wollte damit nur zeigen, was alles mit «individuellen Qualitäten ganzer Zahlen» gemeint sein kann. Gleichzeitig haben wir einige einfache Formelbilder vor Augen geführt, von denen früher schon die Rede war.

Die Gegenstände der Mathematik bestehen aber nicht nur außer uns; ihr Ursprung muß nicht nur in der äußeren Sinneserfahrung gesucht werden. Wir dürfen sie ebensogut als objektive psychische oder geistige Inhalte auffassen. Die mathematischen Gebilde sind somit archetypischen Symbolen vergleichbar und für den Mathematiker haben sie durchaus diesen Charakter. (Daher hat die Ergriffenheit des Naturforschers Faust durch das Zeichen des Makrokosmos eine Inflation zur Folge: «Bin ich ein Gott?»)

Dies entspricht auch der Auffassung Platos, für den die Mathematik «jenes Schlichte, die Eins und Zwei und Drei zu verstehen» das Mittel war, das zur Erkenntnis der Ideenwelt hinleitet. Darum ist seine Philosophie stets den Mathematikern besonders anziehend erschienen.

Indem die Physik ihre Erkenntnisse mathematisch darstellt – und anders können sie nicht dargestellt werden –, wird sie eine symbolische Naturbeschreibung. Dieser Charakter war ihr immer eigen, doch ist dies durch die Entwicklung der letzten Jahrzehnte, vor allem durch die Quantentheorie, besonders deutlich geworden.

Vom psychologischen Standpunkte aus gesehen, projizieren die Physiker somit archetypische Formen auf die Natur. Jedoch geschieht dies nicht ohne Mitwirkung des Bewußtseins, da nach einer systematischen experimentellen Methode vorgegangen wird. Ihre Ergebnisse werden auf eine mathematische Theorie bezogen und hierdurch ausgewertet. Man kann deshalb die Physik in dieser Hinsicht mit den Meditationssystemen des Ostens vergleichen, in denen nach unserer Auffassung archetypische Inhalte auf Gebilde auffallend mathematischen Charakters projiziert werden. Die Zeichen des I Ging sind z. B. ein theoretisch besonders einfaches Zahlensystem, wie das schon Leibniz aufgefallen ist. Hieraus würde folgen, daß die Naturgesetze und die Grundvorstellungen der Physik archetypischen Inhalten entsprechen, denen eine allgemeine psychologische Bedeutung zukommt. Der Zauber der Physik läßt sich hieraus besser begreifen als etwa aus der Auffassung, die Physik sei der Ausdruck menschlichen Machtstrebens. Dieses ist wohl vielmehr eine Folge der durch die Ergriffenheit erzeugten Inflation.

Die physikalische Methode kann uns aber nicht davor schützen, daß unser Bemühen fehlschlägt. Phantasien archetypischen Inhaltes müssen unsere Arbeit in mehr oder weniger bewußter Form stets begleiten. Sie können uns zu Vorstellungen verführen, die vom rechten Wege ablenken. Die Folge hiervon ist im schlimmen Falle eine eigentümlich dogmatische und starre Haltung, von der aus die weitere Entwicklung der Forschung nicht mehr begriffen werden kann und abgelehnt wird.

Mein Versuch, Ihnen die Art, wie Physik getrieben wird, darzustellen, und meine Schilderung der Rolle der Mathematik bei dieser Tätigkeit ist weder vollständig noch endgültig. Andere

Physiker würden gewiß ein etwas anderes Bild entwerfen, das ebenso richtig sein kann. Aber einige wesentliche Züge sind, das glaube ich, richtig angedeutet. Die Betrachtung war eine psychologische, woraus sich ergibt, daß die Psychologie den Physikern die Möglichkeit eröffnet, ihre Arbeit in neuartiger Weise kritisch zu beleuchten. Die Aufgabe ist allerdings nicht einfach und wir müssen uns vor voreiligen Spekulationen hüten. Die empirische Vergleichung spekulativer Phantasien in Vergangenheit und Gegenwart, wie sie die physikalische Arbeit immer begleitet haben, kann hier vielleicht weiterhelfen. Diese Spekulationen halten zwar einer naturwissenschaftlichen Kritik nicht Stand. Sie erscheinen als eine Art Gedankendichtung. Aber sie entsprechen dem Bedürfnis, die Einseitigkeit rein physikalischen Denkens auszugleichen. Zudem sind sie oft Zeichen der schöpferischen Phantasie. Durch psychologische Deutung kann diesen Geistesprodukten ein tieferer Sinn abgewonnen werden, und zwar auf eine Art, die dem Naturforscher verständlich ist.

Es ist auffallend, daß gerade in der Zeit, wo durch die Entwicklung der Physik diese ihre Einseitigkeit deutlich wurde, und wo die Hoffnung auf ein physikalisches Weltbild schwand, sich die moderne Psychologie, d. h. eine wissenschaftliche Psychologie, entwickelt hat.

Im selben Jahre (1900), in welchem Planck den ersten Schritt zur Quantentheorie gemacht hat, ist die «Traumdeutung» von Sigmund Freud (1856–1939) erschienen. Das Unbewußte wurde als ein der empirischen Forschung zugehöriger Begriff erkannt.

Freud stellte sich auf den empirischen Standpunkt der Naturwissenschaften und überwand so das Vorurteil, daß Träume Schäume seien. Hierdurch erschloß er der Erkenntnis ein neues Feld von Erfahrungen. Die Tiefenpsychologie hat bald ihren ursprünglichen, rein medizinischen Rahmen überschritten und gewann entscheidende Bedeutung für die Geisteswissenschaften. In dieser Entwicklung bedeutet, wie mir scheint, Carl Gustav Jungs Buch «Wandlungen und Symbole der Libido» (1912) einen Markstein, vergleichbar den klassischen Arbeiten von Niels Bohr.

Wie die Relativitätstheorie, so wurde auch die Psychoanalyse zum Tischgespräch. Auch sie wurde leidenschaftlich diskutiert und die affektbetonte Art, in der dies geschah, zeigt, daß nicht nur die Kräfte des Geistes, sondern auch die des Gemüts aufs stärkste angesprochen waren.

Die zeitliche Parallelentwicklung, die wir an diesen beiden Wissenschaften – Physik und Psychologie – beobachten können, läßt rein äußerlich auf einen Zusammenhang schließen, der in der Wandlung der Geisteshaltung des Menschen in neuester Zeit begründet sein muß. Wenn nach weiteren Zeichen gefragt wird, die auf die Zusammengehörigkeit der beiden Wissenschaften deuten, so möchten wir darauf hinweisen, daß auch die Psychologie in ihrem Bereiche den königlichen Anspruch erhebt, daß ihr nichts fremd sei.

Ich habe betont, daß die physikalische Methode von solcher Art zu sein scheint, daß die Natur – oder die Welt –, physikalisch betrachtet, sich als physikalisch erweist. Auch der psychologischen Betrachtung sind wohl keine Grenzen gesetzt. Man kann erwarten, daß einer hinreichend entwickelten Psychologie jedes Problem als psychologisch erscheinen wird. Und wieder wird sich dieser königliche Anspruch als jene Gabe des Königs Midas erweisen.

Die Welt scheint somit zwei Aspekte zu besitzen, die wir hier, gewiß recht vereinfachend, den psychologischen und den physikalischen nennen wollen. An sich ist diese Vorstellung nicht neu und sie erscheint uns überzeugender als diejenige, die die Welt in zwei getrennte Reiche aufteilt: in Geist und Materie. Das Verhältnis jener beiden Aspekte zueinander muß vorerst allerdings dunkel erscheinen. Hier kann aber eine physikalische Analogie einen Hinweis geben, in welcher Art diese beiden Aspekte aufeinander bezogen sind.

Es ist verführerisch, Physik und Psychologie als im Sinne der Quantentheorie komplementäre Betrachtungsweisen aufzufassen. Diese Auffassung kann natürlich nur im Sinne einer Analogie zutreffen und man kann ihr mit Recht den Vorwurf machen, sie sei reichlich spekulativ und hypothetisch.

«Komplementarität» ist ein physikalischer Begriff und hat deshalb nur im Rahmen der theoretischen Physik eine klare Bedeutung. Doch scheint ihm ein allgemeines, erkenntnistheoretisches Prinzip zugrunde zu liegen, das wir zwar vorerst nur in der Physik deutlich erkennen können, das aber wohl über diese hinausreicht. Das gibt uns ein gewisses Recht, spekulierend den Rahmen der Physik zu überschreiten.

Doch müssen wir zuerst erklären, was unser Begriff in der Physik bedeutet. Ich wähle mit Absicht das wohlbekannte Beispiel des Lichtes.

Licht ist eine elektromagnetische Erscheinung, d. h. die Lichtwellen sind elektromagnetische Wellen, deren Wellenlängen den verschiedenen Spektralfarben entsprechen. Sie unterscheiden sich physikalisch von den Radiowellen nur durch ihre ungleich kürzeren Wellenlängen, die nur Bruchteile eines Tausendstel Millimeters betragen. Die Wellentheorie des Lichtes, die in gewissem Sinne auf Huygens zurückgeht und die im vorigen Jahrhundert durch Thomas Young (1773–1829) und Augustin Jean Fresnel (1788–1827) entwickelt wurde, ermöglicht uns, die Erscheinungen der Interferenz und Beugung des Lichtes zu verstehen.

Die Lichtwellen durchkreuzen sich, ohne sich gegenseitig zu stören. Dort wo ein Wellenberg auf einen Wellenberg trifft, verstärken sich die Wellen, wo Wellenberg und Wellental zusammentreffen, tritt eine Schwächung der Erscheinung ein. Hierauf beruhen die Interferenzerscheinungen, die man zur Messung der Lichtwellenlängen benützt. Solche Messungen gehören zu den genauesten, die in der Physik überhaupt möglich sind. Man kann z. B. einen Lichtstrahl auf eine eben geschliffene Glasplatte auffallen lassen. Ein Teil des Lichtes wird die Glasplatte durchdringen, ein anderer Teil wird auf ihrer Oberfläche reflektiert. So erhält man zwei Teilstrahlen, die man nachher wieder, z. B. durch erneute Reflexion, vereinigen kann. Die beiden Strahlen haben nun verschiedene Wege durchlaufen. Falls dieser Wegunterschied ein ganzzahliges Vielfaches der Wellenlänge beträgt, so verstärken sich die vereinigten Strahlen, denn es fällt wieder Wellenberg auf Wellenberg. Sonst tritt eine mehr oder weniger starke Schwächung ein. Die Wegunterschiede kann man messen und so die Wellenlänge bestimmen. Schon Newton hat auf diese Art die Lichtwellenlängen gemessen, und diese Messungen hat Young seiner Interferenztheorie zugrunde gelegt. Bei diesen Versuchen ist entscheidend, daß bei den Reflexionen das Licht seine Wellenlänge nicht ändert.

Nun hat aber das Studium der Wärmestrahlung und des lichtelektrischen Effektes (bei diesem werden aus Metalloberflächen durch kurzwelliges Licht Elektronen ausgelöst) gezeigt, daß das Licht in Quanten ausgestrahlt wird. Diese sind weitgehend lokalisierbare Konzentrationen elektromagnetischer Energie, sie verhalten sich ähnlich wie materielle Teilchen. Man muß also erwarten, daß ein Lichtquant in einem bestimmten Augenblick in eine bestimmte Richtung von der Lichtquelle ausgestrahlt wird. Diese Vorstellung ist jedoch mit der Wellenvorstellung des Lichtes unvereinbar. Der für die Wellenvorstellung charakteristische Begriff der Schwingungszahl setzt ja voraus, daß sich im Raume das elektrische Lichtfeld während einiger Zeit periodisch ändert. Da ist keine Rede von «Ausstrahlung in einem bestimmten Augenblick». Wenn man weiter mit Hilfe des oben beschriebenen Experiments die Lichtwellenlänge mißt, so ist es wesentlich, daß der Lichtstrahl bei einer Reflexion in zwei Teile gespalten wird. Ein Lichtquant, das sich nicht weiter unterteilen läßt, wird aber entweder auf der Glasoberfläche zurückgeworfen oder diese durchdringen und von einer Aufspaltung in zwei Teilstrahlen ist nicht die Rede.

Anschaulich können wir uns somit nur eine der beiden Möglichkeiten – Wellen- oder Quantennatur des Lichtes – als vorhanden vorstellen. In der Natur tritt aber beides gleichzeitig auf. Die Paradoxie rührt davon her, daß wir uns ein anschauliches Bild machen wollen von der Art, wie sich das Licht bei der Reflexion verhält. Dabei wird ganz davon abgesehen, ob wir diese Vorstellung auch experimentell prüfen können. Wenn wir aber feststellen wollen, welchen Weg bei unserem Interferenzversuch das Lichtquant genommen hat, so müssen wir es auf seiner Reise verfolgen. Das ist aber nur durch einen experimentellen Eingriff möglich, der die Lichtwellenlänge in unkontrollierbarer Weise ändert. Dann ist aber natürlich die Messung der Wellenlänge nicht mehr möglich. Eine solche Messung ist immer so beschaffen, daß bei ihr über den Weg, den das Lichtquant einschlägt, nichts ausgesagt werden kann. Wenn wir aber den Weg des Lichtquants verfolgen wollen, dann ist eine genaue Messung seiner Wellenlänge unmöglich. Größen, die in solcher Art nicht gleichzeitig gemessen werden können, und die ihnen entsprechenden anschaulichen Bilder nennen wir mit N. Bohr komplementär.

Diese Schilderung dieses Begriffs an einem Beispiel ist nicht erschöpfend. Dazu müßte man eine Vorlesung über die Prinzipien der Quantentheorie halten, wo es dann ohne Mathematik nicht abgeht.

Doch dürfte wenigstens deutlich geworden sein, daß eine physikalische Erscheinung nicht anschaulich beschrieben werden kann, ohne daß man die Art, wie diese zur Anschauung gebracht wird, wesentlich berücksichtigt. Dies gelingt jedoch nicht so, daß man die Wirkung des Meßapparates auf das Beobachtungsobjekt einer kausalen Betrachtung unterwirft. Der Meßapparat bedingt vielmehr einen bestimmten Aspekt der Erscheinung, der als Folge der Wirkung des Apparates auf das Objekt gedeutet werden kann. Diese Wirkung entzieht sich einer quantitativen Kontrolle. Das hängt, wie man zeigen kann, damit zusammen, daß Meßapparat und Beobachtungsobjekt grundsätzlich voneinander unterschieden werden müssen.

Dem scheint nun allgemein zu entsprechen, daß das Wahrnehmen irgendeines Objektes ein Subjekt voraussetzt, das von jenem unterschieden werden muß. Eine Beziehung zwischen Objekt und Subjekt muß aber stets vorhanden sein. Einer wirklichen Beziehung entsprechen aber Wirkungen von Subjekt und Objekt aufeinander. Diese können während des Wahrnehmungsaktes nicht berücksichtigt werden. Denn hierdurch würde die Trennung von Objekt und Subjekt aufgehoben und diese Unterscheidung wäre nur mehr eine bloße Benennung, eine durch nichts begründete Setzung unseres Denkens.

Jede Erkenntnis erscheint deshalb als ein schöpferischer Akt, bei welchem Subjekt und Objekt, indem sie aufeinander wirken, eine Wandlung erfahren. Die klassische Physik entspricht demgegenüber einer Auffassung, bei welcher der Erkenntnisakt einseitig nur auf seiten des Subjekts Änderungen hervorruft, weshalb die Objekte beziehungslos und absolut erscheinen. Es scheint mir nun wesentlich, daß es bis zu einem gewissen Grade willkürlich bleibt, was der Sphäre des Objektes und was derjenigen des Subjektes zugerechnet wird. Hieraus ergeben sich die verschiedenen Aspekte, unter denen sich die Wirklichkeit offenbart.

Physik und Psychologie scheinen mir komplementäre Betrachtungsweisen der Welt zu sein, die beide einer bestimmten Einstellung des Bewußtseins entsprechen. Die mit ihrer Hilfe gewonnenen Weltaspekte sind Bilder der gleichen Welt, die aber in der Anschauung nicht vereinigt werden können. Das könnte höchstens im Rahmen einer symbolischen Darstellung möglich werden, die allerdings einen hochgradig abstrakten Charakter tragen müßte. Sie wäre nur für wissenschaftlich Geschulte verständlich und die theoretische Physik würde gegenüber einer solchen neuartigen Wissenschaft als ein leichtes und propädeutisches Fach erscheinen. Wie diese Wissenschaft aussieht, die zu einer solchen umfassenden, symbolischen Welterkenntnis führt, davon haben wir allerdings nicht die geringste Ahnung.

Gewiß ist klar, daß unsere letzten Betrachtungen höchst spekulativer Natur sind. Sie beruhen auf der Hoffnung, daß grundlegende Erkenntnisse der Physik eine über diese hinausreichende Bedeutung besitzen. Darum nehmen wir es niemandem übel, wenn er unsere hier angedeuteten Gedanken als ein Beispiel dafür auffaßt, daß die Arbeit auch der modernen Physiker stets von eigentümlichen Spekulationen begleitet ist.

Der Glaube an den Fortschritt und die Erforschung der Natur
(1959)

Diese Vortragsreihe, die ich einzuleiten die Ehre habe, trägt den Titel: Das Problem des Fortschrittes und die Wissenschaft.

Wahrhaftig, der Fortschritt ist uns zum Problem geworden! Niemand wird zwar bezweifeln, daß es wissenschaftliche und technische Fortschritte gibt. Aber sind wir, in Anbetracht all dieser Fortschritte, berechtigt, vom Fortschritt überhaupt, vom Fortschritt im Singularis zu reden? Und von wessen Fortschritt reden wir?

Denken wir an den Fortschritt der Technik, so wird wohl jeder heute zuerst an jene Raketen denken, die man nach dem Monde schießt. Und da wissen wir ja, daß diese, mit Atomsprengköpfen versehen, auch von Kontinent zu Kontinent gesteuert werden können, um Tod und Zerstörung, Angst und Schrecken zu verbreiten. Wohlbegründet ist darum die Befürchtung, der technische Fortschritt könnte uns zu höchst düsteren Zielen führen. Die Gefahr, die hier droht, ist zudem nicht die einzige, die mit der Technik heraufbeschworen wurde, und so sind unsere Besorgnisse mit Recht sehr groß.

Bei all diesen Ängsten dürfen wir den Mut nicht sinken lassen. Vor allem aber dürfen wir nicht die Liebe zur Welt und zu den Menschen verlieren. Diese Welt ist kein Garten Eden. Denn der Mensch hat vom Baum der Erkenntnis gegessen, und seither, so heißt es, sind Not und Tod in der Welt. Feindschaft ist gesetzt zwischen der Schlange und den Menschen. Die Schlange schnappt nach unserer Ferse, wir aber sollen ihr den Kopf zertreten.

Der Weg ins Paradies zurück ist verwehrt durch die Flamme des zuckenden Schwertes, und so bleibt uns keine andere Wahl, als auf dem Weg, den wir angetreten haben, weiterzuschreiten. Dieser ist ein Weg der Erkenntnis, der von der paradiesischen Unschuld immer weiter wegführt.

Nun will ich hier allerdings nicht vom Wege der Erkenntnis im allgemeinen reden. Wir reden hier von wissenschaftlicher und insbesondere von naturwissenschaftlicher Erkenntnis. Freilich, auch wenn wir nach wissenschaftlicher Erkenntnis streben, folgen wir dem alten Spruch der Schlange und, wie zu erwarten, wird uns vor unserer Gottähnlichkeit bange. Der Teufel aber, der dies mit Vergnügen feststellt, er sagt auch, an den verzweifelten Professor Faust denkend:

> Verachte nur Vernunft und Wissenschaft,
> Des Menschen allerhöchste Kraft!
> Laß nur in Blend- und Zauberwerken
> Dich durch den Lügengeist bestärken,
> So hab ich Dich schon unbedingt!

Wenn der Teufel so denkt, dann wollen wir den Mut nicht verlieren und an unserer allerhöchsten Kraft festhalten!

Damit habe ich mich meinem eigentlichen Thema genähert, das ich nenne:

Der Glaube an den Fortschritt und die Erforschung der Natur.

Die mathematisch-naturwissenschaftliche Forschung ist vor ungefähr 350 Jahren begründet worden, und in ihren Pionieren war von Anfang an ein eigentlicher Fortschrittsglaube lebendig. Das Jahr 1600 kann uns als historische Landmarke dienen. Damals erschien in England das erste klassische Hauptwerk der neuen Physik, das Buch *Gilbert's* über den Magnetismus[1]. Damals wurde in Rom *Giordano Bruno,* der Prophet der neuen Bewegung, lebendig verbrannt.[2]

Ich möchte versuchen, Ihnen das Denken dieser ersten Forschergeneration nahezubringen.

Campanella, der Philosoph, einer der Vorkämpfer des neuen

---

[1] William Gilbert (1544–1603), Arzt der Königin Elisabeth, publizierte 1600 «De Magnete» (vgl. S. 195).

[2] Giordano Bruno (1548–1600), Philosoph und Copernicaner.

Denkens, der von 1599 an 27 Jahre lang in Neapel gefangen saß, hat geschrieben[3]:

«Diese Neuigkeiten – älteste Wahrheiten – von neuen Welten, neuen Systemen, neuen Nationen sind der Anfang einer neuen Aera. Möge sie Gott nicht verzögern; und wir wollen hier, soweit unsere schwachen Kräfte reichen, mitwirkend alles tun, was wir können.»

Was sind diese ältesten Wahrheiten, die zu neuen Welten und Systemen führen? Das ist das heliozentrische Weltbild des griechischen Astronomen *Aristarch* (um 310 v. Chr.–um 230 v. Chr.), das *Kopernikus* (1473–1543) wieder entdeckte und dem *Giordano Bruno* eine kühne Deutung gegeben hat: Alle Sterne sind Sonnen, gleich der unsrigen, frei schwebend im unendlichen Raume. Und um die anderen Sonnen kreisen andere Planeten – auch auf diesen gibt es Leben und vernünftige Wesen. Diese Einsicht wird eine neue Aera heraufführen, ein neues freiheitliches Denken, dem ein neues Verständnis der Welt und der Menschen entsprechen wird. Weil *Campanella* so dachte, erschien er als Sozialrevolutionär, und er war es wohl auch. Darum hat man ihn eingesperrt.

Giordano Bruno aber ruft am Ende seines großen Dialoges «Vom unendlichen All und den Welten» aus:

«Öffne uns das Tor, durch welches wir hinausblicken in die unermeßliche Sternenwelt! Zeig uns, daß die anderen Welten im Äthermeer schwimmen, wie diese! Erkläre uns, daß die Bewegungen aller Welten aus inneren Seelenkräften hervorgehen, und lehre uns, im Lichte solcher Anschauungen mit sicherem Schritt fortschreiten in der Wissenschaft und der Erkenntnis der Natur.»

Diese Worte zeugen von einem höchst schwungvollen Glauben an die umwälzende und erhellende Kraft des neuen Denkens. Gestärkt von solchem Glauben blieb *Bruno* sechs Jahre lang im Kerker standhaft und schreckte selbst vor dem Scheiterhaufen nicht zurück.

Die Zeitung «Avisi di Roma» vom 19. Februar 1600 schrieb über seine Hinrichtung: «Bruno sagte, er sterbe als Märtyrer und sterbe gerne und seine Seele werde aus den Flammen zum Para-

---

[3] Thomas Campanella (1568–1639), Dichter, Politiker und Copernicaner.

dies emporschweben. Aber jetzt wird er ja erfahren, ob er die Wahrheit gesagt hat.»

Mir scheint, er hat die Wahrheit gesagt.

Mit diesen beiden phantasievollen Kämpfern verglichen, wirken die Naturforscher, ein *Kepler,* ein *Galilei,* nüchtern. Aber auch sie sind von der Hoffnung erfüllt, eine neue Klarheit werde sich über die Welt verbreiten. *Galilei* bringt dies treffend zum Ausdruck, wenn er im ersten seiner Discorsi den klugen, weltmännischen Sagredo sagen läßt:

«Ich fühle bereits meinen Sinn sich ändern; und wie eine Wolke vom Blitz erleuchtet wird, so ahne ich ein plötzliches Licht, das mich aus weiter Ferne erleuchtet!»

Wie er diese Wort schrieb, war er ein alter Mann und hatte Schreckliches erlebt. Aber sein Mut war ungebrochen.

Kepler aber schreibt an seinen Schwiegersohn, den Mathematiker Bartsch, ein Jahr vor seinem Tode, nach einem langen Leben voller Enttäuschungen:

«Ich gratuliere den Staaten, ich gratuliere den Völkern des christlichen Erdkreises zu der stattlichen Zahl solcher Männer und zu der nicht eitlen Hoffnung, daß bald die abgeschmackten, unsicheren, streitsüchtigen und – ich füge bei – verderblichen Bestrebungen nachlassen werden. Daß sich der allgemeine Fleiß der Gelehrten mehr auf die himmlischen Spekulationen wirft, die den Durst der Geister stillen und den Sitten, je nach Veranlagung, eine gewisse Ähnlichkeit mit den göttlichen Werken aufprägen. Hieraus wird dann auch viel Nutzen für den Lebensunterhalt geschaffen werden. Ich gratuliere auch mir selber zu dem glücklichen Erfolg meiner Veröffentlichung, weil sie die wissenschaftlichen Bestrebungen der Menschen geweckt hat.»

Wenn hier der protestantische Theologe und Astronom *Kepler* von «himmlischen Spekulationen» schreibt, so meint er nicht die Theologie, sondern die Astronomie. Diese stillt den Durst der Geister, und sie wird auch moralische Früchte tragen; denn er betont ja, daß die Sitten mehr Ähnlichkeit mit den göttlichen Werken erlangen würden. Denselben Glauben hegte auch, hundert Jahre später, *Newton.* Denn am Ende seiner Optik schreibt er: «Und wenn die Physik in allen ihren Teilen schließlich ihre Vollendung gefunden haben wird, werden die Grenzen der Moralphilosophie erweitert sein. Denn soweit wir mittelst der Physik den ersten Grund erkennen können, welche Gewalt er über uns hat und welche Wohltaten wir von ihm empfangen, so wird uns auch unsere Pflicht ihm gegenüber und gegen unsere Nächsten im Lichte der Natur klar werden.»

Alle diese Worte zeigen Ihnen deutlich, daß diese Denker und Forscher den festen Glauben hatten, eine neue Zeit werde anbrechen. Diesen Überzeugungen entspricht ein neues Weltverständnis.

Galilei faßte die Welt als Werk Gottes auf, als ein Buch, das vor uns offen liegt und in dem wir lesen lernen müssen. Zwar ist auch die Bibel ein Buch – das Wort Gottes –, aber es ist mit Rücksicht auf den Menschen geschrieben. Das Werk Gottes kennt diese Rücksicht nicht, und wenn wir in ihm zu lesen verstehen, lernen wir die eigentlichen Schöpfungsgedanken Gottes kennen, die uns bisher verschlossen waren. Das Buch der Natur ist aber in mathematischer Schrift geschrieben, das mathematische Naturgesetz ist seine Sprache. Gott wird hier, ganz platonisch, als der große Geometer und Mathematiker gesehen, der allen Dingen Maß und Zahl gesetzt hat. Die mathematischen Wahrheiten, die der Mensch begriffen hat, kommen darum an objektiver Gewißheit der göttlichen Erkenntnis gleich. Das sagt *Galilei* ausdrücklich, und auf die Frage, ob dies nicht allzu kühn gesprochen sei, versichert er, seine Sätze seien weit über den Verdacht der Vermessenheit erhaben.

Obwohl man *Galilei* – wie übrigens auch seine Gesinnungsgenossen – als Platoniker ansehen kann, so unterscheidet sich seine Lehre doch in wesentlichen Stücken vom eigentlichen Platonismus. Für ihn war nämlich diese materielle, den Sinnen zugängliche Welt nicht bloß ein Abbild einer idealen und übersinnlichen Welt. Nein, sie ist, weil sie mathematisch und gesetzlich aufgebaut ist – wir müssen das nur sehen lernen –, gar kein Abbild, sondern eine Verwirklichung der Idee. Ihre Materialität macht sie wirklich, ihre mathematische Struktur vollkommen. Auch in den unscheinbarsten Erscheinungen kann der Kundige das Ideal-Gesetzliche erkennen. Scheinbar nüchterne Dinge zeugen von einem großen, begeisternden Ganzen.

Für *Galilei* war seine Herleitung des Fallgesetzes nur ein Anfang einer sehr weiten, überaus wichtigen Wissenschaft. So sagt er selber und meint, daß erst Geister, die ihm überlegen seien, in ihre entlegeneren Gegenden vordringen würden.

Seine Discorsi beginnt er mit den Worten: «Über einen sehr

alten Gegenstand entwickeln wir eine ganz neue Wissenschaft.» Man muß sich deutlich vergegenwärtigen, was das heißen soll: der Gegenstand ist die Bewegung eines Körpers.
Immer haben sich Körper bewegt, und von jeher hat man darüber nachgedacht, was Bewegung sei. Aber nun wird er eine
ganz neue Wissenschaft von der Bewegung entwickeln. Nie
zuvor hat man in dieser Art von Bewegung gehandelt, und
alles, was die Weisen des Altertums darüber gelehrt haben, ist
unzureichend, ja teilweise unrichtig. Die neue Wissenschaft ist
ein Bruch mit der Tradition und ein Durchbruch zu neuen
Denkmöglichkeiten.

Es ist darum verständlich, daß *Galilei* seine Entdeckungen
nicht für eine rein akademische Angelegenheit halten konnte.
Da sie ein ganz neues und besseres Verständnis der Welt vermitteln konnten, waren sie für jedermann von höchster Wichtigkeit. Darum ging er nach Rom, um für seine Einsichten zu
werben. Darum verfaßte er einen großen Dialog über die beiden Weltsysteme: das Ptolemaeische und das Kopernikanische.
Dieses Werk, auf italienisch geschrieben, sollte auch ein literarisch-künstlerisches Meisterwerk sein, und als solches ist es
noch heute in Italien lebendig. Für die Verbreitung seiner
Erkenntnisse wollte er alles tun, was in seiner Kraft stand. Und
darum ist er auch mit der Inquisition zusammengestoßen, die
es nicht dulden wollte oder nicht dulden konnte, daß das neue
Denken aus der Studierstube in die Welt getragen wurde.

Das alte Weltbild war stufenweise gegliedert, aufsteigend
von der Hölle über die Erde zum Himmel. Die Hölle war das
Reich des Gesetzlosen und Nichtigen, der Himmel das Reich
göttlicher Gesetze und ewig dauernden Seins. Die Erde aber
war eine Art Zwischenreich. Von ihr blicken wir auf zum Himmel, zur Fixsternsphäre, an der die Sterne ihre ewigen Kreise
ziehen. Diese Sternenwelt war aus einem besseren, dauerhafteren und geistigeren Stoffe geschaffen als unsere Erde. Sie
war ein gleichsam vollkommenes Abbild göttlichen Waltens.
Jenseits von ihr aber war der Himmel, wo Gott und die Engelchöre in ewigem Lichte leben. Die irdische Welt, die Welt
unterhalb des Mondes, war eine Welt der Vergänglichkeit und
des Zufalls. Und unter unseren Füßen, im Inneren der Erde,
brodelte die Hölle.

Dieses All, der Kosmos, war von Gott vor nicht allzu langer

Zeit aus dem Nichts geschaffen worden. Bald, so hoffte man, werde der Tag des Gerichts anbrechen und damit auch das Ende all der Unvollkommenheiten der irdischen Welt.

Da diese also vergänglich war und ein Reich des Zufalls, so hatte sie auch nur einen minderen Grund der Existenz. Es lohnte sich darum nicht sehr, ihren Bau zu erforschen. Eigentliche Gesetze konnte es hier ohnehin nicht geben. Solche waren höchstens am Himmel, in der Sternenwelt zu erwarten.

All dies ist für uns ein Kindertraum geworden, wenn auch ein großer und erhabener – wie ja Kinder oft die wunderbarsten Träume haben. Was aber *Giordano Bruno* vorausgesagt hat, das haben wir gelernt: alle Sterne sind Sonnen wie die unsrige. Diese Sonnen und Sterne sind aus dem gleichen Stoffe gemacht, aus dem auch wir selber bestehen: Wasserstoff, Kohlenstoff, Eisen und wie wir eben alle die 92 Elemente nennen. Die Gesetze, die diese Welt regeln, sind mathematisch formulierbare Naturgesetze, die wir nach dem Vorgang *Galilei's* auf der Erde erforschen können: Überall wirkt die Schwerkraft, und die Sterne leuchten, weil in ihnen Wasserstoff zu Helium verbrennt. Unsere Erde ist nur ein Stäubchen unter tausend anderen in einem unvorstellbar weiten Raum; aber sie besteht schon seit Milliarden Jahren. Und wenn sie auch, verglichen zum All, ein bloßes Nichts ist, so lernen wir doch auf ihr die Naturgesetze kennen, die überall gelten.

Auch der Mensch ist ein Teil der Natur wie die Tiere, Pflanzen und Steine. Vor Jahrmillionen ist Leben auf der Welt entstanden und in einer ungeheuren Entwicklungszeit wurden Menschen. Wie das alles zustande kam, das wissen wir freilich nur stückweise. Aber daß es so war, daran kann niemand mehr zweifeln.

Diese Dinge sind jedermann bekannt, aber ich mußte sie doch erwähnen. Denn für das Verständnis des Fortschrittsglaubens sind sie unentbehrlich. Dieser ist nämlich nicht nur zugleich mit der Entdeckung der mathematisch-empirischen Naturforschung in Erscheinung getreten. Er hat auch in der Entfaltung der Naturwissenschaften immer neue Nahrung gefunden.

Nun sind wir soweit, daß wir die Frage stellen können, was denn mit «Fortschritt» in unserem Zusammenhang eigentlich gemeint sei. Wir verstehen ja darunter eine gerichtete Entwicklung oder Bewegung, die uns erfreulich scheint, weil sie zu erstrebenswerten Zielen führt.

Was sind aber die Werte oder Güter, denen wir uns zu nähern hoffen? Was sind die Gründe, die uns glauben machen können, ein solcher Fortschritt sei möglich oder gar Wirklichkeit? Darauf möchte ich versuchsweise antworten.

Wenn wir davon ausgehen, daß Bewußtsein ein Wert sei, daß Einsicht ins Getriebe der Welt, daß das Verständnis der uns umgebenden Natur – zu der auch wir gehören – eine entscheidende menschliche Aufgabe sei, dann haben uns die Naturwissenschaften auf einen guten Weg geführt.

Da ich selber ein Gelehrter, ein Naturforscher bin, so muß ich mir diesen Gesichtspunkt zu eigen machen. Daß der Weg der Naturwissenschaften, der den Menschen, wie man sagt, mündig gemacht hat, Gefahren birgt, braucht mich nicht zu schrecken. Das Leben war und ist immer gefährlich, und der Hinweis auf Gefahren ist darum nie ein Einwand gegen irgendeinen Weg. Es wäre denn, es bewiese uns einer, daß das Ziel die eingegangene Gefahr nicht lohnt.

Mit der naturwissenschaftlichen Forschungsweise ist ein Weg gefunden, der tatsächlich zu Erkenntnissen führt. Das, was die Naturwissenschaften in den letzten Jahrhunderten erarbeitet haben, ist nicht nur völlig neu, sondern auch unverlierbares Gut der ganzen Menschheit. Hier wenigstens ist ein Gebiet gefunden, wo es um wirkliche Probleme geht und wo sich alle vernünftigen Menschen einigen können, seien auch ihre sonstigen Ansichten noch so verschieden.

Diese Einigkeit über das, was erreicht ist, und über das, was erstrebt werden soll, die sich über Zeiten und Völker hinweg erstreckt, scheint mir ein großes Gut zu sein. Sie verbindet Menschen, die ganz verschiedenen Kulturen und Ideologien angehören können. Eine Tradition ist geschaffen worden, die nicht zum Erstarren verurteilt ist, die sich von innen entwickelt und verjüngt und damit stets lebendig bleibt. Hier können wir vom Fortschritt der Erkenntnis reden und vom Fortschritt in dem, worüber man sich einigen kann. Damit wird dieser auch zu einem Fortschritt in der Überwindung des Streits.

Neben diesem Gesichtspunkt gibt es noch einen ganz anderen. Dieser sieht den Fortschritt als Entwicklung im Sinne einer Verwirklichung des Möglichen.

Wir wissen heute, daß der Mensch nicht von je der gleiche war. Er hat sich aus einem tierischen Zustand entwickelt. Das hat

Jahrtausende gedauert – die Entwicklung war langsam, aber sie war immer da. Ihre treibende Kraft kennen wir nicht. Es scheint, daß sich in ihr Möglichkeiten der lebendigen Materie – ja vielleicht der Materie überhaupt – entfaltet haben. Und dieser Prozeß dauert immer noch an, daran können wir nicht zweifeln.

Sie wissen alle, daß diese Vorstellungen erst im 19. Jh. deutliche Gestalt angenommen haben. Die Einsicht, daß der Mensch von tierischen Ahnen abstammt, hat damals die Gemüter ungeheuer erregt. Zugleich beruhte der Fortschrittsglaube vieler in jener Zeit wesentlich gerade auf dieser Einsicht. Denn es ist ja natürlich, den heutigen Menschen als eine höhere Form dem Pithecanthropus oder dem Neandertaler gegenüberzustellen: die Entwicklung hat also aufwärts geführt, wird somit positiv bewertet und ist damit ein Fortschritt. Und damit wird der Fortschritt gleichsam zu einem allgemeinen biologischen Prinzip.

Man kann sich die große Veränderung unserer Einstellung, die aus diesen Erkenntnissen folgt, dann deutlicher machen, wenn man bedenkt, daß frühere Zeiten gerade die umgekehrte Auffassung der Menschheitsgeschichte hatten. Damals stellte man sich vor, die Menschen hätten anfänglich in einem goldenen Zeitalter gelebt, und dann sei es in jeder Hinsicht abwärts gegangen. Einst waren die Menschen gut, dann wurden sie böse. Einst hatten sie Einsicht in die tiefsten und letzten Fragen, die hernach aber verschüttet wurden. Sie waren zuerst jung und kräftig und lebten darum Jahrhunderte – das können wir auch in der Bibel lesen –, heute sind sie entnervt und hinfällig und ihre Lebenszeit mag 70 Jahre dauern.

Noch zu *Newton's* Zeiten, also im 17. Jh., war man der Meinung, alle Weisheit stamme von den großen Propheten: Moses, Hermes Trismegistos, Zoroaster – und nur trümmerhaft sei sie dann den Späteren: Pythagoras und Platon – überliefert worden. Das beste, was man tun könne, sei, aus diesen Trümmern das einstige Ganze zu rekonstruieren.

Ganz abgesehen davon, daß uns heute die Reihe erlauchter Geister seltsam vorkommt – wer weiß z. B. noch, wer der weise Hermes Trismegistos war?[6] –, so scheint uns diese melancho-

---

[6] «Der Dreifältige mächtige Hermes» ist ursprünglich der ägyptische Weisheitsgott Tot. Die unter seinem Namen überlieferten spätantiken Schriften

lische Theorie vom steten körperlichen, sittlichen und geistigen Zerfall der Menschheit nicht mehr glaubhaft. Gewiß, es hat Zeiten des Niedergangs gegeben, und es wird sie immer wieder geben. Aber es müssen auch Zeiten einer in vielem erfreulichen Entwicklung lange angedauert haben, sonst wären wir immer noch Affen.

Da wir heute nicht mehr auf ein goldenes Zeitalter zurückblicken können, weil es ein solches für uns nie gegeben hat, so müssen wir wohl, wollen wir uns nicht einem sinnlosen Nihilismus ergeben, vorwärtsblicken. Darum ist heute jeder Mensch, der im Leben tätig ist, irgendwo, und sei es nur im geheimen, ein Fortschrittsgläubiger.

So, wie die Physik und die Astronomie dem Glauben an eine bessere, edlere Welt über dem Monde die Grundlage entzogen hat, so haben die biologische, palaeontologische und – nicht zuletzt – die historische Forschung uns gezeigt, daß es nie ein goldenes Zeitalter gab. All dies lenkt unseren Blick vom Himmel auf die Erde, von der Vergangenheit auf die Gegenwart: Hic Rhodos, hic salta!

Die Gegenwart wird aber von den Naturwissenschaften und von der naturwissenschaftlich orientierten Technik beherrscht. Diese Kräfte haben nicht nur unser Weltbild, sondern auch unsere Umwelt völlig verändert. Ein Ende dieses Prozesses ist nicht abzusehen. Daß die Entwicklung den Menschen über den Kopf zu wachsen droht, ist nicht zu bestreiten. Das rapide Anwachsen der Erdbevölkerung und ihre Ansammlung in leider oft häßlichen Großstädten beunruhigt einen jeden.

Wenn wir die vielfältigen Probleme, die uns hier erwachsen, bewältigen wollen, so müssen wir die Mittel, die uns Wissenschaft und Technik zur Verfügung stellen, neben allen anderen Kräften einsetzen, so gut es irgendwie geht. Eine Lösung kann dabei nur in der Zusammenarbeit aller Völker gefunden werden, und wenigstens im Bereich der Wissenschaft ist das möglich.

Daß man über den Nöten der Gegenwart und über den Sorgen für die Zukunft allzuleicht das vergißt, was man besitzt, ist eine

---

galten dem Mittelalter als Offenbarungen, die den mosaischen zur Seite gestellt wurden. Auch hielt man den ägyptischen Hermes für einen Zeitgenossen Moses' oder Abrahams, also für eine historische Person.

alte Schwäche der meisten Menschen. Darum soll man sich immer wieder daran erinnern, wie viele Annehmlichkeiten uns Wissenschaft und Technik auch schon jetzt geschenkt haben.

In diesem Sinne möchte ich Ihnen zum Schluß vorlesen, was der achtzigjährige *Goethe,* der gewiß kein Fortschrittsfanatiker war, an seinen alten Freund *Zelter* schrieb. Das Salz, von dem er schreibt, soll eben jenes Salzkorn sein, mit dem ich Sie meine Ausführungen freundlich zu überdenken bitte!

Goethe also schreibt an *Zelter:*

«Da ich weiß, daß man dich immer in den besten Humor versetzt, wenn man etwas Löbliches zu deines alten Königs Erinnerung einleitet, so sende ich dir eine gute Messerspitze Steinsalz mit dem freundlichen Ersuchen: sie zunächst in deine Suppe zu schütten, und wenn du davon den Geschmack auf deiner Zunge empfindest, dabei zu bedenken: daß Friedrich der Zweite nicht leicht eine angenehmere Mittagstafel genossen hätte, als wenn man ihm seine Speisen mit solchem Erzeugnis seines eigenen Reiches gewürzt, und er seine goldenen Salzfässer damit reichlich angefüllt gesehen hätte. Laß uns das dankbar erkennen, daß wir, so viel Jahre ihn überlebend, von einer unglaublichen fortschreitenden Einsicht und Tatgeschicklichkeit so manches Unerwartete genießen.»

Die Verantwortung
des Physikers
(1962)

Im vergangenen Winter wurde in Zürich das Theaterstück «Die Physiker» von Dürrenmatt in einer trefflichen Aufführung zum ersten Male gespielt. Der Erfolg war unglaublich: Jung und alt strömte zu den Kassen, die dem Ansturm meist nicht mehr gewachsen waren. Fast täglich wurde gespielt, und das Haus war immer ausverkauft.

Die Physiker sind, wie mir Dürrenmatt richtig sagte, so wie zu Molières Zeit die Ärzte, «bühnenreif» geworden.

Aber er hat nicht wie Molière eine Komödie, sondern eine Grotesktragödie geschrieben, und das Lachen des Publikums war sardonisch.

Man kann Dürrenmatt vorwerfen, sein Stück entwerfe ein höchst verzerrtes Bild der Wirklichkeit. Aber sein Erfolg beweist, daß das, was er zeigt, der lebendigen Phantasie der Leute entspricht. Die Phantasiephysiker beschäftigen die Menschen, und der Dichter hat der Phantasie Gestalt gegeben.

Darum ist sein Stück symptomatisch und ein geeigneter Ausgangspunkt für unsere Betrachtungen.

Der Titel meines Vortrages lautet: «Die Verantwortung des Physikers». Das ist ein Schlagwort, das kein bestimmtes Problem bezeichnet. Hinter ihm verbergen sich viele, ganz verschiedene Probleme, die teilweise sehr affektbetont sind und die darum zu ganz unsachlichen Ängsten und Diskussionen führen können. Und doch haben die Leute etwas ganz Konkretes vor Augen, wenn sie sich fürchten und als Urheber ihrer Ängste die Physiker bezichtigen:

Man fürchtet sich vor dem Atomkrieg, und die Physiker haben ja die Atombombe erfunden. So entsteht ein phantastisches Bild vom Tun und Treiben der Physiker, die, jeder Verantwortung bar, das Schreckliche ersinnen.

Als Physiker habe ich nun freilich eine andere Vorstellung von unserer Arbeit. Aber der Dichter hat mich belehrt, wie uns die Leute sehen. Was ist die Handlung seines Theaterstückes? Kurz gesagt, geschieht folgendes:

In einer Irrenanstalt, die eine alte Ärztin leitet, lebt der theoretische Physiker Möbius. Er hat sich in dieses Asyl zurückgezogen, vorgebend, er sei wahnsinnig. Damit hofft er, sich und die Welt vor seinen Entdeckungen zu schützen. Denn wenn die bekannt würden, könnten sie weltumstürzend wirken.

Erste, vorläufige Ergebnisse hat er aber dennoch publiziert; denn er kannte damals auch selber ihre Folgen nicht. Auf ihrer Grundlage haben sowohl der amerikanische wie der russische Geheimdienst herausgefunden, daß das Wissen dieses Mannes zur Weltbeherrschung führen muß. Sein Aufenthalt ist ausfindig gemacht worden, und je ein Spion, beides ehemals angesehene Gelehrte, lassen sich als Irre in die Anstalt aufnehmen, um hinter die Geheimnisse Möbius' zu kommen.

Den Physikern gelingt es vorerst, sich gegenseitig zu täuschen: Möbius hält die Spione, diese halten sich gegenseitig für verrückt. Die Irrenärztin aber durchschaut alle drei. Sie verführt darum alle drei zum Mord an je einer Pflegerin und setzt sich überdies in Besitz der Aufzeichnungen des Möbius. Schließlich fallen die Masken. Die Physiker, von edlen Regungen überwältigt, beschließen, alle Dokumente zu vernichten und die Welt vor der Gefahr zu retten. Da erfahren sie zu ihrem Entsetzen, daß sie Gefangene der Irrenärztin sind, die alle Macht in Händen hält. Eine schreckliche Geschichte: denn die Ärztin, von Machtrausch besessen, ist selber wahnsinnig, weshalb man das Schlimmste fürchten muß.

Eine Lehre wird aus dieser Fabel schon auf dem Theater gezogen: es ist unmöglich, eine wissenschaftliche Entdeckung ungeschehen zu machen. Und die Gutgesinnten können nicht verhindern, daß die Bösen schließlich solche Entdeckungen sich zunutze machen. Eine tragische Situation!

Nun ist allerdings Möbius so edel nicht, wie er uns glauben machen will. Denn im Stück tritt auch seine Frau auf, die er offensichtlich ruiniert und aufgeopfert hat – sie ist zu einem sentimentalen Wrack geworden. Mit dem Gefühlsleben des Möbius war es also von je schlecht bestellt. Und da die Frau den Mann im Leben verwurzelt, möchten wir auch stark an seinem Sinne für Realität zweifeln. So ist es denn ganz folgerichtig, daß dieser angeblich so kluge Mann von einer dämonischen alten Frau, einer wahrhaft schrecklichen Mutter, überlistet wird.

Wir müssen ferner beachten: dies alles spielt im Irrenhaus. Die ganze Geschichte ist eben nicht nur tragisch, sie ist auch Wahnsinn. Vor allem ist es eine Wahnidee, wenn einer meint, er hätte eine Theorie gefunden, die alle physikalischen Probleme endgültig löst. Ein solcher gehört ins Irrenhaus. Und wenn ältere, erfahrene Gelehrte, die über seine Theorie zwar nur mangelhaft informiert sind, die aber dennoch zur Kritik fähig wären, diese Meinung teilen, so gehören sie auch dahin, wo Möbius schon ist.

Wenn wir nun das so gezeichnete Bild für verzerrt, ja für verrückt halten müssen, so ist es doch bedenklich genug, wenn derartige Phantasien über die Physiker im Umlauf sind. Und die Physiker sind wohl nicht ganz unschuldig, daß ihnen das passiert.

Dürrenmatts Darstellung zielt aber nicht auf die Physik allein – selber hat er das betont –, sondern auf die Wissenschaft überhaupt, die Geisteswissenschaft inbegriffen. Da unsere Kultur in entscheidendem Maße durch die Wissenschaft bestimmt ist, so wird durch dieses Stück eine Grundlage des heutigen Geisteslebens in Frage gestellt. Ist es aber richtig und vernünftig, an Vernunft und Wissenschaft zu verzweifeln? Das glauben wir nicht; aber wie kommt es, daß solche Zweifel allerorten laut werden? Das ist eine schwierige Frage, zeigt aber auf jeden Fall, daß die Stellung der Wissenschaft heute eine ganz andere ist als noch vor dreißig Jahren. Auch damals zwar gab es Furcht vor wissenschaftlichen Zerstörungsmitteln, die aber, wie etwa die sogenannten «Todesstrahlen», keine vernünftige Grundlage hatten. So hätte denn ein Stück wie dasjenige Dürrenmatts in meiner Studentenzeit nicht geschrieben werden können.

Damals war die Physik in viel höherem Maß als heute reine Wissenschaft, das heißt eine im wesentlichen akademische Tätigkeit. Natürlich gab es auch eine physikalische Technik. Diese beruhte aber in erster Linie auf den Erkenntnissen des 19. Jahrhunderts – man denke nur an die Elektrizitätslehre. Sie stützte sich überdies auf langbewährte, praktische Erfahrung, die sich die Ingenieure unabhängig von den Physikern erworben hatten. Auch für den Physiker war die klassische Physik die Grundlage, von der aus er aber in neue Gebiete vorstieß. Man studierte die Atome, den atomaren Aufbau der Kristalle, die Physik der Atomkerne, die Quantentheorie der Elektrodynamik und manches andere. Ob diese Forschungen zu irgendwelchen technischen Zwecken brauchbar seien, darum kümmerten sich die wenigsten. Die Techniker zeigten auch kaum Interesse für die Forschungen der Physiker. Man hielt ihr Treiben gern für abstrakt und weltfern; sie galten für eine Art Naturphilosophen, und viele fühlten sich als solche. Die Äußerungen, mit denen Einstein, Schrödinger und Heisenberg sich an ein breiteres Publikum wendeten, hatten auch in der Tat oft ausgesprochen philosophischen Charakter.

Wer damals zum Beispiel theoretische Physik studierte, der mußte damit rechnen, später als Lehrer an einer höheren Schule sein Brot zu verdienen. Wenn dies mißlang, so blieb ihm oft nichts anderes übrig, denn als Versicherungsmathematiker seine mathematische Ausbildung auszunützen. Darum war auch die Zahl der Physiker klein. Dafür fühlte man sich als Mitglied einer weltumspannenden Familie, wo sich jedermann gegenseitig kennt.

Der akademischen Forschung standen nur beschränkte Mittel zur Verfügung. Nur wer wirklich gute Ideen hatte, dem konnte es gelingen, auch in der Beschränkung den Meister zu zeigen.

Dann kam der Krieg. Während seiner Dauer wurden die Radartechnik, die Raketen und die Atombombe entwickelt, und nun änderte sich das physikalische Leben grundlegend.

Die durch den Krieg erzwungene und mit gewaltigen staatlichen Mitteln vorangetriebene Entwicklung eröffnete ungeahnte technische Möglichkeiten. Man lernte, neueste Erkenntnisse, oft rein mathematisch-theoretischer Art, direkt in der Praxis auszuwerten. Zudem erwuchs zwischen den Großstaaten ein eigentlicher technischer Wetteifer, der kaum ökonomische Gründe hat. Den Gipfel dieses Strebens, den anderen zu übertreffen, sehen wir im Wettrennen auf den Mond: man nennt das die Eroberung des Raumes – in dem wir freilich von je leben und uns bewegen. Auch schwebt unsere alte Erde um die Sonne, und so dürfen wir sie füglich als großes, bequemes Raumschiff ansehen.

Für die Raumfahrt also wird ein unvorstellbarer Aufwand an

Menschen, Menschengeist und Material getrieben. Das ist unvermeidlich, soll die Reise auf den Mond Wirklichkeit werden. Die Astronauten, die freilich bisher dem Bannkreis irdischer Schwere noch nicht entfliehen konnten, sind die Nationalhelden des Tages. Niemand kann sich der propagandistischen Wirkung dieser Abenteuer entziehen, für die die Staaten Milliarden opfern, um nationales Prestige zu gewinnen. Überdies geht das Wettrüsten weiter, und Raketen, die genau gesteuert werden können, sind furchtbare Waffen.

Diese und andere höchst kühne Unternehmungen – man denke an die Fusion der Atomkerne – stellen sehr schwierige und neuartige Probleme. Man hofft, die Physiker könnten sie lösen; ja man erwartet, daß sie schließlich jedes Problem lösen würden. Phantastische Hoffnungen werden da genährt; so gibt es Leute, die nicht daran zweifeln, man werde in Zukunft zum Beispiel auch die Schwerkraft aufheben können. Denn was ist nicht alles möglich geworden? Darum erfährt auch reine Forschung eine bisher nie gesehene finanzielle Unterstützung. Selbst abwegige akademische Studien könnten ja zu unerwarteten technischen Zielen führen.

Die Zahl der Physiker hat sich deshalb um Größenordnungen vermehrt. Auf allen Gebieten werden die verschiedensten Wege mit Eifer abgetastet. Und wenn sich dann wirklich irgendwo eine neue Bahn öffnet, folgt die Menge freudig dem glücklichen Pfadfinder.

So ist die Physik aus einer kleinen eine große Welt geworden. Hier findet jeder, der Begabung und Fleiß mitbringt, ihm gemäße Arbeitsmöglichkeiten und hat die Aussicht, eine auch wirtschaftlich entwicklungsfähige Stelle zu finden. Dabei ist er viel weniger als früher auf sich selber und seine eigenen Ideen angewiesen, denn er findet leicht Gleichgesinnte. So steht er weniger in Gefahr, ein absonderlicher Eigenbrötler zu werden, wie das einst das Schicksal so mancher Gelehrter war.

Dieses lebendige, ich möchte sagen jugendliche Leben hat aber seine Schattenseiten. Am bedenklichsten scheint mir, daß der kritische Sinn und der Mut zu eigenem Urteil im allgemeinen Betrieb leidet. Die Gründe hierfür sind mannigfach. Man scheut sich, andere zu kritisieren, weil dies ein Zeichen mangelnder Solidarität oder Kollegialität wäre. Man wagt es vielleicht nicht offen zu sagen, daß gelegentlich ein großer Aufwand schmählich vertan wurde. Man ist höchst vorsichtig, weil es ja sein könnte, daß aus der kritisierten Unternehmung vielleicht doch etwas Interessantes oder Nützliches erwachsen könnte: dann wäre doch der Kritiker blamiert. Nicht zuletzt aber stehen die meisten Forscher unter einem ungeheuren Druck; denn Forschung ist heute sportlicher Wettbewerb.

Wer am raschesten sein Ziel erreicht, erntet Ruhm – so hofft er wenigstens. Darum fürchtet er, ein anderer – und es gibt ja so viele andere – könnte zuvorkommen. So haben viele keine Zeit mehr zu kritischer Besinnung. Die alterfahrenen Forscher aber leiten oft große Forschungszentren und sind voll mit organisatorischer Arbeit beschäftigt. Sie können den jüngern kein Vorbild sein, an dem zu lernen wäre, wie man sich, vorsichtig abwägend und schließlich mutig entscheidend, ein Urteil bildet. Denn auch ein wissenschaftliches Urteil braucht Mut. Niemand kann nämlich alle Arbeiten, die eine Frage betreffen, studiert haben, und er muß darum seinem Gefühl vertrauen, das ihm sagt, er habe keine wichtigen, bekannten Tatsachen oder Gesichtspunkte übersehen. Und selbst wenn einer alles wüßte, was bekannt geworden ist, so gibt es in der Erfahrungswissenschaft auch dann keine Gewißheit, sondern nur Wahrscheinlichkeiten, die schließlich subjektiv sein müssen.

Nun gibt es natürlich auch heute saubere, geistreiche und dennoch kühne Arbeiten. Aber gewissenhaft und kritisch arbeiten ist nicht nur mühsam, sondern geht meistens auch langsam vonstatten. Das aber schreckt viele ab in einer Welt, wo geniales Spekulieren und vorschnelles Publizieren gern als Kühnheit bewundert wird.

Und damit kommen wir zu unserem eigentlichen Thema. Die Physiker gelten heute vielen als gefährliche Leute, die mit dem Feuer verantwortungslos spielen. Man fürchtet, dieses Treiben werde in eine allgemeine Katastrophe führen. Diese Vorwürfe sind ungerecht und unsinnig. Wir könnten sie entrüstet ablehnen, wenn in unserem Hause alles zum besten bestellt wäre. Sie werden aber gemerkt haben, daß ich davon nicht ganz überzeugt bin.

Die Physiker sind sich nämlich leider nicht immer hinreichend bewußt, daß sie die Erben einer großen Überlieferung sind, daß sie diese Erbschaft angetreten haben und daß dies Folgen hat. Wir haben, und das wird noch am ehesten empfunden, von großen Gelehrten, die vor uns lebten, eine Fülle gültiger Erkenntnisse geerbt, ohne die wir gar nicht arbeiten könnten. Der Ruf, den die Physik als erste und vorbildliche exakte Naturwissenschaft besitzt, beruht zum großen Teil auf dem Werke Newtons, Faradays und Maxwells, Clausius' und Boltzmanns und wie die berühmten Namen alle heißen. Ein Teil des Glanzes, der vom Werk dieser Klassiker ausgeht, strahlt auch auf unsere größeren und kleineren Entdeckungen. Daß der Physiker derjenige sei, der die Grundgesetze des Weltbaus enträtselt und der so neue Perspektiven eröffnet, ist ein Prestige, das wir nicht selber erworben, sondern geerbt haben.

Wir haben aber auch ein gefährliches Erbe angetreten. Schon Galileo Galilei, der erste Physiker modernen Stils, glaubte, daß die Physik Schöpfungsgedanken Gottes enthülle. Er meinte, im Buche der Offenbarung – der Bibel – lernten wir zwar das Walten Gottes kennen. Aber die Bibel sei in menschlicher Sprache für Menschen geschrieben. Das Buch der Natur aber sei, ohne Rücksicht auf den Menschen, in göttlicher Sprache geschrieben. Darum lernen wir in ihm die göttlichen Gedanken kennen, so wie Gott sie für sich selber denkt. Der Schlüssel zu diesem Buch ist die Mathematik; denn Gott ist der großer Geometer. Seine Auslegung ist die mathematische Physik Galileis. Galilei hat diese erstaunliche Deutung physikalischen Denkens in allem Ernste vorgetragen und betont, daß er keineswegs überkühne Behauptungen aufstelle. Und diese seine Ausführungen sind ihm auch nie zum Vorwurf gemacht worden, als er mit der kirchlichen Zensur in Konflikt geriet. Uns aber zeigen sie, welch verwegenes Unterfangen die Physik von jeher war. Erneut wurde ein Weg der Erkenntnis beschritten, der den Menschen gleich wie Gott machen sollte. Wenn es uns dabei bange wird, dann mit Recht!

Die Folgen der mathematischen Naturwissenschaft für unser Leben sind nun in der Tat gewaltig, und die Wissenschaft bestimmt die heutige Kultur. Größte Hoffnungen wurden von allem Anfang an auf die kommende Entwicklung gesetzt, und viele gingen sogar in Erfüllung. So entstand ein eigentlicher Glaube an die Wissenschaft. Man glaubte, mit ihrer Hilfe Gesundheit und Wohlstand, Menschenliebe und Gerechtigkeit verwirklichen zu können. Vielleicht nicht sogleich, aber doch in einer nicht allzu fernen Zukunft. Diese bessere Zukunft war kein Jenseits, sondern ein Paradies auf Erden. Auf diesem Glauben beruht der Glaube an den sogenannten Fortschritt, der nichts anderes ist als eine säkularisierte Religion.

Gewiß müssen wir es unterstützen, wenn sich Menschen ehrlich bemühen, irdisches Glück und irdische Gerechtigkeit zu verwirklichen. Es braucht Mut dazu und Vertrauen in die guten Kräfte in uns und in anderen. Die Natur- und Geisteswissenschaften sind ein Licht, das uns auf diesem schweren Weg begleiten muß. Aber es ist eine Illusion zu glauben, es sei dies ideale Ziel wissenschaftlich-planmäßig erreichbar. Wer das glaubt, unterschätzt die destruktiven Kräfte, die in uns wohnen; ihm mangelt kritische Besinnung, ohne die keine Wissenschaft sein kann, und es mangelt ihm an Gottesfurcht. Offenbar ist nun eben dieser Glaube an die Wissenschaft weit verbreitet. Scheinbar hat erst die Atombombe die Leute aus ihrem illusionären Träumen aufgeweckt. So sehen sie mit neuer Furcht und neuem Schrecken, daß jene alte Meinung, der Teufel sei der Fürst der Welt, auch ihre Wahrheit in sich birgt.

Aber die heutigen Physiker sind nicht schuld am Fortschrittsglauben und am Schrecken der Atombombe. Beide sind erwachsen aus einer Entwicklung, an der Generationen gearbeitet haben. Die Atombombe wurde zudem verwirklicht unter dem Druck eines schrecklichen Völkerringens, das dem Niederwerfen eines dämonischen Feindes galt.

Dagegen sind die Physiker dafür verantwortlich, daß die Menschen Kraft und Begrenzung wissenschaftlichen Forschens und Denkens einsehen lernen. Das wissenschaftliche Weltbild ist keine Religion, sondern ein künstlich-geistiges Gleichnis, das sich der Mensch in einem mühsamen Spiel, unter Anstrengung aller seiner Kräfte, erzeugt und in dem er die Welt und sich selber spiegelt. Die Wissenschaft ist der Versuch des von irrationalen Kräften getragenen Menschen, eine irrationale Welt geistig-rational zu erfassen. Dieser kühne Versuch kann nur stückweise gelingen. Wer da glaubt, er habe ganz erkannt, wer das Gleichnis für die Welt selber nimmt und sich einbildet, es gehe in ihr vernünftig zu, weil es in seinem Kopfe zuzeiten vernünftig zugeht, wird leicht ein Verführer für sich und für andere. Wissenschaftliche Erkenntnis ist gefährlich. Denn das helle Licht, in dem das Erkannte erstrahlt, taucht das große Feld des Unerkannten in desto tieferes Dunkel und macht uns blind für die Gefahren, die uns von dorther drohen.

Sollte man sich nicht entschließen, auf all das Forschen zu verzichten? Man könnte ja versuchen, wieder einfach und naiv zu werden. Adam und Eva hätten diesen Versuch auch machen können, nachdem sie den fatalen Apfel gegessen hatten – doch leider war ihnen der Weg zurück versperrt. Es gibt also keinen Weg zurück ins Paradies, sowenig es einen Weg vorwärts in ein Paradies auf Erden gibt.

So, wie der Mensch geschaffen ist, wird er seine Neugierde nie bezähmen können. Er wird seinen Geist betätigen und wird immer wieder mit dem Feuer in mühsamem Spiele spielen. Das Geschehene kann nicht rückgängig gemacht werden, auch wenn man bis auf Adams Zeiten zurückgehen könnte. Daß wir in Gefahr stehen, ist unvermeidlich, und weder die Physiker noch die Politiker, noch andere Sündenböcke sind dafür verantwortlich. Die Gefahr liegt in der Natur des Menschen selber, der großen Unruhestifterin auf Erden. Wer sich nicht zum Weltverbesserer berufen fühlt, muß sich mit der Menschennatur, die er nicht geschaffen hat, abfinden.

Daraus folgt aber keineswegs, daß wir für gar nichts verantwortlich wären. Die Erbschaft, die wir angetreten haben, weil wir sie ja nicht ausschlagen können, müssen wir würdig und verantwortungsvoll verwalten.

Wir dürfen den naiven Fortschrittsglauben der Menge und das Vertrauen der Regierungen in die Wissenschaft nicht leichtfertig dazu ausnützen, finanzielle und moralische Unterstützung zu erlangen. Es ist töricht, wenn sich Gelehrte Politikern gegenüber aufs hohe Roß setzen, weil diese nicht nach wissenschaftlichen Maximen handeln, ja weil sie oft gar nicht wissenschaftlich denken können. Denn das wissenschaftliche Denken erkauft sich ja seine Folgerichtigkeit gerade dadurch, daß methodisch von gar vielen irrationalen Kräften abstrahiert wird. Zudem wird im Gelehrten gar leicht «die angeborene Farbe der Entschließung durch des Gedankens Blässe angekränkelt». In wissenschaftlich geleiteter Politik und wissenschaftlich geleiteter Wirtschaft ein Allheilmittel zu sehen, bedeutet Vergötzung der Wissenschaft, an der schließlich alle drei zugrunde gehen. Dennoch muß der Physiker auch als Staatsbürger verantwortlich handeln, genau wie jeder andere. Er kann dazu aufgerufen werden, dem Staate seine Kenntnisse und Fähigkeiten zur Verfügung zu stellen, ja es kann sein, daß sogar politische Entscheidungen von seinem

Urteil abhängig werden. Dann muß er wissen, daß er zwar die wissenschaftliche Frage besser zu beurteilen weiß als andere, daß er aber dem politischen Problem wohl ebenso hilflos gegenübersteht wie viele andere Leute. Und wenn sein wissenschaftliches Urteil gültig sein soll, muß es auf wirklicher Einsicht beruhen. Diese läßt sich nicht erzwingen. Sie zu erwerben ist langwierig und mühsam, und jeder muß sie allein erwerben. Es ist zwar hilfreich, wenn der Forscher verständnisvolle und gelehrte Kollegen um sich sieht, mit denen er arbeiten und mit denen er über seine Wissenschaft sprechen kann. Aber jeder muß sich schließlich sein Urteil selber bilden und sollte sich hüten, die Ansichten anderer, trügen sie auch noch so berühmte Namen, als Orakel zu betrachten.

Nicht zuletzt muß der Physiker sich stets bemühen, in seiner eigenen Forschungstätigkeit sich seiner Väter würdig zu erweisen. Wir müssen darüber ins klare kommen, welche Fragen überhaupt sinnvoll bearbeitet werden können. Die großen Fragen, die jedem am nächsten liegen, sind gewöhnlich zu groß und zu schwierig: sie übersteigen die Kraft unserer wissenschaftlichen Mittel. Darum wird man sich bescheiden, ein Teilproblem, das zudem meist sehr schematisiert und idealisiert werden muß, zu lösen. So hat Galilei nicht die Bewegung überhaupt, sondern nur die gleichförmig-beschleunigte Bewegung studiert, obwohl dieser Vorgang in der Natur nur annähernd je vorkommt.

Große Gelehrsamkeit darf nur dort zur Geltung kommen, wo sie unvermeidlich ist. Man darf zum Beispiel keinen tiefsinnigen und schwierigen mathematischen Apparat dazu mißbrauchen, recht primitiven und qualitativen Ansätzen einen geheimnisvollen Hintergrund zu geben. Man darf aber auch nicht subtile Fragen erledigen durch genialische Überlegungen, die einer ernsten Kritik nicht standhalten können. Man soll immer erneut bedenken, daß die Mathematik kein Zaubermittel ist. Mit ihrer Hilfe wird an den Tag gebracht, was in Voraussetzungen implicite angenommen wurde. Es kann da freilich Überraschungen geben, was dann zeigt, wieviel man oft, mit nur scheinbar wenigen Ausnahmen, schon zugestanden hat. Desto sorgfältiger ist dann zu erwägen, ob für diese Annahme auch wirklich zwingende Gründe vorliegen.

Wenn es so gelingt, eine Frage zu beantworten, dann ist meistens nur ein kleines Problem gelöst. Doch die kleinen Schritte dürfen wir nicht verachten; denn eine kleine Einsicht ist immer besser als eine große Illusion. Die zerstreuten Einblicke, die solche Ergebnisse vermitteln, müssen sodann im Zusammenhang gesehen werden. Nur dann ist ein Urteil über ihre Zuverlässigkeit und Tragweite möglich. Dazu braucht es Phantasie, die stark genug sein muß, auch dem kritischen Zweifel standzuhalten. Überschwängliche Spekulationen sind zwar auch Zeichen von Phantasie, die aber ungesund und unwissenschaftlich ist.

Die Physiker sind dafür verantwortlich, daß die Physik im geschilderten Sinne eine exakte, kritische und dennoch phantasievolle Wissenschaft bleibt. Wer so danach trachtet, wirklicher Erbe einer großen Überlieferung zu sein, darf hoffen, auch im heutigen großen Betrieb weder den Kopf noch den Boden unter den Füßen zu verlieren. Er wird nicht hemmungslos im allgemeinen Strome mitgerissen, noch wird er als phantasieloser Nörgler beiseite stehen und vergangenen Zeiten nachtrauern.

Wenn wir so dafür sorgen, daß im eigenen Hause Ordnung herrscht, werden wir auch als Staatsbürger, ja als Privatmann den Mut zu Entscheidungen finden können.

Ich habe versucht, Ihnen ein Bild zu entwerfen, das das Leben der Physik widerspiegelt; ein Leben, aus dem Gefahr und Verantwortung erwächst. Dieses Bild ist persönlich gefärbt, so wie auch Verantwortung immer die Verantwortung eines einzelnen, konkreten Menschen bei einer bestimmten Entscheidung ist. Verantwortung im allgemeinen gibt es für mich nicht; so konnte ich auch nicht darüber reden.

Symbole in der Wissenschaft, insbesondere in der Physik[1] (1963)

In diesem Aufsatz sollen Symbole betrachtet werden, die in der Wissenschaft wegleitend waren. Mit *Carl Gustav Jung*[2] (1875–1961) verstehen wir dabei unter einem Symbol eine bildhafte Vorstellung, die einem unbewußten Drang entspringt, das Bewußtsein fasziniert, und, insofern sie verstanden werden kann, den Charakter einer führenden Idee annimmt.

Wissenschaften, die, wie z. B. die Alchemie, offenkundig vorherrschend symbolischer Art sind, ziehen wir hier nicht in Betracht. Ihrer ganzen Zielsetzung nach können sie nicht als das gelten, was wir heute Wissenschaft – im Sinne des englischen «Science» – nennen. *C. G. Jung* hat überdies gerade der reichen Symbolik der Alchemie tiefgründige Studien gewidmet, auf die wir hier verweisen können.

Man wird dann freilich fragen, ob in der Wissenschaft im engeren Sinne Symbole eine entscheidende Rolle spielen. Wenn wir z. B. in der theoretischen Physik ein mathematisches Bild der Welt entwerfen, so wird man dieses nicht ohne weiteres symbolisch nennen dürfen; denn dieses Bild ist mit bewußter Absicht gestaltet.

Bei unserem mathematischen Entwurf stützen wir uns jedoch stets auf Hypothesen. Nun weist *Jung*[3] darauf hin, daß «daß jede wissenschaftliche Theorie, insofern sie eine Hypothese ein-

---

[1] Vortrag, gehalten an der wissenschaftlichen Tagung der «Schweizerischen Gesellschaft für Analytische Psychologie» am 17. März 1962 in Gottlieben.
[2] *C. G. Jung, Psychologische Typen*, Zürich, 1961, Definition pg. 515.
[3] *C. G. Jung*, op. cit. pg. 516.

schließt, also eine antizipierende Bezeichnung eines im wesentlichen unbekannten Tatbestandes ist, auch ein Symbol ist».

Von diesem Standpunkt aus müssen wir vermuten, daß gerade die Hypothesen, die einer jeden Wissenschaft zugrunde liegen, symbolischen Charakter oder einen symbolischen Aspekt aufweisen werden. Dies wird sogar für die Mathematik gelten, da auch sie ihrem Aufbau Hypothesen – man nennt sie heute gewöhnlich Axiome – zugrunde legt.

Mir scheint es jedenfalls fraglich, ob die Ansicht, «ein mathematisches Gedankengebäude werde mit bewußter Absicht entworfen und besage genau das, was der Mathematiker beabsichtigt», in jeder Beziehung zutreffe. Denn auch der Mathematiker ist ein Forscher, der nie zum voraus wissen kann, wohin ihn seine Voraussetzungen noch führen werden. Er hegt Vermutungen, die nicht nur in logischen Erwägungen ihren Ursprung haben, sondern die oft auf einem intuitiven Erfassen der geistigen Gebilde beruhen, die der Gegenstand seiner Forschung sind.

Dem Denken des Naturforschers aber tritt die Natur als etwas Fremdes, vorerst Unbekanntes gegenüber. Ohne antizipierende Begriffe kann er darum seinen Gegenstand gar nicht erfassen, und darum wird man erwarten, daß seine Hypothesen einen symbolischen Aspekt zeigen werden. Nun sagt man allerdings, daß die Begriffe, die wir unserer wissenschaftlichen Naturbeschreibung zugrunde legen, der Erfahrung entspringen. Aber was ist wissenschaftliche Erfahrung? Es heißt, diese beruhe auf dem Experiment, und dieses sei eine Frage, die wir an die Natur stellen. Schon in einer solchen Formulierung deutet sich symbolisches Denken an, indem die Natur hier personifiziert erscheint, als ein Wesen – fast möchte ich sagen als eine Göttin –, das man befragen kann und das antwortet. Eine derartige Ausdrucksweise könnte man als bloße Allegorie ansehen, doch wird man dann dem Umstande nicht gerecht, daß eine weniger bildhafte Umschreibung das Wesen des Experimentes weniger klar zum Ausdruck bringt.

Experimentelle Erfahrung ist nämlich von dem, was man im Alltagsleben als Erfahrung bezeichnet, recht verschieden. Ein Experiment ist ein unter sehr künstlichen Bedingungen eingeleiteter und kontrollierter Vorgang, der unter natürlichen Bedingungen gar nicht in Erscheinung tritt. Die experimentelle Wissenschaft handelt darum nicht von der Natur schlechthin, sondern von einer präparierten Natur; sie studiert wissenschaftliche Präparate. Das Experiment muß geplant werden, und ohne daß man Hypothesen macht, ist das unmöglich. Die gewonnenen Beobachtungen müssen überdies kritisch gewürdigt werden, d. h. es soll Wesentliches vom Unwesentlichen unterschieden, Fehler sollen erkannt und womöglich korrigiert werden.

Was aber das Wesentliche ist, was unwesentlich oder gar ein Fehler, das liegt nicht in der Erscheinung selbst, das folgt nicht aus der Natur. Denn auch die experimentell hervorgebrachte Erscheinung ist ein Ganzes, in dem sogar der Forscher mit allen seinen Vorurteilen mitenthalten ist. Nur im Hinblick auf schon vorhandene Anschauungen – die nicht notwendig begrifflich formuliert zu sein brauchen – kann hier Wesentliches vom Unwesentlichen getrennt werden. Wegleitend ist hierbei die Idee, daß gewisse Vorstellungen und allgemeine Sätze, die bisher ihre Kraft gezeigt haben, sich auch im neuen, unbekannten Bereich der Forschung bewähren werden. Man extrapoliert also theoretische Erkenntnisse vom Bekannten ins Unbekannte. Wie und wie weit eine solche Extrapolation möglich sei, darüber entscheidet das Urteil des Forschers, der hier ebenso durch Erfahrung und Denken wie durch sein Ahnungsvermögen, sein Ingenium geleitet – oder verleitet – wird. Gerne wird dabei auf die Einfachheit, ja Schönheit und Eleganz der Vorstellungen und Begriffe hingewiesen, die hier wegleitend sein sollen. Dahinter verbirgt sich oft der Umstand, daß die Hypothesen ihres *symbolischen* Charakters halber überzeugend wirken, was das Denken freilich nicht ohne weiteres zugeben möchte. Es ist schwierig, den symbolischen Charakter in den Theorien der heutigen, lebendigen Wissenschaft zwingend nachzuweisen. Wir können zwar vermuten, daß etwa der Feldbegriff, der Begriff des Elementarteilchens u. a. symbolisch gefärbt sei. Aber insofern solche Vorstellungen symbolisch sind, sind sie lebendige Symbole. Wir können das, was sie ausdrücken sollen, nur so und nicht anders sagen. Darum fehlt uns hier die Möglichkeit, ihren symbolischen Aspekt von ihrer im engeren Sinne wissenschaftlichen Bedeutung zu unterscheiden.

Anders ist die Lage, wenn wir Hypothesen und Begriffe betrachten, die frühere Forschergenerationen als Ausgangspunkte wählten. Das Ziel, das sich diese Forscher setzten, ist heute, wenigstens teilweise, erreicht. Insofern nun jene Hypothesen symbolisch waren, ist für uns das Symbol entleert und abgestorben; es wurde historisch[4]. Die ehemals im Symbol lebendige Idee hat zudem oft einen anderen Ausdruck gefunden; und damit wird es möglich, den symbolischen und den wissenschaftlichen Aspekt getrennt zu betrachten.

In solcher Absicht möchte ich Vorstellungen und Begriffe, die in der Geschichte der Physik eine große Rolle gespielt haben, näher untersuchen. Ich hoffe, damit die bisher vorgebrachten allgemeinen Erwägungen deutlich zu machen und zu belegen.

Die Kugel, der Kreis und die Kreisbewegung

Ende des 6. vorchristlichen Jahrhunderts lebte der griechische Philosoph *Xenophanes*[5]. Er lehrte, daß das All eines sei und sich immer gleich bleibe. Es sei kugelförmig und begrenzt, nicht entstanden und ewig. Dies All-Eine ist ein kugelförmiger Gott, ganz ewiger Geist und Weisheit.

Durch *Xenophanes* ist der berühmte *Parmenides*[6] angeregt worden, der um 480 v. Chr. ein großes Lehrgedicht veröffentlicht hat, von dem Fragmente auf uns gekommen sind. *Parmenides* stammte aus Elea in Süditalien, nicht weit von Paestum, wo wir heute noch prachtvoll-gewaltige Tempel aus seiner Zeit bewundern können. Ihn und seine Schüler nennen wir die Eleaten. Der Grundbegriff dieser Philosophie ist das «Sein», das notwendig, unveränderlich und ewig ist. Denn würde es sich ändern, würde es entstehen oder vergehen, dann wäre es nicht immer, wäre also auch nicht, und das ist unmöglich, weil ein Widerspruch. «Unbeweglich ruhte es in den Grenzen gewaltiger Bande». Da es eine letzte Grenze hat, ist es nach allen Seiten hin gleich, wie eine wohlgerundete Kugel. Was sich aber verändert, entsteht, vergeht und sich bewegt, das ist keine Wirklichkeit. Nur die Sterblichen glauben daran in ihrem Wahne.

Zeno, der Schüler des *Parmenides*, suchte darum mit Hilfe berühmter Paradoxien zu beweisen, daß der Raum und die

---

[4] *C. G. Jung,* op. cit. pg. 516.
[5] *W. Capelle, Die Vorsokratiker* (Leipzig 1935) pg. 122 ff.
[6] *W. Capelle,* op. cit. pg. 163 ff.

Bewegung durchaus kein Gegenstand wissenschaftlicher Erkenntnis sein könnten. Nach seiner Ansicht gibt es darum über das, was sich bewegt und sich ändert, nur Meinungen ohne wissenschaftlichen Gehalt. Somit ist das, was sich bewegt und sich ändert, bloßer Schein. (Dabei ist zu beachten, daß auf Griechisch für «Meinung» und «Schein» ein und dasselbe Wort «doxa» verwendet wird.)

Die Lehre der Eleaten hat in der griechischen wissenschaftlichen Welt tiefen Eindruck hinterlassen. Für uns ist von besonderer Bedeutung, daß sich auch die Mathematiker mit ihr auseinandersetzten mußten[7]. Denn die griechische Mathematik ist ja vor allem Geometrie, d. h. Lehre vom Raum. Man mußte darum, wollte man ein wissenschaftlicher Mathematiker sein, sich gegen die Einwendungen *Zenos* sichern. Es scheint, daß dieses Streben ein wesentlicher Antrieb für die Entwicklung der axiomatischen Methode gewesen ist. Diese besteht darin, daß an den Anfang der mathematischen Entwicklung gewisse Postulate oder Axiome gestellt werden, die ein jeder zugestehen soll und auf die sich die Beweise stützen. Eines dieser Postulate ist nun, daß es möglich sein soll, um jeden Punkt einen Kreis mit einem beliebig vorgegebenen Radius zu zeichnen[8].

Der Kreis ist ein Abbild der Kugel. Auch er ist wohlgerundet und nach allen Seiten hin gleich. So ist er ein Bild des «Seienden». Indem er am «Sein» teilhat, nimmt er auch teil an der Existenz des Seins. Wenn darum der Geometer seine Figuren mit Hilfe von Kreisen und Geraden konstruiert, versichert er sich deren Existenz. Und damit wird die Geometrie zur Wissenschaft, die von Wirklichem handelt und mehr ist als bloßes Meinen.

Wie wichtig der Kreis in der griechischen Wissenschaft war, wird vielleicht noch deutlicher in der griechischen Astronomie. Weil nämlich die Sterne am Himmel ihre Kreise ziehen, sind sie nicht nur ewig und göttlich, sondern darum ist von ihnen auch wissenschaftliche Erkenntnis möglich. Die Wandelsterne, die Planeten, führen nun allerdings keine Kreisbewegung aus. Aber die griechischen Astronomen brachten es fertig, auch ihre Bewe-

---

[7] *A. Szabo, Anfänge des euklidischen Axiomensystems.* Archive for History of exact Sciences, Berlin, 1960, 1. Bd. pg. 37.
[8] *Euclid's Elements,* by Sir *Thomas L. Heath,* Cambridge, 1956, Dover Books.

gungen durch eine zusammengesetzte Kreisbewegung darzustellen[9], indem ein Planet sich auf einem Kreis bewegt, dessen Mittelpunkt selber auf einem Kreis geführt wird.

Den Körpern auf der Erde fehlt dagegen die gleichmäßige Kreisbewegung. Ihrer Natur nach fallen sie geradlinig zur Erde. Darum gibt es über sie kaum eine wirkliche Wissenschaft: hier herrscht vor allem bloßes Meinen.

Dies war die Ansicht bedeutender Denker, so auch diejenige *Platons*. Nur von den idealen Gebilden, wie sie der Mathematiker betrachtet, ist wissenschaftliche Erkenntnis möglich. Ferner noch von den Himmelskörpern; denn hier regiert der Kreis und die kreisende Bewegung, Abbild des ewig unvergänglich Einen.

Das All-Eine, das durch die Kugel und den Kreis versinnlicht wird, ist zweifellos ein Symbol. Es wird auch durch die Schlange, die einen Ring bildet, dargestellt und dieses Bild begegnet vor allem in der alchemischen Symbolik. Immer soll hierdurch eine Ganzheit ausgedrückt werden, die die Fülle des Seins in sich enthält und in der alle Gegensätze zur Ruhe kommen.

Von der Antike wenden wir uns der Zeit zu, in der die modernen Naturwissenschaften entstanden sind, d. h. der Zeit um 1600[10]. Hier betrachten wir die Gedankenwelt zweier führender Gestalten: *Johannes Keplers* und *Galileo Galileis*. Beide sind überzeugte Anhänger des von *Nikolaus Kopernikus* wiederentdeckten, heliozentrischen Weltsystems. Jeder hat in seiner Art zukunftsweisende Leistungen vollbracht, und doch sind beide – wenn auch in verschiedener Weise – altertümlichem Denken verhaftet.

Für beide ist der Kreis ein lebendiges Symbol, das ihr Denken teils beflügelt, teils hemmt, und jeder hat die Hemmung in eigener Art überwunden.

Kepler und *Galilei* stellen sich beide die Welt als endlichen, kugelförmigen Kosmos vor, in dessen Zentrum die Sonne steht und der vom Fixsternhimmel eingeschlossen ist. So ist dieser Kosmos ein Bild des «Einen».

---

[9] *B. L. van der Waerden, Erwachende Wissenschaft*, Basel, 1956, pg. 293 ff.
[10] Vgl. hier und zu allem folgenden:
E. A. Burtt, The metaphysical Foundations of modern physical Science, Anchor Books, 1955.

Es kann hier nicht unsere Aufgabe sein, die Wege zu schildern, die diese Forscher zu ihren Entdeckungen geführt haben. Wir wollen vielmehr nur zeigen, welche Rolle in ihrem Denken die Kreis-Symbolik gespielt hat und wie gerade durch ihre Arbeit das, was *A. Koyré* «la hantise de la circularité» nennt[11], überwunden worden ist.

Die Lehre *Galileis* wendet sich gegen die Aristotelisch-Scholastische Naturphilosophie, in der die Welt streng in die Reiche unter und über dem Mond geschieden wird. Nach dieser Lehre ist die Erde das Zentrum des Kosmos, aber auch der Sitz des Teufels. Darum ist die sublunare Welt ein Reich der Unordnung und der Gesetzlosigkeit. Die Gesetze sind himmlisch, und nur die Himmelskörper ziehen auf gesetzmäßigen Bahnen.

Da für *Galilei* die Sonne das Weltzentrum bildet, so verliert für ihn die strenge Scheidung in eine Welt unter und über dem Mond ihren Sinn. Diese ganze Welt ist die Schöpfung eines weisen Gottes, der ihm als der große Mathematiker erscheint. Darum ist die Welt nach mathematischen Gesetzen geschaffen. Sie ist gleichsam die mathematische Offenbarung Gottes, so wie die Bibel die in menschlicher Sprache geschriebene Offenbarung ist. Wenn wir die mathematischen Weltgesetze zu verstehen lernen, so erkennen wir eine Wahrheit, die dem göttlichen Wissen gleicht. Wir müssen diese Erkenntnisse allerdings mühsam, in langer Zeit und mit vielen Schlüssen erringen, während Gott alles im Augenblick, wie das Licht, durchdringt: sein Wissen ist ihm stets gegenwärtig.

In der nach mathematischen Gesetzen gebauten, endlichen, kugelförmigen Welt ist die Kreisbewegung die einfachste und natürlichste. Dies ist auch auf der Erde so, denn überall gelten die gleichen Gesetze. Darum, so schließt *Galilei,* würde eine vollkommen runde Kugel auf der vollkommen glatten Erdoberfläche gleichförmig auf einem großen Kreis um die Erde rollen: das ist das Trägheitsgesetz.

Das Trägheitsgesetz ist bei *Galilei* nicht ein Ergebnis der Erfahrung, sondern vielmehr ein Sachverhalt, der einem jeden unmittelbar einleuchten muß, wenn er nur begriffen hat, worauf es ankommt, was das Wesentliche ist. Es wird aber durch die

---

[11] *A. Koyré, Etudes Galiléennes, III. Galilée et la loi d'inertie,* pg. 27.

Erfahrung bestätigt. Will man sich durch die Erfahrung hierüber belehren lassen, so muß man beachten, daß die Erde so groß ist, daß man die Erdoberfläche als eben ansehen darf. Insofern ist die Trägheitsbewegung praktisch eine geradlinige, gleichförmige Bewegung. Aber theoretisch gilt *Galilei* die geradlinige Bewegung keineswegs für etwas Natürliches, d. h. der Ordnung der Natur Entsprechendes. Denn im endlichen Kosmos kann sie ja nicht andauern; sie würde aus ihm herausführen. Er meinte, daß sie höchstens vor der Weltschöpfung natürlich gewesen wäre. Nachdem aber Gott den Kosmos geschaffen hat, bewegen sich die Körper natürlicherweise auf Kreisen. Dies gilt besonders für die Planeten, denn sie bewegen sich in Himmelsräumen, wo ihnen nichts hindernd entgegensteht. Davon war Galilei so sehr überzeugt, daß er die Entdeckung *Keplers*, der die elliptische Form der Planetenbahnen erkannt hatte, geflissentlich ignorierte. So hat also der Glaube an die göttliche Natur des Kreises *Galilei* einerseits zu epochemachenden Erkenntnissen geführt, andererseits auch verführt, ja verblendet[12]. Seine Schüler freilich, die nicht von *Galileis* Ideen inspiriert waren, schlossen aus seinen Worten, daß die kräftefreie Bewegung gerade und gleichförmig sei. Und bis heute glauben die Physiker, *Galilei* habe das Trägheitsgesetz entdeckt.

Man kann behaupten, dies sei historisch unrichtig und sagen, man sei nur zum richtigen Trägheitsgesetz gelangt, indem man *Galileis* Meinung mißverstand. Doch dies scheint mir eine allzu paradoxe Schilderung des Hergangs zu sein. Im Grunde hat man doch *Galilei* im wesentlichen recht verstanden. Denn er lehrte ja in erster Linie, daß auf der Erde die gleichen Gesetze wie am Himmel gelten. Sein Rat war, man solle ernstlich versuchen, im Buche der Schöpfung zu lesen, das dem der Mathematik Kundigen seine Geheimnisse offenbaren werde. Da nun die Gesetze mathematisch sind, so muß die einfachste Bewegung auch dem einfachsten mathematischen Gesetz genügen. Die Kreisbewegung erscheint hier als wegweisendes Symbol, in dem die Ideen des Einfachen – des Einen – und des Mathematischen vereint sind. Nach dem, was dieses Symbol andeutet, soll man suchen. Wie das Trägheitsgesetz gefunden war, hatte das Symbol seine

---

[12] *E. Panofsky, Galileo as a Critic of the Arts* (The Hague 1954), pg. 28 ff.

Bedeutung verloren, es hatte sich entleert. Das Gefundene trat an seine Stelle, ohne daß dies den Nachfolgern Galileis bewußt geworden wäre.

Der in diesen Vorgängen sichtbar werdende Prozeß ist ein solcher der Extraversion: er führt von der Idee zur Außenwelt, wobei zum Schluß die Idee ganz mit der äußeren Erfahrung zur Deckung gebracht wird. Das Kreissymbol enthält freilich mehr als das, was die Erfahrung zu bieten vermag. Darum kann man fragen, was aus der mit ihm gegebenen Ganzheitsvorstellung geworden ist. Bevor wir uns dieser Frage zuwenden, bevor wir nachforschen, wo die Ganzheitsvorstellung erneut wieder erscheint, wollen wir sehen, wie *Kepler*[13] dem Zauberkreis entronnen ist.

Keplers führende Ideen gleichen in vielem denen *Galileis*, und doch kann man leicht den charakteristischen Unterschied in der Gedankenwelt der beiden Forscher wahrnehmen. *Kepler* unterscheidet nämlich bewußt die Welt der Idee von der Außenwelt, und beide Welten behalten, jede für sich, eine gewisse Selbstständigkeit. So scheint uns sein Denken zugleich altertümlicher und moderner als das *Galileis*. Auch ist es reicher, aber es fehlt ihm die großartige Geradlinigkeit und Stoßkraft *Galileis*.

Kepler ist, wie wir schon sagten, ein überzeugter Anhänger des heliozentrischen Systems, denn dieses ist für ihn ein symbolisches Bild des dreieinigen Gottes. Der Kosmos ist eine Kugel, und in dieser entspricht das Zentrum (die Sonne) dem Vater, die Oberfläche (der Fixsternhimmel) dem Sohn. Der Geist aber ist durch das Gleichmaß der Beziehung zwischen Zentrum und Umkreis dargestellt (er gleicht dem Licht der Sonne, das die Welt durchdringt).

Dem sphärischen Wesen Gottes entspringen die mathematischen Wahrheiten. Darum ist nicht alles wahr und göttlich, was sich ein Mathematiker ausdenken kann. Wenn er sich z. B. eine Kurve denkt, die ein algebraisches Gesetz in einem Cartesischen Koordinatensystem darstellt, so ist das bloßes Menschenwerk, eine gedankliche Spielerei. Solche Kurven existieren nicht wirklich. Nur was aus dem Wesen Gottes fließt, existiert auch, und

---

[13] *W. Pauli, Der Einfluß archetypischer Vorstellungen auf die Bildung naturwissenschaftlicher Theorien bei Kepler* (In Jung und Pauli, Naturerklärung und Psyche, Zürich, 1952.).

das sind vor allem jene Größen, die sich im Sinne der Euklidischen Geometrie mit Zirkel und Lineal konstruieren lassen. Freilich, nur die idealen, von allem materiellen Beiwerk freien mathematischen Gebilde sind in diesem platonischen Sinne wirklich. Nur der ideale, nicht-materielle Kreis ist ein wahres Bild der Gottheit. Denn die Materie ist träge und verdunkelt die göttliche Klarheit.

Nun hat zwar Gott die Welt nach seinen Gesetzen geschaffen, die auch nach *Keplers* Ansicht mathematische Gesetze sind. Aber er hat sie als materielle Welt geschaffen, und darum ist sie ein unvollkommenes Abbild der Gottheit: in der Welt sind die mathematischen Gesetze deshalb nur annähernd erfüllt.

Überdies spielt in der Welt nicht nur das vollkommen Krumme, der Kreis, eine Rolle, sondern auch das Gerade, das weniger vollkommen und darum der Materie zuzuordnen ist. Für den Weltenbau ist darum nicht nur die Kugel maßgebend, sondern auch die fünf regulären Polyeder, die Platonischen Körper. Diese haben ebene Flächen und gerade Kanten und sind gewissermaßen ein materielles Bild der Kugel. *Kepler* hat in seinem «Mysterium Cosmographicum» versucht, mit Hilfe dieser fünf Körper die Durchmesser der Planetenbahnen zu konstruieren, indem er, mit einer Kugel angefangen, abwechselnd einer Kugel einen regulären Körper umschrieb, bzw. einem regulären Körper eine Kugel. So erhielt er 6 Kugeln, deren Radien die Radien der Planetenbahnen annähernd darstellen. Es ist erstaunlich, daß diese phantastische Konstruktion die Wirklichkeit einigermaßen wiedergibt. Daß dies nur näherungsweise zutrifft, störte *Kepler* gar nicht. Denn seiner Ansicht nach kann die Körperwelt einer idealen mathematischen Konstruktion nie völlig gleichkommen. Ferner entdeckte *Kepler* seine berühmten Planetengesetze, deren erstes lautet, daß die Planeten sich auf Ellipsen bewegen. Er war bereit, diese Tatsache anzunehmen. Die Ellipse ist ja dem Kreise nahe verwandt und kann darum als materielle Verwirklichung des idealen Kreises gelten.

Man kann die *Keplers* Denken zugrundeliegende Einstellung introvertiert nennen – im Gegensatz zu derjenigen *Galileis*. Er fühlte, daß seine theoretischen Ideen ein symbolisches, inneres Bild sind. Die Tatbestände der Astronomie waren ihm beinahe nur «illustrierende Beispiele» zu seiner Theorie des Sonnensystems. Sein Denken zeigt ihnen gegenüber ein «reserviertes Verhalten», weshalb die von ihm entdeckten Gesetze und Tatsachen auch dann seine Theorie nicht erschütterten, wenn sie mit ihr nicht übereinstimmten.

Andererseits konnte er aber gerade darum die Tatsachen zur Kenntnis nehmen, ohne, wie *Galilei,* von seinen Vorurteilen in die Irre geführt zu werden. So wurde er zum Entdecker von Gesetzen, die noch heute seinen Namen tragen und durch die klar wird, daß die Natur der Himmelskörper diese keineswegs zwingt, auf Kreisen zu laufen. Seine Theorie freilich ist gänzlich der Kreissymbolik verhaftet, ist wissenschaftlich veraltet und zeigt deutlich den symbolischen Sinn, der mit ihr verbunden war.

Der absolute Raum und die absolute Zeit[14]

Aus den Forschungen *Galileis* hatte man richtig geschlossen, daß die kräftefreie Bewegung geradlinig sei. *Kepler* aber hatte nachgewiesen, daß die Planeten nicht auf Kreisen, sondern auf Ellipsen laufen. Damit aber hatte der Kreis seine richtungsweisende Kraft verloren. Zugleich schwand der Glaube an einen endlichen Kosmos, der von der Fixsternsphäre eingeschlossen ist.

Daß die Himmelssphären zertrümmert werden sollten, das hatte schon *Giordano Bruno*[15] prophezeit. Zum Schrecken seiner Zeitgenossen lehrte er, die Welt sei unendlich und die Fixsterne seien Sonnen genau wie die unsrige. Zur Strafe für diese und andere Ketzereien ist er denn auch im Jahre 1600 in Rom verbrannt worden.

Seine Lehre war in der Tat eine ungeheure Neuerung, die sogar *Kepler* mit Schauder erfüllte. Sie raubte der Welt nicht nur die Geschlossenheit, sondern auch das Zentrum. Denn die Sonne wird hier zu einem Stern neben unzählbar vielen anderen Sternen. Auch um die anderen Sonnen, so dachte Giordano, können Planeten kreisen, die von vernünftigen Wesen bewohnt sind.

---

[14] *M. Fierz, Über den Ursprung und die Bedeutung der Lehre Isaac Newtons vom absoluten Raum.* «Gesnerus» 11, Aarau, 1954, pg. 62.
M. Jammer, Concepts of Space, Cambridge, Mass. 1954, pg. 25 ff.
[15] *Giordano Bruno, Gesammelt Werke* (deutsch von L. Kuhlenbeck), 3. Bd., Jena, 1904. Vgl. S. 32.

So hat er ein Weltbild geschaffen, wo – im Himmelsraum wenigstens – Freiheit und Gleichheit herrschen.

Die Welt mit ihren unzählbaren Sonnen und Sonnensystemen erfüllt einen unendlichen Raum. Allein diese Vorstellung hielt *Giordano* dem Glauben an einen ewigen, unendlichen Gott angemessen. So erscheint hier die Unendlichkeit Gottes auf engste mit der Unendlichkeit des Raumes verknüpft. Der Raum, so sagt Giordano, ist der Allumfasser, in dem wir leben, uns bewegen und sind.

Es ist leicht zu verstehen, daß solche Ansichten als Ketzereien gelten mußten. Aber *Giordanos* Lehren gingen dennoch nicht mit seinem Feuertode unter. Denn sie waren der gegebene, ideale Rahmen für die kommende Entwicklung. Man kann auch nicht sagen, daß sie durchaus nur Neuerungen waren. Denn es gibt eine ehrwürdige Tradition, auf die er und seine Nachfolger sich stützen konnten. Schon die Worte *Giordanos,* daß wir im Raume, dem Allumfasser, leben, uns bewegen und sind, werden dem Bibelkundigen nicht unbekannt sein. Denn sie spielen ja an auf Worte aus der Predigt des Paulus in Athen, die uns in der Apostelgeschichte überliefert ist (Acta Ap. 17, 28).

Es ist eine alte jüdische Lehre, daß Gott, weil er allgegenwärtig, der Raum sei, was sich aus vielen Quellen belegen läßt. «Ort» oder «Raum» (maqom) war nämlich ein Gottesname. Das Wort bedeutet insbesondere eine heilige Stätte, doch das erklärt nicht, warum es zum Gottesnamen geworden ist.

Bei der Entstehung der hebräischen Gottesnamen hat wohl das Gebot, den Namen Gottes nicht zu mißbrauchen, eine wesentliche Rolle gespielt. Deshalb sprach man bekanntlich den wahren Gottesnamen, Jahwe, nie aus, sondern sagte beim Lesen der Bibel «der Herr». So wurde auch «der Herr» zum hochheiligen Namen, den man im profanen Gebrauch vermied. Man sagte statt dessen «der Himmel», und damit wurde auch dies zum Gottesnamen. So begnügte man sich, nur auf den Himmel hinzuweisen, indem man vom «Ort» oder «Raum» sprach; denn der Himmel ist ja schließlich der wichtigste oder hauptsächlichste Ort. Er ist der Raum außerhalb der Fixsternsphäre, in dem der Kosmos mit seinen Sphären sich dreht, das Empyraeum. Um die Wende unserer Zeitrechnung war «maqom» offenbar als Gottesname ganz gebräuchlich, aber es war nicht mehr ohne weiteres klar, warum Gott so hieß.

Die rabbinischen Theologen suchten deshalb eine Erklärung dafür, die sie in Gottes Allgegenwart fanden; denn «Gott ist der Ort der Welt». Man fand natürlich auch Bibelstellen, die dies belegen, wie Psalm 90,1 [16] oder Deut. 33,27.

Ähnliche Lehren findet man im «Corpus Hermeticum» [17], das in den ersten Jahrhunderten n. Chr. in Alexandrien entstanden ist. Das Corpus enthält Reden des ägyptischen Offenbarungsgottes Hermes Trismegistos an göttliche Schüler, in denen eine mystische, neuplatonisch gefärbte Philosophie verkündet wird. In ihnen wird der Raum, da er von der Materie verschieden ist, als geistig und göttlich gepriesen.

Im Mittelalter und auch noch in der Zeit der Humanisten wurde die hermetische Philosophie in höchsten Ehren gehalten. Dabei glaubte man, Hermes sei eine historische Persönlichkeit gewesen, ein Zeitgenosse des Mose. Wie dieser habe er Offenbarungen empfangen.

Die Humanisten, die erneut hebräisch studierten, lernten nun auch die jüdische Philosophie kennen, welche nach der Überlieferung teilweise auf geheime Offenbarungen zurückging, die Mose auf dem Sinai zuteil geworden sein sollten. Die Ähnlichkeit mancher philosophischer Ideen mit solchen, die sich im hermetischen Corpus finden, bestärkte den Glauben, daß es sich hier um uraltes, wenn auch nur trümmerhaftes Offenbarungsgut handeln müsse. Und eine der Lehren, für die man hier eine Bestätigung finden konnte, ist die von der Göttlichkeit des Raumes.

Während aber ursprünglich unter dem göttlichen Raum wohl in erster Linie der Feuerhimmel, das Empyraeum, zu verstehen war, in dem der Kosmos sich dreht, so wird er nun immer mehr zum physikalischen Raum überhaupt. Bei *Giordano Bruno,* der nicht an Himmelssphären glaubt und der keinen zentrierten Kosmos anerkennt, kann er auch gar nichts anderes sein.

In England erlebte die platonische Bewegung der Renaissance eine späte Blüte. Ihr Zentrum war die platonische Schule von

---

[16] Man übersetze: «Herr, Du warst unsere *Wohnstatt* für und für.»
[17] *Festugière,* Le R. P. O. P. *La Révélation d'Hermes Trismégiste,* 2. Bd. *Le Dieu Cosmique,* Paris, 1949.

Cambridge[18] (The Cambridge Platonists). Einer ihrer Führer, *Henry More*[19] (1614–1687) war mit *Isaac Newton,* dem Schöpfer der Himmelsmechanik, eng befreundet. Auch *Newtons* Lehrer, *Isaac Barrow* (1630–1677), gehörte diesem Kreise an. Die philosophischen Ideen *Henry Mores* und seiner Freunde sind in manchem sehr ähnlich; insbesondere besaßen sie eine gemeinsame Raumtheorie. Diese hat *Henry More* zuerst entwickelt, und zwar im Gegensatz zu den Ansichten *René Descartes'* (1596–1650). Dieser betrachtete den Raum als identisch mit der Ausdehnung der Materie. So wie der Geist durch das Denken gekennzeichnet ist, so wird die Materie durch Ausdehnung ausgezeichnet. Diese Theorie schien *More* unbefriedigend, da durch sie Geist und Materie auseinandergerissen werden. Zudem befürchtete er, daß die Cartesische Philosophie zum Materialismus und Atheismus führen werde, was in gewissem Sinne dann auch eingetreten ist. Sein Streben war es, auch in der Natur das Wirken des Geistes nachzuweisen. Er entwickelte darum eine besondere Theorie der Geister, und der wichtigste unter ihnen ist der Weltgeist, die Weltseele. Vor allem schien ihm aber die Existenz von Raum und Zeit das Vorhandensein geistiger Wesen zu beweisen. Denn nach seiner Ansicht ist der Raum von der Materie und ihrer Ausdehnung gänzlich verschieden. Der Raum ist nicht materiell, also muß er geistig sein. Er ist Ausdruck der göttlichen Allgegenwart; er ist vorhanden, weil Gott allgegenwärtig ist. Denn, wenn der Raum nicht wäre, so wäre ja Gott nirgends. Ebenso sind die Geister im Raume. Anders als die atomistische Materie erfüllen sie ihn kontinuierlich.

More führt zur Begründung seiner Lehre ausdrücklich die jüdische Überlieferung an: «Der Raum ist der Erhalter und das Gefäß aller Dinge, und darum haben die Kabbalisten Gott nicht umsonst den Namen ‹maqom› beigelegt.» Er zitiert auch die gleichen Bibelstellen wie die jüdischen Gelehrten, z.B. den 90. Psalm: «Lord, thou hast been our dwelling-place in all generations.»

---

[18] *J. Tulloch, Rational Theology and Christian Philosophy in England in the 17th Century,* Bd. 2, Edinbourgh, 1874. *F. J. Powicke, The Cambridge Platonists,* London, 1926.

[19] *F. J. Machinnon, Philosophical Writings of Henry More,* New York, 1925.

Im physikalischen Begriffssystem *Newtons* stehen der absolute Raum und die absolute Zeit an erster Stelle. Sie sind, so kann man sagen, der feste Rahmen, in dem sich das physikalische Geschehen abwickelt. Aber auch für *Newton* haben diese Begriffe eine Bedeutung, die weit über die eigentliche Physik hinausreicht. Genau wie für *Henry More* sind Raum und Zeit Ausdruck der Ewigkeit und Allgegenwart Gottes.

Am Schluß der 2. Auflage seines Hauptwerkes, den «Philosophiae Naturalis Principia Mathematica» hat er seine Ansichten über Gott, den Raum und die Zeit vorgetragen, und da heißt es: «Gott ist ewig und unendlich, allmächtig und allwissend; d. h. er dauert von Ewigkeit zu Ewigkeit, ist gegenwärtig vom Unendlichen ins Unendliche: alles regiert er und er weiß alles, was ist und geschehen kann. Er ist nicht die Ewigkeit und Unendlichkeit, sondern er ist ewig und unendlich; er ist nicht Dauer und Raum, sondern er dauert und ist da. Er dauert immer und ist allgegenwärtig, und indem er immer und überall gegenwärtig ist, konstituiert er die Zeit und den Raum.» Der Raum kann, so sagt *Newton,* gleichsam als das «sensorium dei» gelten. Darunter soll nicht etwa ein Sinnesorgan, sondern vielmehr ein Ort des Bewußtseins verstanden werden, in dem der allgegenwärtige Gott alles weiß, was geschieht und geschehen wird. Auch *Newton* belegte seine Lehre mit den traditionellen Bibelstellen.

Im göttlichen Raum und in der ewigen, absoluten Zeit befindet sich die Welt, der Gott die Gesetze gegeben hat. Auch für *Newton* ist es selbstverständlich, daß dies mathematische Gesetze sein müssen. So ist für ihn die Physik eine Art natürlicher Theologie: «Denn Gott ist, ohne seine Herrschaft und ohne seine Pläne, nichts als das Fatum und die Natur.» Aber die Mathematik, mit der die Naturgesetze erfaßt werden, ist nicht mehr die Geometrie, wie bei *Kepler,* sondern die Analysis, die Mathematik der kontinuierlich veränderlichen Größen. Die Bewegung, das kontinuierliche Fließen in der Zeit, ist die Grundvorstellung, von der *Newton* bei seinen mathematischen Entwicklungen ausgeht. Er nannte darum die Analysis «Fluxionsrechnung», und mit ihrer Hilfe stellt er die Bewegung der Himmelskörper dar.

So erscheint *Newtons* Gott nicht als der große Geometer, sondern als Gott der Analysis, der die kontinuierlichen Größen und die Bewegung erzeugt, den Raum und die Zeit.

«Indem alles in *einem* Raum und in *einer* Zeit enthalten ist, ist auch die Welt der Herrschaft eines einzigen Gottes unterworfen: zumal das Sternenlicht und das Licht der Sonne *einer* Natur sind und alle Sternsysteme sich gegenseitig ihr Licht zustrahlen.» In dieser merkwürdigen Aussage *Newtons* erweist sich der göttliche Raum als Abkömmling des Feuerhimmels, der von himmlischem Licht erfüllt ist. Zugleich wird deutlich, daß die Welt, obwohl unendlich in Raum und Zeit, eine Einheit bildet, in der überall die gleichen Gesetze gelten und in der alles mit allem in Wechselwirkung steht.

Damit ist die Welt aufs neue zu einem Ganzen geworden, nachdem der alte Kosmos mit seinen Sphären zertrümmert worden war.

Der Äther[20]

More sowohl wie Newton waren der Ansicht, daß der Raum zwischen den Gestirnen frei von Materie, ein Vakuum sei. Sie betrachteten ihn jedoch nicht als vollkommen leer; denn er war vom Äther erfüllt. Der Äther ist aber keine gewöhnliche Materie, sondern ein Stoff von feinerer Art, ein «subtiler Spiritus». Dieser wurde als Ursache der Schwerkraft und anderer in der Natur wirkender Kräfte betrachtet, wenn auch die Art seines Wirkens einigermaßen unklar blieb. *Newton* sagte z. B. am Schluß seines Hauptwerkes, den «Principia»:

«Es wäre nun noch einiges über einen höchst feinen Geist (spiritus) hinzuzufügen, der die groben Körper durchdringt und in ihnen verborgen ist. Durch seine Kraft und durch sein Wirken ziehen sich die Teilchen der Körper in kleinsten Abständen an und hängen, wenn sie sich berühren, zusammen; durch ihn wirken elektrische Körper in größere Abstände, indem sie benachbarte Teilchen anziehen oder abstoßen; ebenso wird das Licht ausgestrahlt, reflektiert, gebrochen und gebeugt; er macht die Körper warm; und die Glieder der Lebewesen werden dem Willen gemäß bewegt, indem sich nämlich Schwingungen dieses Geistes, durch die festen Nervenkapillaren, von den äußeren Sinnesorganen zum

---

[20] *M. Fierz,* l. c.

Gehirn und vom Gehirn zu den Muskeln fortpflanzen. Doch das kann man nicht in Kürze entwickeln. Auch fehlt ein ausreichendes experimentelles Material, mit dessen Hilfe die Gesetze, nach denen dieser Geist wirkt, bestimmt und nachgewiesen werden könnten.»

Dieser merkwürdige Stoff erfüllt die Himmelsräume, und wird, so vermutet *Newton,* durch die Kometen auf die Erde gebracht. Denn er sagt, wenn er die Kometenschweife diskutiert:

«Ferner vermute ich, daß jener Geist, der einen sehr kleinen Teil unserer Luft ausmacht, aber den feinsten und besten, und der zum Leben aller Dinge notwendig ist, vor allem aus den Kometen komme.»

Henry More hat ganz ähnliche Ansichten über den Äther, nennt ihn aber «the low spirit of the Universe», oder gar «the soul of the world». Diese Weltseele ist ein dynamisches Prinzip, welches die Kräfte in der Natur hervorbringt. Die Weltseele ist unbewußt. Die Einzelseelen der Menschen sind von ihr verschiedene, freie Ausflüsse der Gottheit, und nur «der niedere Mensch» ist ein Teil des «niederen Weltgeistes». Die vitalen Naturgesetze entspringen nicht der Materie, die aus passiven Monaden besteht, die nicht von selber zusammenhalten: «matter has no vinculum of its own». Darum muß es einen Naturgeist geben, der Beweger und Regler der Materie ist:

«Ergo etiam atque etiam est in Mundo Spiritus ille
Naturae, qui Materiam regit atque gubernat.»

Daraus sieht man, daß der Äther Abkömmling der stoisch-neuplatonischen Weltseele ist. Ihre Heimat war vor allem der Feuerhimmel, die Ätherregion. Dorther stammten auch die Einzelseelen. Die Weltseele belebt das Universum, und die mehr naturwissenschaftlich orientierten stoischen Philosophen waren der Ansicht, daß sie das Naturgeschehen gesetzmäßig regle, ja, daß sie das Naturgesetz selber sei. Sie spielt besonders in der medizinischen Theorie *Galens*[21], des «Fürsten der Ärzte», der selbst ein

---

[21] *Ch. Singer, A short History of Anatomy and Physiology,* Dover Books, 1957, pg. 58 ff.
Cl. Galenos (129–199) aus Pergamon war kaiserlicher Leibarzt in Rom.

Stoiker war, eine höchst wichtige Rolle. Sie ist in der Lebensluft enthalten – ja sie wird mit ihr geradezu identifiziert. Die Lebensluft heißt «Pneuma», der Lebenshauch. *Galen* glaubte, daß, wenn wir atmen, wir Pneuma in die Lunge einsaugen. Das Blut, das der Leber entspringt, und den «spiritus naturalis» enthält, kommt im Herzen mit dem Pneuma in Berührung. Dadurch wird der spiritus naturalis belebt und in spiritus vitalis verwandelt. Der spiritus vitalis wird sodann im Hirn bzw. in einem besonderen Organ, dem «rete mirabile» geläutert: er verwandelt sich in «spiritus animalis», in den Seelengeist, der auch in den Nerven enthalten ist. Dabei scheidet sich das Phlegma, der Schleim ab, der durch die Nase nach außen abfließt.

Bis ins 17. Jahrhundert war das geläufige medizinische Theorie, und damit gehörte der Äther, der subtile Spiritus, zu den naturwissenschaftlichen Begriffen. Die Worte *Newtons,* die wir zitiert haben, handeln also von damals allgemein anerkannten wissenschaftlichen Vorstellungen: der subtile Spiritus erzeugt Kräfte aller Art, er ist als bester Teil in der Luft enthalten, er ist eine in der Physiologie und Neurologie unentbehrliche Hypothese.

Freilich, schon *Newton* redete nicht mehr, wie *More,* von einem niedrigen Weltgeist, noch weniger von einer Weltseele. Für ihn ist der Äther nur noch eine besondere, bessere und subtilere Art der Materie, die sich von der groben, gewöhnlichen Materie durch ihre Aktivität unterscheidet. Sein Ort ist aber immer noch der Himmelsraum. Die Kometen, die aus weiter Ferne in unser Sonnensystem herabtauchen, tragen ihn darum auf die Erde.

Die späteren Zeiten haben die himmlische Herkunft und die ursprünglich seelische Natur dieses merkwürdigen Stoffes ganz vergessen. An seiner Existenz hat man freilich bis ins 20. Jahrhundert festgehalten. Er galt vor allem als Träger der Lichtschwingungen und des elektromagnetischen Feldes. Und immer blieb er von feinerer Art als die Materie: er war ein «imponderabile», d. h. er war der Schwerkraft nicht unterworfen, rief sie aber möglicherweise hervor.

Es ist allerdings nicht gelungen, eine mechanische Äthertheorie zu entwerfen, weshalb die Ätherhypothese schließlich aufgegeben worden ist. An ihre Stelle ist die Feldtheorie getreten, die heute die theoretische Physik beherrscht.

Auch die *Einsteinsche* Gravitationstheorie[22], die sog. allgemeine Relativitätstheorie, ist eine Feldtheorie. In dieser wird der Raum durch das metrische Feld beschrieben, das zugleich das Gravitationsfeld ist und das die physikalische Rolle des Äthers übernommen hat. Die Metrik des Raumes aber wird durch die in ihm enthaltene Materie bestimmt.

Die Gravitationstheorie *Albert Einsteins* (1879–1955) stützt sich auf die durch *Bernhard Riemann* (1826–1866) entdeckte Differentialgeometrie des Raumes. In seiner berühmten Probevorlesung, die er am 10. Juli 1854 vor der Göttinger Fakultät gehalten hat, trug er seine Ideen vor. In großartiger Kürze und mit unübertrefflicher Klarheit sprach er «über die Hypothesen, welche der Geometrie zugrunde liegen»[23]. Ausgangspunkt der Betrachtung ist die von *Carl Friedrich Gauss* (1777–1855) entwickelte Theorie krummer Flächen, die auf Räume beliebiger Dimensionszahl übertragen wird. Ein solcher gekrümmter Raum wird durch seine inneren Maßverhältnisse bestimmt, wobei eine quadratische Differentialform den Abstand unendlich benachbarter Punkte angibt. Damit wird auch ausgedrückt, daß im unendlich Kleinen der Pythagoräische Lehrsatz, und damit die Euklidische Geometrie, gültig sein soll.

Wenn *Riemann* auch damals nicht wissen konnte, welch weitgehende Folgen seine Gedanken für die Physik haben sollten, so hat er es doch sehr wohl geahnt. Er faßte seine Ideen keineswegs als rein mathematische Spekulation auf, sondern betrachtete sie als ersten Schritt zu weiterer, für die Physik bedeutsamer Forschung. Dies geht deutlich aus den Schlußworten seines Vortrages hervor.

Es ist nun höchst interessant, daß in *Riemanns* Nachlaß eine Studie aufgefunden wurde, die vom 1. März 1853 datiert ist und die den Titel «Neue mathematische Prinzipien der Naturphilosophie» trägt[24]. Diese kann als eine Art psychologische Vorbereitung zu den Gedanken gelten, die er ein Jahr später der Fakultät zu Göttingen vortrug.

Der Zweck seiner Studie war, so sagt *Riemann*, «jenseits der

---

[22] *A. Einstein, The Meaning of Relativity,* 5th ed. Princeton, 1955.

[23] *B. Riemann, Gesammelte Mathematische Werke,* 2. Aufl., 1892, pg. 273.

[24] *B. Riemann,* op. cit. pg. 528.

von *Galilei* und *Newton* gelegten Grundlagen der Astronomie und Physik ins Innere der Natur zu dringen». Weiter heißt es:

«Wir beobachten eine stetige Tätigkeit unserer Seele. Jedem Akt derselben liegt etwas Bleibendes zugrunde, welches sich bei besonderen Anlässen (durch Erinnerung) als solches kundgibt, ohne einen dauernden Einfluß auf die Erscheinungen auszuüben. Es tritt also fortwährend (mit jedem Denkakt) etwas Bleibendes in unsere Seele ein... welches aber in demselben Augenblick aus der Erscheinungswelt völlig verschwindet.»

«Von dieser Tatsache geleitet, mache ich die Hypothese, daß der Weltraum mit einem Stoff erfüllt ist, welcher fortwährend in die ponderablen Atome strömt und dort aus der Erscheinungswelt verschwindet.»

«Beide Hypothesen lassen sich durch die eine ersetzen, daß in allen ponderablen Atomen beständig Stoff aus der Körperwelt in die Geisteswelt eintritt. Die Ursache, weshalb der Stoff dort verschwindet, ist zu suchen in der unmittelbar vorher gebildeten Geistessubstanz, und die ponderablen Körper sind hiernach der Ort, wo die Geisteswelt in die Körperwelt eingreift.»

Auf Grund dieser Hypothesen soll die allgemeine Gravitation erklärt werden; ferner sollen sie eine Theorie des Lichtes und der Wärme begründen. Nun skizziert *Riemann* eine mathematische Theorie, die wir heute als Feldtheorie bezeichnen würden, wobei er quadratische Differentialformen betrachtet, die in seiner späteren Geometrie die Grundlage bilden.

Der Stoff, von dem *Riemann* in seiner Hypothese redet, ist offensichtlich der Äther: Er ist von der «ponderablen Materie» verschieden, die aus Atomen besteht, während er kontinuierlich ausgebreitet ist. Er erfüllt den Weltenraum und strömt von dort fortwährend in die Atome ein. *Newton* hat eine ähnliche Theorie des Äthers skizziert, in der der Äther in den Körpern kondensiert wird. Wahrscheinlich waren *Riemann* diese Spekulationen bekannt, doch der Gedanke, daß der Äther bei diesem Vorgang verschwinde, weil in den Atomen «Geistessubstanz» entstehe, ist *Riemanns* Eigentum.

Nun haben wir gesehen, daß der Äther ursprünglich eine Seelensubstanz, das Pneuma, gewesen ist und daß er sich im Laufe eines geistesgeschichtlichen Prozesses immer mehr materialisiert hat. Diese historische Tatsache war *Riemann* sicherlich unbekannt. Aber er hat geahnt, daß hinter der Ätherhypothese die Idee der Weltseele verborgen ist. Seine Phantasie führte ihn nun zu einer Theorie, in der sich der Äther wieder in das zurückverwandelt, was er ursprünglich war: in «Geistessubstanz», wobei er aus der Körperwelt verschwindet.

Wir können dieses Phantasiebild wie einen Traum deuten, der *Riemann* sagen will: Wenn du eine Theorie der Gravitation finden willst, so mußt du zuerst erkennen, daß der Äther ein symbolischer Stoff ist; daß er die Weltseele ist, in der sich Körper und Geist begegnen. Der Äther muß also wieder in das, was er anfänglich war, zurückverwandelt werden und aus der Physik verschwinden. In der Physik muß an seine Stelle das Feld treten, und zwar ein ganz spezielles Feld, das durch quadratische Differentialformen charakterisiert ist.

Riemann hat, so müssen wir zugeben, seinen Traum verstanden. Das zeigt seine Habilitationsvorlesung. Ganz wie wenn er *Einsteins* Theorie vorausgeahnt hätte, sagte er dort zum Schluß, daß der Grund für die Maßverhältnisse des kontinuierlichen Raumes in von ihm verschiedenen, bindenden Kräften gesucht werden müsse. Seine allgemeine Untersuchung, so meint er, solle uns dazu dienen, «daß wir nicht durch die Beschränktheit der Begriffe gehindert und der Fortschritt im Erkennen des Zusammenhanges der Dinge nicht durch überlieferte Vorurteile gehemmt werde».

Schlußbetrachtung

Unsere Betrachtung symbolischer Vorstellungen in der Physik und der Mathematik war zugleich ein Gang durch die Geschichte dieser Wissenschaften. Dabei haben wir immer gefunden, daß die Ursprünge dieser Vorstellungen ins graue Altertum zurückreichen. Jahrhundertelang haben sie das Denken der Gelehrten zugleich geführt und verführt. Sie haben es möglich gemacht, höchst abstrakte Begriffe so zu beleben, daß sich an ihnen die wissenschaftliche Phantasie entzünden konnte.

In ihnen offenbart sich die synthetische Kraft der Idee; durch ihren geheimnisvollen Glanz erleuchtet, erscheint dem Gelehrten der scheinbar trockene Begriff, die graue Theorie, voll der Fülle goldenen Lebens. Von ihnen geht aber auch eine dämonische Faszination aus, die das Bewußtsein des Forschers ergreift und ihn nicht losläßt, bis das angedeutete Ziel erreicht ist, wobei nicht selten die körperliche und geistige Gesundheit des also Besessenen bis an den Rand des Ruins gebracht wird. Glücklich wird man den preisen, den der Dämon dann nicht in die Irre geführt oder ihm ein Ziel vorgegaukelt hat, das seine Geisteskräfte übersteigt.

Das hohe Alter der symbolischen Bilder, ihre Ambivalenz und dämonische Wirkung scheint uns dafür zu sprechen, daß es sich um archetypische Symbole handelt. Doch es ist wohl kaum die Aufgabe des Physikers, sich hierüber endgültig auszusprechen.

Die vier Elemente
(1963)

Vier Elemente
Innig gesellt
Bilden das Leben,
Bauen die Welt.
Schiller

Die Vierheit als wissenschaftliches Ordnungsschema

Die Vorstellung, die Welt sei vier Elementen oder Kräften entsprungen, ist uralt. Und von Anfang an erscheint mit ihr die Idee der Gegensätze verbunden.

Wohl das älteste literarische Zeugnis tritt uns in der Kosmologie von Hermopolis (Chmunu, die Acht) entgegen[1], als archaisch düsteres, mythisches Bild: Eine urtümliche Vierheit – Urflut, Ewigkeit, Finsternis, Verborgenheit – spaltet sich in vier Paare, die als männlich und weiblich, also als gegensätzlich, betrachtet werden. So entsteht die Achtheit, die der Stadt Hermopolis den ägyptischen Namen gibt. In Gestalt von Fröschen und Schlangen steigt sie aus dem Sumpf und bildet auf dem Urhügel das Weltei. Sie wird auch durch acht Paviane versinnbildlicht, denen der Gott Thot, der ägyptische Hermes, vorsteht.

Die Namen der Vierheit deuten auf ein gleichzeitig unfaßbares und doch geordnetes Chaos, auf eine Welt «der Finsternis, die sich das Licht gebar».

Mit diesem urtümlichen Bilde verglichen, wirkt die Elementenlehre des *Empedokles*[2] (ca. 500 v. Chr. – ca. 430), die doch immer noch stark mythologische Züge trägt, hell und wach und durchaus rational.

Die vier Elemente Feuer, Wasser, Luft und Erde bilden zwei

---

[1] *Eduard Meyer, Geschichte des Altertums,* Basel, 1954, Bd. 1, 2 p. 93.
   Otto Eberhard, Ägypten, Stuttgart, 1955, p. 57.
[2] *W. Capelle, Die Vorsokratiker,* Leipzig, 1935, p. 189 ff.

je gegensätzliche Paare. Sie sind ewig und unveränderlich und werden durch gegensätzliche Kräfte, die Liebe und den Streit, in Bewegung gesetzt. Die gegensätzlichen Kräfte, die das Weltgeschehen hervorbringen, werden also von den Elementen unterschieden, obwohl auch diese selber innerlich gegensätzlich sind.

Den Elementen sind vier Grundfarben[3], Weiß (Feuer), Schwarz (Wasser), Rot (Luft) und Gelb (Erde) zugeordnet. Sie sind noch im frühen Mittelalter die klassischen heraldischen Farben gewesen.

Empedokles, der ausgesprochen physiologisches Interesse zeigt, hat auf die Ärzteschule von Kos («Hippokrates») eingewirkt. Schon bei ihm kommen die beiden Qualitäten Warm und Kalt vor – die Männer entstehen durch Wärme, die Frauen durch Kälte[4] –, wobei er warm und kalt als klimatologische Faktoren versteht. Der Wirkung des Klimas und der Jahreszeiten auf die Körperbeschaffenheit widmeten die hippokratischen Ärzte mit Recht große Aufmerksamkeit[5].

Sie haben auch die Lehre von den vier Säften (Humores) in die Physiologie eingeführt: Blut, Schleim (Phlegma), gelbe Galle und schwarze Galle. Diese wurden als den vier Elementen entsprechend aufgefaßt und mit den vier Jahrezeiten und den vier Qualitäten: Warm–Kalt, Feucht–Trocken in Verbindung gebracht[6]. Den vier Säften entsprechen vier Temperamente, die noch heute allbekannt sind.

Aristoteles hat diese Gedanken übernommen und systematisch ausgebaut. Die vier Elemente entstehen aus den beiden Gegensatzpaaren Warm–Kalt und Feucht–Trocken, was man im folgenden Schema darstellen kann:

---

[3] *W. Capelle,* p. 224 u. 230.

[4] *W. Capelle,* p. 218.

[5] *R. Kapferer, Hippokrates-Fibel,* Stuttgart, 1943, p. 64 (Luft, Wasser und Ortslage).

[6] *R. Kapferer,* l. c. p. 76 (Die Natur des Menschen).
Vgl. auch *Ch. Singer, A short History of Anatomy,* Dover Publ. 1957, p. 14.

Süd, warm

	Feuer	Luft	
	Blut	gelbe Galle	
	Leber	Gallenblase	
	rot	gelb	
	rubedo	citrinitas	
Ost, trocken	——————————————	——————————————	West, feucht
	Erde	Wasser	
	schwarze Galle	Phlegma	
	Milz	Gehirn[7]	
	schwarz	weiß	
	nigredo	albedo	

Nord, kalt

Hier haben wir auch die vier Säfte, Organe, Farben und die vier Stufen des alchemischen Prozesses eingetragen. (Die Zuordnung der Farben ist verschieden von der, die *Empedokles* vorgeschlagen hat). Menschen eines bestimmten Temperaments werden durch den entsprechenden humor und das ihn erzeugende Organ regiert. So regiert den Melancholiker die Milz – er hat einen Spleen, den Phlegmatiker das Gehirn – er ist ein kühler Intellektueller[7], der sich, anders als der luftige Choleriker und der feurige Sanguiniker, nicht leicht aufregt, usw.

Das vierfältige Schema verwendet nun *Aristoteles* nicht nur in seiner Theorie der Elemente, sondern es bildet auch die Grundlage seiner Lehre von den Schlüssen, die in den sog. «Ersten Analytiken» ausführlich und sehr umständlich dargestellt ist.

Während die vier Elemente aus zwei Paaren von *Realgegensätzen* entstehen, so liegen seiner logischen Theorie *logische* Gegensätze zugrunde: nämlich die Art eines Urteils nach Quantität – allgemein oder partikulär, und Qualität – bejahend oder verneinend. Daraus ergeben sich vier Urteile, in denen allemal das Verhältnis eines Begriffes zu einem anderen festgestellt wird, nämlich:

a) allgemein-bejahend: alle A sind B: a(A,B)

e) allgemein-verneinend: kein A ist B: e(A,B)

---

[7] Nach hippokratischer Lehre ist das Gehirn Sitz des Bewußtseins. Vergl. insbesondere die Abhandlung über die Epilepsie, Kap. 17.

i) partikulär-bejahend: einige A sind B: i(A,B)
o) partikulär-verneinend: einige A sind nicht B: o(A,B)

(Diese vier Urteile bezeichnet man traditionellerweise mit den Vokalen a, e, i, o.)

Schematisch kann man das wie die vier Elemente darstellen:

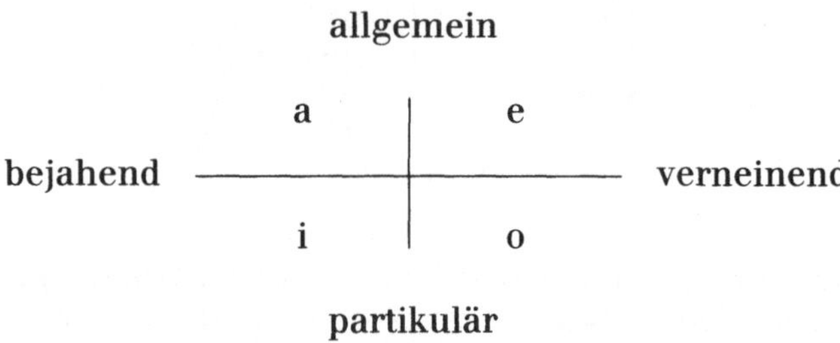

Ein Schluß (Syllogismus) besteht nun aus drei Urteilen, die sich, nach *Aristoteles*, auf drei Begriffe beziehen: Im Maior wird das Verhältnis des Mittelbegriffs (M) zum Prädikat (P), im Minor dasjenige des Subjektes (S) zum Mittelbegriff festgestellt. Aus diesen beiden Urteilen eliminiert man den Mittelbegriff und erhält so als drittes Urteil die Konklusion. Dabei gilt die Regel: der Maior muß allgemein, der Minor muß bejahend sein; denn nur dann ergibt sich ein Schluß. Damit erhält man vier «Modi», welche die «erste Figur» des *Aristoteles* bilden:

| a (M P) | e (M P) | a (M P) | e (M P) |
a (S M)	a (S M)	i (S M)	i (S M)
a (S P)	e (S P)	i (S P)	o (S P)

(Die Modi heißen Barbara, Celarent, Darii, Ferio. Die Namen haben nur den Sinn, durch ihre Vokale die Art der drei Urteile anzudeuten.)

Man kann auch die Modi im Schema darstellen, wobei die Achsen dem Maior und Minor zugeordnet werden, die Art der Konklusion (a, e, i, o) steht dann in den Feldern.

Es mag lehrreich sein, die Regeln der ersten Figur folgendermaßen mathematisch darzustellen. Sei α_{ik} die Matrix

$$\begin{pmatrix} \alpha_{11} & \alpha_{12} \\ \alpha_{21} & \alpha_{22} \end{pmatrix} = \begin{pmatrix} a & e \\ i & o \end{pmatrix}$$

Dann gilt α_{k1} (SM) α_{1l} (MP) $\rightarrow \alpha_{kl}$ (SP).

Der erste Faktor der linken Seite entspricht hier dem Minor, der zweite dem Major, rechterhand steht die Konklusion.

Die Schlüsse der ersten Figur nennt *Aristoteles* «vollkommene Schlüsse». Neben der ersten betrachtet er noch eine zweite und dritte Figur, die sich von der ersten durch die Stellung des Mittelbegriffs im Maior oder Minor unterscheiden.

Solche Schlüsse sind möglich, weil man (e) und (i) einfach umkehren kann:

> aus: kein A ist B, folgt: kein B ist A;
> aus: einige A sind B, folgt: einige B sind A.

Der Gedanke ist nun, man solle die Schlüsse der 2. und 3. Figur, indem man den Maior oder den Minor umkehrt, auf die erste zurückführen, wodurch sie auf «vollkommene Schlüsse» zurückgeführt werden. (Da nicht alle Sätze eine Umkehrung zulassen, sind in der 2. und 3. Figur nicht alle vier Modi möglich.)

Die Lehre von den Syllogismen ist unbestreitbar eine bedeutende und originelle Leistung des *Aristoteles*. Sie ist der erste Schritt zur formalen Logik und offenbart die mathematische Struktur des logischen Schließens. Jeder Schluß ist triadisch aufgebaut: drei Begriffe unter drei Urteilen, und es gibt vier vollkommene, d. h. vier grundlegende Schlußmodi. (Ein quaternäres Schema, das aus vier Triaden aufgebaut ist, finden wir dann wieder in *Kants* Tafel der Kategorien.)

Leider ist aber die Logik des *Aristoteles* unvollständig und teilweise auch unrichtig[8]. So ist es nicht wahr, daß in jedem Urteil das Verhältnis eines Begriffs zu einem anderen festgestellt wird, sondern man kann auch beurteilen, ob ein gegebener Gegenstand unter einen Begriff fällt. Ein solches Urteil kann weder als allgemein noch als partikulär gelten, es wird aber in der aristotelischen Logik wie ein allgemeines behandelt. Das ist unrichtig und gibt zu Fehlern Anlaß. Darin zeigt sich ein Mangel dieser

---

[8] Vgl. hierzu: *B. Russel, A History of Western Philosophy*, New York 1945, p. 195 ff.

Logik, die ungenügend zwischen Begriffen und Gegenständen unterscheidet[9]; sie beachtet auch nicht, daß es sehr wohl vorkommen kann, daß unter einen Begriff gar kein Gegenstand fallen kann, ohne daß darum der Begriff sinnlos zu sein braucht. (Zum Beispiel ist die Frage: hat der Planet Mars einen Trabanten, einen Mond? sinnvoll, der Begriff «Trabant des Mars» ist also sinnvoll, aber leer, d. h. es gibt keinen solchen Trabanten.) Das führt dann zu falschen Schlüssen der folgenden Art: 1. Alle Hexen zaubern. 2. Alle Hexen sind Frauen. 3. Also können einige Frauen zaubern.

Dieser Schluß ist in der «dritten Figur». Man hat hier den Minor umzukehren: Alle Hexen sind Frauen, also sind einige Frauen Hexen; und erhält so den Modus «Darii» der ersten Figur. Die Umkehrung und der Schluß, beide sind aber nur richtig, wenn es Hexen gibt, was weder der Maior noch der Minor impliziert. Denn beides sind analytische Sätze, die nur das zum Ausdruck bringen, was man sich unter einer Hexe vorzustellen hat. Sie bleiben daher auch dann richtig, wenn es keine Hexen gibt. Aber unser Schluß ist dann falsch. Wenn dagegen über einen Gegenstand geurteilt wird, wie z. B. «Churchill ist ein Engländer», so folgt daraus, daß es Engländer gibt, nämlich mindestens einen, eben Churchill.

Ganz ungenügend ist ferner *Aristoteles'* Behandlung der Relation. Er rechnet sie zwar zu den Grundbegriffen, aber was er darüber in seinen «Kategorien» sagt, ist recht verworren. Und so sagt er selbst am Schluß des betr. Kapitels, es sei schwierig, hier zu einer klaren Auffassung zu kommen. In der Metaphysik (1088) wird darum festgestellt, daß die Relationen mit wenig Recht unter die Kategorien gerechnet würden und eigentlich nichts Selbständiges seien.

Die Folge hiervon ist, daß er in der Logik eigentlich nur Aussagen betrachtet, bei denen einem Subjekt ein Prädikat zugeordnet wird, bzw. bei denen ein Begriff einem anderen untergeordnet wird. Und darin ist man ihm bis in die neuere Zeit gefolgt. Noch *Leibniz* glaubte, daß alle logischen Aussagen die Form Subjekt-Prädikat haben müßten, und da für ihn die Weltstruktur eine

---

[9] Das scheint Folge eines primitiven Denkens zu sein, das annimmt, mit einem Begriff sei auch ein Gegenstand gegeben.

logische ist, war er gezwungen, seine Theorie der Prästabilierten Harmonie aufzustellen, um der Existenz von Relationen dennoch Rechnung zu tragen.

Man kann Relationen als Prädikate auffassen, die sich immer notwendig auf mehrere Gegenstände zugleich beziehen und sie dadurch in Beziehung setzen. So stellt die Aussage «Sokrates war der Lehrer Platos» eine Relation zwischen zwei Personen dar. Grammatikalisch ist zwar «Lehrer Platos» das Prädikat von Sokrates, aber logisch ist «Lehrer» Prädikat zu «Sokrates» und «Plato». Denn das gleiche Verhältnis wird ja auch durch «Plato war Schüler des Sokrates» ausgedrückt. Ohne Lehrer gibt es eben keinen Schüler. Vor allem in der Mathematik sind zahlreiche Aussagen Relationen. «3 ist größer als 2» ist eine Relation zwischen 2 und 3, und «2 ist kleiner als 3» besagt genau dasselbe.

Kant hat bemerkt, daß solche Aussagen nicht von der Art sind, wie sie in der Logik gewöhnlich behandelt wurden. Er hielt sie darum für besondere, nur der «Vernunft» zugängliche Erkenntnisse und nannte sie «synthetische Urteile a priori».

Erst Ende des 19. Jahrhunderts, wo man sich langsam von den Fesseln der aristotelischen Logik befreite, ist man hier zu größerer logischer Klarheit durchgedrungen.

Daß *Aristoteles* die Unvollständigkeit und die Fehler seiner Logik nicht bemerkt hat, ja daß diese bis ins 19. Jh. nicht bemerkt worden sind, scheint mir nicht zuletzt mit der suggestiven Kraft des vierfältigen Schemas zusammenzuhängen. (Daß man auch durch die grammatische Form der Sätze in die Irre geführt wurde, übersehe ich dabei durchaus nicht.)

Dieses ist ja ursprünglich ein kosmologisches Symbol – so noch bei *Empedokles,* wo die vier Elemente zur göttlichen Kugel geballt durch die Liebe vereinigt werden[10]. Dabei stehen die Gegensätze (Liebe und Streit) außerhalb der Elemente. *Aristoteles* hat das Symbol rationalisiert. Bei ihm werden die Gegensätze, als gegensätzliche Qualitäten, zu dem, was die Elemente von innen gestaltet. So gewinnt er eine einheitliche, sozusagen mathematische Struktur, in der die Gegensätze in den Elementen zu einem Ganzen vereinigt erscheinen. Durch diese wissenschaftliche, gedankliche Verarbeitung tritt ihr symbolischer

---

[10] *W. Capelle,* op. cit. p. 205.

Gehalt in den Hintergrund, wodurch dieser aber nur um so ver-
führerischer wird.

Die Tetraden als Bild der Heilsordnung

Das Mittelalter hat das antike Weltbild übernommen, für seinen
wissenschaftlichen Gehalt aber vorerst wenig Verständnis gezeigt. Das vierfältige Schema wird wieder in eine symbolische
Ordnung zurückverwandelt, in der sich die Entsprechung von
Mikrokosmos, Makrokosmos und Heilsordnung offenbart. Dadurch gewinnt es religiösen Charakter, der dadurch verstärkt
wird, daß auch die vier Evangelien mit ihm in Verbindung
gebracht werden können. Dies geschieht schon bei *Irenaeus* in
seiner Streitschrift gegen die Gnostiker. Diese ist gleichzeitig
auch eines der ersten systematisch-theologischen Werke der
Christenheit[11].

Es ist nun interessant, daß *Irenaeus* im II. Buch, Kap. 24, heftig
gegen die Zahlenspekulationen der Gnostiker polemisiert: Jeder
könne ja, nach Belieben, nicht nur die heilige Acht, Zehn oder
Zwölf, sondern auch jede andere Zahl aus den Schriften begründen. Die Wahrheit dieser Behauptung beweist *Irenaeus*, indem
er die Heiligkeit der Fünf – im Sinne einer ironisch aufzufassen-
den Übung – ausführlich begründet. Denn er will ja die Fünf
nicht zu einer Göttlichen Sache weihen. Das wäre ein unhaltbares Wahngebilde, als das es der gesunde Menschenverstand
leicht entlarven kann.

Aber im III. Buch, Kap. 11, wird gerade auf solche Art bewiesen,
daß es genau vier Evangelien geben müsse: «Da es nämlich in
der Welt vier Gegenden und vier Hauptwindrichtungen gibt und
die Kirche über die ganze Erde ausgesät ist, das Evangelium aber
die Säule und Grundfeste der Kirche und ihr Lebenshauch ist, so
muß sie naturgemäß vier Säulen haben. Daraus ergibt sich, daß
das Wort, als Urheber des Weltalls, thronend über den Cherubi-

---

[11] *Irenaeus, Fünf Bücher gegen die Haeresien,* übersetzt v. *E. Klebba.* München
1912; vgl. auch: *A. v. Harnack, Grundriß der Dogmengeschichte,* Tübingen, 1931,
§ 22.
Irenaeus, gr. Kirchenvater, Märtyrer, gest. ca. 202.

nen, uns ein viergestaltiges Evangelium gab. Die Cherubine haben vier Gesichter...»

Nun ordnet er die vier Tiere, die in der Ezechiel-Vision den Gotteswagen begleiten und die in der Apokalypse den Erlöser umgeben – Stier, Löwe, Adler und Mensch – den vier Evangelisten zu, und darin ist man ihm bis heute gefolgt. Welches Tier zu welchem Evangelisten gehört, begründet er geistvoll aus den verschiedenen Anfängen der Evangelien.

Offenbar ist es ihm nicht aufgefallen, daß die im II. Buch an den gnostischen Zahlenspekulationen geübte Kritik auch auf seine eigene Betrachtung angewendet werden kann. Die notwendige Vierzahl der Evangelien wäre dann ebenfalls ein unhaltbares Wahngebilde. Die Vierzahl ist für ihn eben nicht irgendeine Zahl, sondern sie hat für ihn von vornherein eine kosmologische Bedeutung. Sie drängt sich ihm dermaßen auf, daß er gar nicht bemerkt, wie sehr er hier selber gnostischen Spekulationen verhaftet ist.

Da in der Folgezeit kein Interesse – und wohl auch kein Verständnis – für die mathematische Struktur der aristotelischen Vierheit bestand, begnügte man sich, Tetraden-Reihen aufzustellen, die die Weltordnung darstellen sollen, so etwa: Elemente, Kardinaltugenden, Evangelisten, Sinne, Paradiesflüsse und Weltperioden. Die Symbole der vier Evangelisten erscheinen an den Enden der Kreuzesarme, wobei, wie am Prozessionskreuz von Engelberg (12. Jh.) auf der Rückseite des Kreuzes die vier Elemente dargestellt werden: an Stelle der wissenschaftlichen Deutung der Vierheit tritt die religiöse: durch das Kreuz.

Ein eindrucksvolles Beispiel dieser religiös-kosmologischen Spekulationen geben die Schriften der hl. *Hildegard von Bingen*[12]. Wie in den Gesichten und Gedanken dieser bedeutenden Frau sich die mannigfaltigsten antiken Anregungen zu einem durchaus neuartigen und höchst eindrucksvollen Ganzen verbinden, hat *Hans Liebeschütz*[13] in seinem schönen Buch überzeugend nachgewiesen. Naturwissenschaftlich-mathema-

---

[12] Schriften der Hl. Hildegard v. Bingen, ausgewählt von *Joh. Bühler*, Leipzig, 1922. Hildegard von Bingen (ca. 1100–1179) gründete in Bingen ein Kloster, war Äbtissin.

[13] *H. Liebeschütz, Das allegorische Weltbild der Hl. Hildegard v. B.*, Studien der Bibliothek Warburg, Leipzig, 1935. Vergleiche auch:

tisches Verständnis besitzt jedoch die Seherin nicht. Selbst in ihren naturwissenschaftlich-medizinischen Schriften überwiegt das allegorisch-symbolische Interesse.

Erst die Hochscholastik hat sich die aristotelische Logik und Naturwissenschaft neu erarbeitet, und in ihr deuten sich denn auch Anfänge eines neuen Denkens an.

Die Gegensätze und die Vierheit

In der um die Wende vom 16. zum 17. Jh. erwachten Naturwissenschaft findet das aristotelische Schema keinen Platz, und auch die Idee der Gegensatzpaare treffen wir nicht an. In der Medizin und Anthropologie sollten freilich die vier Säfte und die ihnen entsprechenden Temperamente noch lange weiterleben. So unterscheidet noch *Carl von Linné* (1707–1778) in seiner zoologischen Klassifikation vier Menschenrassen, denen er die vier Temperamente zuordnet.

Das Gegensatzproblem wird erst wieder aktuell, als gegen Ende des 18. Jh. der allgemeine Optimismus der Aufklärung fragwürdig erschien.

Die Barock-Philosophie, die wohl in *Spinoza* (1632–1677) und *Leibniz* (1646–1716) ihre bedeutendsten Vertreter gefunden hat, suchte die Welt als ein einheitliches, nach logischen Gesetzen geordnetes Ganzes zu erfassen. In diesem Ganzen kann es keine inneren Gegensätze geben, denn dies wird als Widerspruch empfunden. So meint *Spinoza,* die Menschen bildeten sich zwar Begriffe, wie: Gut und Schlecht, Warm und Kalt, Schönheit und Häßlichkeit usw., weil sie alles auf sich selber bezögen. Dies sei aber ein Irrtum, der sie verhindere, die Vollkommenheit der Gott-Natur zu erkennen[14].

Leibniz war der Überzeugung, daß aus der Vollkommenheit Gottes gefolgert werden müsse, daß er bei der Weltschöpfung dem besten möglichen Plan gefolgt sei[15]. Darum ist unsere Welt

---

Ch. Singer, *The Scientific Views and Visions of Saint Hildegard,* Studies in the history and methods of Sicence I, 1917.

[14] *Baruch Spinoza, Ethik,* im Anhang 1. Teil.

[15] *G. W. Leibniz, Principes de la Nature et de la Grace,* § 10.

die beste aller möglichen Welten. Die Möglichkeit, an die hier zu denken ist, ist die logisch-mathematische Möglichkeit, und die Güte der Welt beruht eigentlich auf ihrem logisch widerspruchsfreien Aufbau. Dementsprechend ist z. B. das Auftreten des Verräters Judas eine logische Folge des weisen und guten Schöpfungsaktes, und aus diesem Übel folgt darum so viel Gutes, daß es reichlich ausgeglichen wird. In diesem Sinne will er auch die Ansicht *Augustins* und anderer verstehen, daß die Wurzel des Übels das Nichts sei: «la racine du mal est dans le néant, c'est-à-dire dans la privation ou limitation des créatures, à laquelle Dieu rémédie gracieusement par le degré de perfection qu'il lui plaît de donner»[16].

Dadurch, daß das Weltgesetz als logisches Gesetz verstanden wird, wird auch die Frage nach der Wurzel des Bösen zu einer logischen Frage, die so ihre Schärfe verliert[17].

Es ist nun vor allem *Voltaire* (1694–1778), der mit beißender Schärfe auf das Ungenügen der barocken Weltschau hingewiesen hat. Ihm war klar, daß das Weltproblem kein logisches Problem ist. Als Schüler der Engländer hat er auf die logisch unbegreifliche Realität der Welt hingewiesen und dadurch ein neues Verständnis für die alte Idee der Gegensätze gewonnen.

In der Reihe seiner «Contes philosophiques» erschien 1764 die Erzählung «Le blanc et le noir», ein Märchen, das durchaus ernst zu nehmen ist. Hier zeigt er eine ganz irrationale, grausamschöne Welt, in der durchaus nicht alles zum besten geordnet ist. In ihr muß der Mensch blind zwischen Gegensätzen wählen und sehen, wie er aus diesen Schicksalsquellen sein Heil schöpfen kann. Die Erzählung spielt in Persien, und schon dies kann bedeutsam erscheinen, wenn wir daran denken, daß die altpersische Religion des Zarathustra den klassischen Fall einer dualistischen Religion darstellt[18].

In unserer Erzählung begibt sich ein persischer Prinz namens Rustan auf ein märchenhaftes Abenteuer, um eine schöne und geliebte Prinzessin wiederzufinden. Er hat einen weißen und einen schwarzen Diener, Topaze und Ebène, und ferner einen

---

[16] *Discours de Métaphysique* § 30.
[17] Vgl. zu *Leibniz* auch: *B. Russel, The Philosophy of G. W. Leibniz,* London, 1912.
[18] *Ed. Meyer, Geschichte des Altertums.* Basel 1954, 3. Bd. p. 97.

wundertätigen Speer, der von selber sein Ziel zu finden weiß. Der Speer kommt ihm geheimnisvoll abhanden und gelangt in den Besitz seiner Geliebten. Wie der Prinz nun abreisen will, sind seine beiden Diener verschwunden. Dafür aber scheint es, als ob zwei dämonische Mächte seine Pläne teils fördern würden, teils sie durchkreuzten, so wie vor der Reise der Weiße ihm von der Reise abriet, der Schwarze aber alles getan hatte, ihm zu helfen. Schließlich gelangt er nach merkwürdigen Erlebnissen an den Hof seiner Geliebten, die soeben einen ungeliebten Bräutigam heiraten soll. Diesen besiegt er im Zweikampf, zieht seine Rüstung an und eilt ans Fenster der Geliebten. Die Prinzessin blickt aus dem Fenster, und da sie die Rüstung desjenigen erblickt, den sie verabscheut, ergreift sie voll Verzweiflung den Wunderspeer, der die Rüstung ihres lieben Rustan durchdringt und ihn tödlich verwundet.

Man bringt ihn zu Bett und dort erscheinen Topaze und Ebène, die sich als die Dämonen erweisen, die ihn begleitet haben. Indem sie mit ihm sprechen, bedecken vier weiße Flügel Topaze, Ebène aber vier schwarze: sie sind sein guter und sein böser Geist. «So seid ihr alle beide von zwei verschiedenen Prinzipien erschaffen worden, deren eines seiner Natur nach gut, das andere böse ist? – So kann man nicht schließen, antwortete Ebène, aber es ist ein großes Problem. – Ist es denn möglich, sagte der Sterbende, daß ein gütiges Wesen einen so unheilvollen Geist geschaffen hat? – Möglich oder unmöglich, entgegnet Ebène, die Sache ist, wie ich dir sagte.» Auch der gute Genius weiß nichts zu sagen, und Rustan bleibt nur die Hoffnung, daß das Rätsel ihm in wenigen Augenblicken gelöst werde. «Das werden wir ja sehen», bemerkt Topaze, und damit erwacht der Prinz in seinem Bett, zu Hause, wo er geschlafen hatte. Gänzlich verwirrt und aufgeregt ruft er nach seinen Dienern, und Topaze kommt, die Nachtmütze auf dem Kopf, herbeigeeilt und sagt dem Prinzen, er habe geträumt: «Unsere Ideen hängen im Schlaf ebensowenig von uns ab, wie wenn wir wachen. Gott hat es gewollt, daß euch diese Bilderflucht durch den Kopf ging; offenbar um euch eine Lehre zu geben, die ihr nutzen solltet.» Der Prinz kann es gar nicht fassen, daß er in kurzer Zeit so viel geträumt haben sollte, doch Topaze erklärt ihm, das sei das Wesen der Zeit: in einer Stunde könnte Brahma die ganze Weltgeschichte zusammendrängen oder sie in achthunderttausend

Jahren ausbreiten. Die Zeit sei gleich einem Rade, mit unendlichem Durchmesser, in dem eine Unendlichkeit von immer kleineren Rädern konzentrisch enthalten ist. Wenn sich das große Rad einmal dreht, dreht sich das kleinste unendlich viele Male. Rustan versteht nichts von alledem. Da schlägt Topaze vor, er wolle ihm seinen Papagei bringen, der bei seiner Schwester, der Nonne, sei. «Er wurde einige Zeit vor der Sintflut geboren, er war in der Arche, er hat vieles gesehen, und doch ist er nur anderthalb Jahre alt: er wird dir seine Geschichte erzählen und die ist sehr bemerkenswert.» Leider, so bemerkt der fingierte Herausgeber der Erzählung, hat man den Teil des Manuskriptes, der die Ausführung des interessanten Vogels enthielt, nicht auffinden können. Die traumhafte Geschichte zeigt, trotz ihrer burlesken Form, daß *Voltaire* Tragweite und Ernst des Problems durchaus erkannte. Aber, als kluger Mann ließ er alles in der Schwebe und folgte so der Maxime Zoroasters: «Dans le doute si une action est bonne ou mauvaise, abstiens-toi»[19].

So läßt der schwarze Genius keine eindeutigen Schlüsse zu, der Weiße hüllt sich in Schweigen, die Geschichte des Papageien ist verloren gegangen. Statt dessen erscheinen zum Schluß zwei Symbole, in denen die Gegensätze vereinigt sind und die beide mit der Zeit verbunden sind. Das Zeitenrad vereinigt das Größte und das Kleinste, der Vogel ist ein Wundervogel, gleich dem Phönix, der uralt und zugleich ganz jung ist. Man soll auch wohl beachten, daß er sich im Besitze einer Nonne befindet, der Schwester des Weißen, einer Frau also, die ihr Leben Gott geweiht hat.

All dies bedeutet offenbar, daß die Gegensätze Schicksalsmächte sind, die sich in der Geschichte offenbaren. Die Realität der Welt ist eine historische und schicksalshafte. Die Gegensätze sind in der Zeit und sind real, weil sie unser Schicksal bestimmen. Daß *Voltaire* zum Schluß zwei Symbole einführt, die, ganz folgerichtig, zweimal dasselbe andeuten, zeigt deutlich, daß er genau wußte, was seine Geschichte sagen sollte.

Wenn nun *Voltaire* die Gegensätze in dichterisch-symbolischer Gestalt dargestellt hat und jedes vierfältige Schema überhaupt fehlt, so erscheint ein solches erneut bei *Kant* an zen-

---

19) *Voltaire, Dictionnaire Philosophique*, Article «Zoroastre».

traler Stelle, zusammen mit einer durchaus mathematischen Auffassung der Gegensätze.

Angeregt durch physikalisch-mathematische Erwägungen, hat *Kant* (1724–1804) im Jahr 1763, also ein Jahr vor *Voltaire,* seinen «Versuch den Begriff der negativen Größe in die Weltweisheit einzuführen» veröffentlicht. Darin betont er, daß ein Gegensatz nicht logischer Art zu sein brauche, sondern daß es auch den realen Gegensatz gebe, der keineswegs den Charakter eines Widerspruchs besitze. Aus dieser Art des Gegensatzes entspringe der mathematische Begriff einer negativen Größe. Er sagt hiezu: «Eine Größe ist in Ansehung einer anderen negativ, insofern sie mit ihr nicht anders als durch Entgegensetzung kann zusammengenommen werden, nämlich so, daß eine in der anderen, so viel ihr gleich ist, aufhebt. Dieses ist nun freilich wohl ein Gegenverhältnis, und Größen, die einander so entgegengesetzt sind, heben gegenseitig voneinander ein Gleiches auf, so daß man also eigentlich keine Größe schlechthin negativ nennen kann, sondern sagen muß, daß + a und – a eine die negative Größe der anderen sei.» Er betont weiter, daß «negativ» nicht eine innere Beschaffenheit eines Dinges anzeige, sondern ein Gegenverhältnis zu einem anderen Ding – der Begriff «negativ» weist also auf eine Relation zwischen zwei durchaus realen Gegenständen hin.

Im zweiten Abschnitte seines «Versuchs» werden Beispiele für diesen Begriff aus der «Weltweisheit» angeführt: Haß als negative Liebe, Tadel als negativer Ruhm usw. Und nun heißt es: «Man könnte denken, daß dies alles nur eine Krämerei mit Worten sei. Allein nur diejenigen werden so urteilen, die nicht wissen, welcher Vorteil darin steckt, wenn die Ausdrücke zugleich die Verhältnisse zu schon bekannten Begriffen anzeigen, wovon die mindeste Erfahrenheit in der Mathematik jedermann leicht belehren kann. Der Fehler, darin um dieser Vernachlässigung willen viele Philosophen verfallen sind, liegt am Tage. Man findet, daß sie mehrerenteils die Übel wie bloße Verneinungen behandeln, ob es gleich nach unsern Erläuterungen offenbar ist, daß es Übel des Mangels und Übel der Beraubung gibt.»

Diesen Gedanken hat *Kant* 1794, in «Die Religion innerhalb der Grenzen der bloßen Vernunft», weiter ausgeführt, und zwar unter dem Titel: «Von der Einwohnung des bösen Prinzips neben dem Guten, oder über das radikale Böse in der menschlichen

Natur». Im dritten Abschnitt dieses «ersten Stücks» seiner Abhandlung wird der Hang zum Bösen dahin charakterisiert: er sei «eine gewisse Tücke des menschlichen Herzens, sich wegen seiner eigenen guten und bösen Gesinnungen selbst zu betrügen». Ferner: «Diese Unredlichkeit, sich selbst blauen Dunst vorzumachen, welche die Gründung echter moralischer Gesinnung in uns abhält, erweitert sich denn auch äußerlich zur Falschheit und Täuschung anderer». Diese Formulierungen sind psychologisch sehr treffend. Die Arbeit enthält im weiteren eine sehr scharfe Kritik konventioneller Religion und Frömmigkeit, und wer sie liest, wundert sich nicht, daß sie *Kant* Tadel[20] von höchster Stelle und ein Schreibeverbot eingetragen hat.

Am Schluß des zweiten Abschnittes seines «Versuches über die negativen Größen» verweist *Kant* noch besonders auf die Bedeutung dieses Begriffs in der Physik: «Die negative und positive Wirksamkeit der Materien, vornehmlich bei der Elektrizität, verbergen allem Ansehen nach wichtige Einsichten, und eine glücklichere Nachkommenschaft, in deren schöne Tage wir hinaussehen, wird hoffentlich davon allgemeine Gesetze erkennen, was uns vorjetzt in einer noch zweideutigen Zusammenstimmung erscheint».

Daß positive und negative Elektrizität als Realgegensätze aufgefaßt werden müssen, und daß es darum eine Konvention ist, welche Elektrizitätsart als positiv angesehen wird, ist heute jedermann klar. Aber im Jahre 1764, wie *Kant* seinen Versuch verfaßte, war dies keineswegs der Fall. Vielmehr genoß damals die unitarische Theorie *Franklins* großes Ansehen: es gibt nur ein einziges elektrisches Fluidum, das «elektrische Feuer»[21], das alle Körper durchdringt. Ein elektrisch neutraler, ungeladener Körper ist mit diesem Stoff gesättigt. Ein Mangel an Feuerstoff

---

20) Wie und warum der preußische König Friedrich Wilhelm II. «ein tapferer, redlicher, menschenliebender und – von gewissen Temperamentseigenschaften abgesehen – durchaus vortrefflicher Herr», gegen Kant ungnädig vorging, findet man beschrieben im Vorwort zu *Kants:* «Der Streit der Fakultäten», 1798.

21) Das «elektrische Feuer» ist, historisch gesehen, ein Abkömmling des Äthers, den die Stoa mit dem Feuer des Feuerhimmels (Empyraeum), mit der Weltvernunft und mit dem Weltgesetz (Zeus) identifizierte.
Benjamin Franklin (1706–1790), Physiker und amerikanischer Staatsmann.

entspricht der negativen, ein Überschuß über die Sättigung der positiven Ladung. Diese Auffassung entspricht der Barockphilosophie, die nur positive Größen als wirklich gelten läßt. Nun hatte zwar schon *Dufay* 1733 eine dualistische Elektrizitätslehre vorgeschlagen, ohne aber damit durchzudringen – er spricht von *électricité vitrée et résineuse.*

Erst in der zweiten Hälfte des 18. Jh. gewinnt die dualistische Theorie langsam das Übergewicht. Insbesondere hat *Lichtenberg* – der ja noch heute in seinen psychologisch so feinsinnigen Aphorismen weiterlebt – Entscheidendes hierzu beigetragen.

Georg Ch. Lichtenberg (1742–1799) war Physikprofessor in Göttingen und entdeckte 1777 die nach ihm benannten elektrischen Staubfiguren[22]. In der 2. Abhandlung vom Dezember 1778 hat er sich zur dualistischen Theorie bekannt: «Daß es aber zwei Elektrizitäten oder zwei verschiedene Modifikationen einer einzigen Materie gibt, die sich gegenseitig nach den Regeln positiver und negativer Größen aufheben, glaube ich, ist außer Zweifel. Und ich bin der Überzeugung, daß dieser Satz unter den wenigen Sätzen, die in dieser Lehre zu einer mathematischen Gewißheit erhoben sind, die erste Stelle einnimmt.»

Er empfiehlt nun aus mathematischen Gründen die Bezeichnung positiv und negativ, damit man nicht diejenigen der Apotheker nachahme. (Das richtet sich gegen *Wilke,* der die Namen Phlogiston und Säure vorgeschlagen hatte.) Er sagt ferner ausdrücklich: «Durch den einen Ausdruck will ich nicht einen Mangel, durch den anderen einen Überfluß der Materie andeuten.»

Wir sehen, wie hier auch in der Physik die Auffassung durchdringt, der *Kant* das Wort geredet hat. Ob *Lichtenberg* die Abhandlung *Kants* von 1764 gelesen hatte, weiß ich nicht; es ist aber durchaus möglich.

Kant schließt seinen Versuch über die negative Größe mit einer «allgemeinen Anmerkung», in welcher er logische und Realgründe in Parallele zu logischer und realer Entgegensetzung setzt. Der logische Grund einer Aussage kann durch begriffliche Analyse gefunden werden. So ist die Zusammen-

---

[22] *G. Ch. Lichtenberg, Über eine neue Methode, die Natur und die Bewegung der elektrischen Materie zu erforschen* (Ostwalds Klassiker, Nr. 246).

setzung ein Grund der Teilbarkeit. «Wie aber etwas aus etwas andern, aber nicht nach der Regel der Identität fließe, das ist etwas, welches ich mir gerne möchte deutlich machen lassen.»

Es handelt sich hier um das Problem der Kausalität, das *Hume* in seinem berühmten Buche «An Enquiry concerning Human Understanding» in aller Schärfe gestellt hatte. Dieses Problem also beschäftigt *Kant* und er sagt: «Ich habe über die Natur unseres Erkenntnisses in Ansehung unserer Urteile von Gründen und Folgen nachgedacht, und ich werde das Resultat dieser Betrachtungen dereinst ausführlich darlegen.»

Es sollten aber noch beinahe zwanzig Jahre vergehen, bis *Kant* das Resultat seines Nachdenkens bekanntgeben konnte: erst 1781 erscheint die «Kritik der Reinen Vernunft». Hier glaubt *Kant* die Lösung des Problems mit der Aufstellung der reinen Verstandesbegriffe (Kategorien) gefunden zu haben. Und hier erscheint nun erneut ein vierfältiges Schema: die vierfach geteilte «Tafel der Kategorien», die *Kants* ferneres Denken beherrschen sollte.

Es ist einigermaßen paradox, daß *Kant* die Kategorien aus der Logik deduziert – wenn auch nur per analogiam –, da er sonst die Logik als reine Begriffsanalyse auffaßt, während doch die reinen Verstandesbegriffe gerade nicht analytischen, sondern synthetischen Charakter haben sollen.

Kant geht bei seiner Ableitung von der Funktion des Denkens in Urteilen aus, wobei von jedem Inhalt abstrahiert werden soll. Nun kann in einem Urteil seine Quantität («alle», «einige») und seine Qualität (bejahend, verneinend) unterschieden werden, ferner kann man das Verhältnis (Relation) von Begriffen oder Urteilen untereinander beachten (Subjekt-Prädikat, Voraussetzung-Folge) und schließlich ist nach der Modalität einer Aussage zu fragen: soll sie nur eine Hypothese sein oder soll sie für wahr angenommen werden? *Kant* merkt hiezu an, daß die Modalität der Urteile eine ganz besondere Funktion sei. Sie trage nämlich nichts zum Inhalt eines Urteils bei, der schon durch Qualität, Quantität und Relation gegeben ist, sondern sie bestimmt den Wert der Aussage für das Denken.

Diesen vier Aspekten, unter denen ein Urteil betrachtet werden kann, entspringt nun die berühmte *Tafel der Kategorien*. Unter jeder Kategorie erscheinen drei Begriffe, im Sinne der

Tafel der Kategorien

1. Der *Quantität*

Einheit
Vielheit
Allheit

2. Der *Qualität*

Realität
Negation
Limitation

3. Der *Relation*

Der Inhärenz und Subsistenz
(substantia et accidens),
der Kausalität u. Dependenz
(Ursache und Wirkung),
der Gemeinschaft (Wechselwirkung
zwischen dem Handelnden und Leidenden)

4. Der *Modalität*

Möglichkeit – Unmöglichkeit
Dasein – Nichtsein
Notwendigkeit – Zufälligkeit

Thesis, Antithesis und Synthesis. *Kant* bemerkt selber, daß die Tafel in zwei Abteilungen zerfällt: 1. und 2. beziehen sich auf Gegenstände der Anschauung, 3. und 4. auf ihre Existenz, entweder in Beziehung aufeinander (3.) oder in Beziehung auf den Verstand (4.). Die der ersten Klasse möchte er «mathematische», die zweite «dynamische» Kategorien nennen. Der Glaube *Kants,* daß er in dieser Weise alle reinen «Verstandesbegriffe» aufgefunden habe, beruht auf seiner Überzeugung, daß die klassische (aristotelische) Logik alle möglichen Denkformen vollständig umfasse. Insofern dies nicht zutrifft, und insofern eine wesentliche Ursache der Überzeugungskraft der klassischen Logik auf der in ihr verborgenen quaternären Symbolik beruht, glaube ich, daß auch *Kant* ein Opfer dieser Symbolik geworden ist. Denn daß die Kategorientafel bei ihm zu einer förmlichen Obsession geworden ist, hat schon *Schopenhauer* bemerkt: sie ist «das furchtbare Bett des Prokrustes, in welches er alle Dinge der Welt und Alles was im Menschen vorgeht gewaltsam hinein zwängt, keine Gewalttägigkeit scheuend und kein Sophisma verschmähend, um nur die Symmetrie jener Tafel überall wiederholen zu können»[23].

Doch wenn *Kant* auch seiner Deduktion der Kategorien eine vollkommenere Logik zugrunde gelegt hätte, wäre eine so gewonnene «Tafel von Kategorien» seinem Denken zum Prokrustesbett geworden. Denn sein Ideal war es ja, «alle Dinge der Welt und alles, was im Menschen vorgeht», in ein möglichst von aller Empirie befreites, logisches Schema hineinzuzwängen. Daß uns gleichwohl in *Kants* Werken ein höchst eindrucksvolles und sinnreiches Gedankengebäude entgegentritt, zeugt für seine tiefe Einsicht in die menschliche Natur, und für eine selten erreichte Fähigkeit, die denkerischen Vorgänge in sich selber zu beobachten und zu objektivieren.

Mit dieser Neigung, wenn nicht die Weltstruktur, doch die Struktur der Erfahrung der Logik unterzuordnen, ist er ein Schüler von *Leibniz.* Und wie diesem, mangelt ihm der Sinn für den Reichtum und die Irrationalität der Wirklichkeit, die sein Gegenpol *Voltaire* in so hohem Maße besaß. Der Sinn für's Wirkliche ist in der Kategorientafel durch die «Modalität» nur schattenhaft repräsentiert. Er nennt sie zwar selbst eine «ganz besondere Funktion»; sie kommt aber als 4. Aspekt gegen drei andere entschieden zu kurz.

Die vier Temperamente

Nach der Lehre der Humoralpathologie beruht die Gesundheit auf der richtigen Wirkung der vier Säfte (Blut, Phlegma, schwarze und gelbe Galle) und damit der vier Qualitäten. Da nun, je nach Temperament, einer der Säfte habituell überwiegt und in physiologischer Weise überwiegen soll, so hat z. B. reichliche Schleimabsonderung bei einem Phlegmatiker eine ganz andere Bedeutung als bei einem Choleriker. Das muß der Arzt bei der Diagnose und bei der Therapie wissen und beachten.

Mit der physiologischen Theorie war aber immer auch eine psychologische Typologie verbunden, die sich im Laufe der Zeit

---

[23] *A. Schopenhauer, Die Welt als Wille und Vorstellung,* 1. Band, Anhang. Kritik der Kantischen Philosophie.

ziemlich unabhängig von der Humoral-Pathologie entwickelt hat.

Es gab eine Tradition, die an Stelle von Leber, Gehirn, Gallenblase und Milz die Organe: Leber (warm-feucht), Gehirn (kalt-feucht), Testikel (kalt-trocken) und Herz (warm-trocken) als grundlegend betrachtete, wie die Abbildung aus einem Codex des 11. Jh. in Cambridge zeigt[24].

Hier werden also die vier wichtigsten Organe ganz unabhängig von den vier Säften aufgefaßt, und damit ist es ja naheliegend, die Geschlechtsorgane und das Herz an Stelle von Gallenblase und Milz zu setzen.

Es scheint, daß auch die *hl. Hildegard* dieser Tradition angehört, insofern sie in ihrer Lehre von den Temperamenten besonders Gewicht auf das sexuelle Verhalten legt – bei Männern und bei Frauen[25]. Darum wird die Schilderung der Temperamente eingeleitet durch einen Abschnitt über die Fleischeslust: «Die Adern, die in der Leber und im Unterleibe des Mannes sind, begegnen sich in den Geschlechtsteilen. Und wenn der Wind der Lust vom Mark des Mannes ausgeht, so fällt er in seine Lenden und erregt in seinem Blute die Versuchung zur Lust.» Es wird weiter festgestellt, daß wegen der Enge der Lenden das Feuer der Lust im Manne stärker, aber seltener entbrenne als im Weibe.

Nun werden die Temperamente geschildert.

Der *Choleriker* ist besonders mannhaft und athletisch gebaut. In seinen Lenden weht ein feuriger Wind. Dieser hat zwei Zelte unter sich, in die er wie in einen Blasebalg bläst. Diese Zelte umgeben den Stamm aller Manneskräfte wie Bollwerke einen Turm. Und wenn sich der Stamm in seiner Kraft aufrichtet, halten sie ihn fest, daß er zur Nachkommenschaft grüne. Haben solche Männer Verbindung mit Frauen, dann sind sie gesund und froh. Ohne sie vertrocknen sie in sich selbst, wenn sie nicht im Übermaß der Träume oder in einem widernatürlichen anderen Ding den Schaum ihres Samens auswerfen.

Die *Sanguiniker* haben eine frohe Feuchtigkeit der Säfte und

---

[24] MS. 428, Cambridge, Caius College. Abb. bei *Ch. Singer, History of Anatomy* S. 66.
[25] *Causae et Curae*, 2. Buch.

das Fleisch an ihrem Körper ist fett. Die Veranlagung an ihren Oberschenkeln ist mehr windig als feurig. So leisten sie ihre Verpflichtungen in Ehrsamkeit und vernünftiger Liebe. Solche Männer müssen sich der Wohnung von Männern gesellen, können aber auch mit Fruchtbarkeit bei Frauen sein, die sie mit schönen, nüchternen Augen ansehen. Während die Stimme des Cholerikers die Frauen wie ein gewaltiger Sturm umbraust, ist ihre Stimme wie der Klang einer Zither. Da sie sanft sind, entsenden sie öfter als andere wäßrigen Schaum. Und leichter als andere lösen sie sich allein von der Hitze der Lust.

Die *Melancholiker* sind grob gebaut und haben zu niemandem rechte Liebe. Mit den Weibern sind sie wie Esel, lassen sie aber von der Lust, so werden sie leicht wahnsinnig. In ihrer Umarmung wütet ein teuflischer Einfluß, und so erzeugen sie oft teuflische Kinder.

Die *Phlegmatiker* haben große, garstige Augen. In Worten und Gedanken sind sie kühn, nicht aber in Werken. Der Wind in ihren Lenden wärmt kaum, und so sind sie impotent. In ihrer Umarmung können sie aber dennoch geliebt werden, und sie vertragen sich gut mit Männern und mit Frauen; denn sie sind treu.

Ähnlich werden auch die weiblichen Temperamente geschildert. Auch hier ist das melancholische Temperament höchst problematisch: ausschweifend und in Gedanken windig. Sie lieben die Männer nicht. Hat aber eine solche Frau einen starken, blutreichen Mann, so kann es vorkommen, daß sie in reifen Jahren, vielleicht mit fünfzig, ein einziges Kind gebiert. Alle diese Beschreibungen sind sehr anschaulich, ja drastisch. Im einzelnen wird kein systematischer Zusammenhang angestrebt. Aber die allgemeine Idee ist doch deutlich die, daß der Mensch ein Mikrokosmos sei. Darum handelt das erste Buch vom Makrokosmos: es beginnt mit der Schöpfung und dem Sturz Lucifers, bespricht dann die Elemente, die Gestirne, Wetter, Blitz, Donner, Hagel, Schnee und Regen, Salz, Wasser und Erde. Das zweite Buch aber behandelt den Menschen. Es beginnt mit dem Falle Adams, und dort heißt es: «Die Reinheit seines Blutes wurde in etwas anderes verkehrt, so daß er statt der Reinheit den Schaum des Samens auswirft.»

Dieser Anfang macht deutlich, unter welchem Gesichtspunkt der Mensch zu betrachten ist. Da er aber immer noch ein

Geschöpf Gottes bleibt, kann die gelehrte Äbtissin ohne Scheu das, worauf es ankommt, besprechen. Das war freilich im 12. Jahrhundert. Wir können uns nicht vorstellen, daß eine fromme Dame des 19. Jahrhunderts ähnliche Betrachtungen veröffentlicht hätte. Heute, seit dem Auftreten *Sigmund Freuds,* ist dergleichen vielleicht wieder möglich.

Die Lehre von den vier Temperamenten blieb lange lebendig, und auch *Kant* hat sie in seiner «Anthropologie» (1798) ausführlich behandelt. Wie nicht anders zu erwarten, werden sie gemäß dem vierfältigen Schema hergeleitet und so bewiesen, daß es deren genau vier geben muß (Anthropologie § 91 ff.).

Kant sagt, daß *physiologisch* betrachtet die Temperamente der körperlichen Konstitution entsprechen. *Psychologisch* denkt man dabei an das Spiel der Gefühle und Begierden, das analog zu körperlichen Vorgängen vorgestellt wird. Dabei kann insgeheim auch das Körperliche mitwirkende Ursache sein. Jedenfalls sind die Temperamente angeboren.

Er sagt weiter: «Da sie *erstlich* die Obereinteilung derselben in Temperamente des Gefühls und der Tätigkeit zulassen, *zweitens* jede derselben mit Erregbarkeit der Lebenskraft (intensio), oder Abspannung (remissio) derselben verbunden werden kann, können nur *vier* einfache Temperamente (wie in den 4 syllogistischen Figuren[26] durch den medius terminus) aufgestellt werden.»

Das Schema ist also:

Gefühl

	sanguinisch	melancholisch	
intensio	———————	———————	remissio
	cholerisch	phlegmatisch	

Tätigkeit

Was hiebei unter «Gefühl» und «Tätigkeit» zu verstehen sei, erhellt aus §7 der «Anthropologie»: «In Ansehung des Zustandes

---

[26] Die Schüler des *Aristoteles* haben seinen drei Figuren noch eine vierte hinzugefügt, in der Maior und Minor umgekehrt werden.

der Vorstellungen ist mein Gemüt entweder handelnd und zeigt Vermögen (facultas), oder es ist leidend und besteht in Empfänglichkeit (receptivitas). Eine Erkenntnis enthält beides verbunden in sich... Vorstellungen, in Ansehung deren sich das Gemüt leidend verhält, durch welche also das Subjekt affiziert wird (dieses mag sich nun selbst affizieren oder von einem Objekt affiziert werden) gehören zum sinnlichen; diejenigen aber, welche ein bloßes Tun (das Denken) enthalten, zum intellektuellen Erkenntnisvermögen.»

Unter «Tätigkeit» ist also keineswegs notwendig eine äußere Geschäftigkeit zu verstehen. Das Tun, das hier gemeint ist, ist zuerst ein Urteil über Wahrnehmungen, die uns durch das «Gefühl» vermittelt werden. Daraus kann dann freilich äußere Tätigkeit entstehen. Aus der Schilderung der Temperamente ergibt sich ferner, daß «intensio» und «remissio» recht genau dem entspricht, was wir heute mit *C. G. Jung* «Extraversion» und «Introversion» nennen.

So ist der *Sanguiniker:* sorglos und voll guter Hoffnungen. Er verspricht ehrlicherweise, aber hält nicht Wort. Er ist gutmütig genug, anderen Hilfe zu leisten, ist aber ein schlimmer Schuldner. Und dennoch hat er alle Menschen zu Freunden.

Der zur *Melancholie* Gestimmte gibt allen Dingen, die ihn selbst angehen, eine große Wichtigkeit; findet allerwärts Ursache zu Besorgnissen und richtet seine Aufmerksamkeit zuerst auf die Schwierigkeiten. Er verspricht schwerlich: weil ihm das Worthalten teuer, aber das Vermögen dazu bedenklich.

Der *Choleriker* brennt schnell auf, läßt sich aber durch Nachgeben bald besänftigen, zürnt ohne zu hassen und liebt wohl gar den desto mehr, der ihm bald nachgegeben hat. Er ist geschäftig, aber weil er es nicht anhaltend ist, macht er gern den bloßen Befehlshaber. Seine herrschende Leidenschaft ist Ehrbegierde; er hat gern mit öffentlichen Geschäften zu tun und will laut gepriesen sein. Er nimmt gern in Schutz, aber nicht aus Liebe, sondern aus Stolz.

Phlegma bedeutet nach *Kant* Affektlosigkeit. Als Schwäche führt es zur Untätigkeit, als Stärke ist es die Eigenschaft, zwar langsam, aber anhaltend bewegt zu werden. Der Phlegmatiker gerät nicht leicht in Zorn, sondern bedenkt sich erst, ob er nicht zürnen sollte. Sein glückliches Temperament vertritt bei ihm die Stelle der Weisheit. Er ist ein verträglicher Ehemann und weiß sich die Herrschaft über Frau und Verwandte zu verschaffen, indessen scheint er allen zu Willen zu sein, weil er durch seinen überlegten Willen den ihrigen zu dem seinen umzustimmen weiß.

Daß *Kant* die Neigung hat, den extravertierten Typen den Vorwurf der Oberflächlichkeit zu machen, ist nicht erstaunlich, da er selber ein ausgesprochen introvertierter Denker war. Daß seine Temperamente analog zu den logischen Schlußfiguren konstruiert sind, bemerkt er selber, und das hat ihn darin bestärkt, daß deren genau vier sein müssen. Im übrigen erweist er sich auch in seinen Beschreibungen der vier Temperamente, wie in der ganzen Anthropologie, als scharfsichtiger, doch freundlicher Menschenkenner.

C. G. Jung hat in seinen «Psychologischen Typen» (1921) eine Typologie vorgeschlagen, die als eine Entfaltung oder Differenzierung derjenigen *Kants* aufgefaßt werden kann, wobei er freilich auf *Kant* nirgends direkt Bezug nimmt.

Jung unterscheidet erstens zwei Einstellungen des Bewußtseins: Introvertiert und Extravertiert, und zweitens vier Funktionen des Bewußtseins, die er als rational: Denken und Fühlen, und als irrational: Empfinden und Intuition unterscheidet. Die irrationalen Funktionen kann man auch als «wahrnehmend», die rationalen als «urteilend» bezeichnen. Die rationalen Funktionen: Denken und Fühlen, wie auch die irrationalen: Empfindung und Intuition werden je als ein Gegensatzpaar aufgefaßt, derart, daß z. B. bei einem Denker das Fühlen notwendig weitgehend unbewußt sein wird. Weiter stellt *Jung* fest, daß sich die rationalen Funktionen, ontogenetisch wie phylogenetisch, aus den irrationalen entwickelt haben[27].

Ursprünglich hat *Jung* den Denktypus mit dem Introvertierten, den Fühltypus mit dem Extravertierten identifiziert[28]. Diese ursprüngliche Auffassung war darum sehr ähnlich derjenigen *Kants*. Denn, wie bemerkt, entspricht Introversion und Extraversion der «remissio» und «intensio» – der Libido – bei *Kant*. Die rationalen und die irrationalen Funktionen aber entsprechen dem, was *Kant* «Tätigkeit» und «Gefühl» nennt. Für diese beiden

---

[27] *C. G. Jung, Psycholog. Typen*, XI (Definitionen) «Empfindung», pg. 465.
[28] *C. G. Jung, Psycholog. Typen*, Einleitung, pg. 5.

verwendet *Kant* auch die alten Begriffe des «oberen» und des «unteren» Erkenntnisvermögens[29], und das entspricht der Vorstellung bei *Jung,* daß die rationalen Funktionen sich aus den irrationalen entwickelt haben.

Da nun für das Funktionieren des Bewußtseins immer eine wahrnehmende und eine urteilende Funktion nötig sind, so ergeben sich wieder vier Typen nach dem bekannten vierfältigen Schema. *Jung* freilich verdoppelt nun die Zahl der Typen – auch wenn die allgemeine Einstellung (Introversion und Extraversion) nicht in Betracht gezogen wird, da er eine der vier Funktionen als Hauptfunktion betrachtet – sie kann rational oder irrational sein –, die andere gilt dann als Auxiliärfunktion und ist irrational bzw. rational. Ist z. B. die rationale Funktion das Denken, die irrationale die Intuition, dann kann der Typus ein intuitiver Denker oder ein denkender Intuitiver sein. Das erstere wäre ein rationaler, das zweite ein irrationaler Typ.

Auf die Frage, warum es gerade vier Funktionen sein müssen, gibt *Jung* die Antwort[30]: «Warum ich gerade die vier Funktionen als Grundfunktionen anspreche, dafür kann ich keinen Grund a priori angeben, sondern nur hervorheben, daß sich mir diese Auffassung im Laufe jahrelanger Erfahrung herausgebildet hat.»

Nun braucht aber der Grund einer theoretischen Annahme – denn um eine solche handelt es sich hier – nicht a priori zu sein. Wenn wir daher das «a priori» in *Jungs* Aussage streichen, so sagt er, daß er keinen Grund angeben könne als den, daß sich ihm seine Auffassung im Laufe der Erfahrung herausgebildet hat – nicht etwa, daß er sie sich gebildet habe. Daraus dürfen wir schließen, daß seine Theorie sich ihm aufdrängte, weil ihr nämlich das archetypische, quaternäre Schema zugrunde liegt. Dem quaternären Archetypen hat denn *Jung* auch ausführliche Studien gewidmet[31].

Wenn man sich auf die vier Funktionen beschränkt und zu die-

---

29) *J. Kant, Anthropologie § 7.*
30) *C. G. Jung, Psycholog. Typen,* XI (Definitionen) «Funktion», pg. 470.
31) Z. B. *C. G. Jung, Psychologie und Alchemie, Traumsymbole des Individuationsprozesses.*

sen die beiden Einstellungsmöglichkeiten des Bewußtseins hinzunimmt, so erhält man wiederum 8 Typen – eine «Achtheit» –, die paarweise gegensätzlicher Natur sind, und die *Jung* in seinen «Typen» ausführlich beschrieben hat.

Es ist sehr bemerkenswert, daß der Einstellungstypus, ähnlich den alten Temperamenten, eine anatomisch-physiologische Grundlage hat und daher als «angeboren» gelten muß.

Ernst Kretschmer[32] hat auf Grund eines ausgebreiteten anthropologischen Materials und mit Hilfe überzeugender Methoden zwei psycho-physische Haupttypen unterschieden: die Schizothymen und die Cyclothymen. Diese beiden entsprechen in hohem Maß den Introvertierten und Extravertierten im Sinne *Jungs.* Ferner spalten diese beiden Hauptgruppen wieder: das cyclothyme Temperament kann mehr dem *heiteren* oder dem *traurigen* Pol zuneigen, das schizothyme mehr nach dem *empfindlichen* oder *kühlen* Pol zuliegen[33].

Es ergeben sich also auch hier, nach dem bekannten Schema, aus dem Zusammentreten zweier Gegensatzpaare vier Typen oder Temperamente. Hiebei muß jedoch von dem «viscosen Temperament der Athletiker» abgesehen werden, denn dieses paßt ja nicht in das quaternäre Schema.

Das scheint mir darauf hinzuweisen, daß das vierfältige Schema der Erfahrung nicht vollkommen angepaßt ist, sondern daß es auch in der Psychologie sich hauptsächlich seines archetypischen Charakters halber aufdrängt. Ich frage mich darum, ob man nicht durch die Erfahrung gezwungen sein wird, auch in der Lehre von den Funktionen dieses Schema zu verlassen, so sehr es einer ersten Orientierung dienlich sein mag.

«Orientierung», das bedeutet ja das Festlegen der Himmelsrichtungen, die nach vier Kardinalpunkten erfolgt. Und so dürfte unser Schema das geistige Instrument sein, mit dessen Hilfe sich die Menschen von je orientiert haben: in der Kosmologie, in den Naturwissenschaften, in der Logik und in der Psychologie. Und wenn heute ein Mensch in schweren Konflikten die Orientierung verliert, taucht es erneut auf als ordnendes Symbol.

---

[32] *E. Kretschmer, Körperbau und Charakter,* 21./22. Aufl., Berlin, 1955.
[33] *E. Kretschmer,* op. cit. p. 387.

Unsere Betrachtungen scheinen mir aber zu zeigen, daß dann, wenn eine erste Orientierung gelungen ist, auch dieses Symbol aufgelöst werden sollte; denn sonst droht die Gefahr unfruchtbarer Erstarrung. Das Symbol wird zum Schema und dieses zum furchtbaren Bette des Prokrustes, in das die Erscheinung nur verstümmelt gepreßt werden kann.

Über den Zufall
(1965)

Im alltäglichen Sprachgebrauch ist ein Zufall ein unerwartetes, auffälliges Zusammentreffen von Umständen, für das kein Grund ersichtlich ist. Ereignisse, die so entspringen, heißen zufällig; auch nennt man sie selber Zufälle. Die Umstände und Ereignisse können zwar Gründe haben, die aber derart verwikkelt sind, daß ihre Folgen nicht voraussehbar sind. Wir reden dann von «scheinbarem Zufall».

Man kann auch jedes Ereignis zufällig nennen, wenn es keinen erkennbaren Grund hat. Dann sind auch alltägliche Vorkommnisse, die weder auffällig noch unerwartet sind, Zufälle oder entstehen zufällig. Falls man sich zu dieser Verallgemeinerung des Begriffs entschließt, wobei also vom Eindruck der Überraschung abstrahiert wird, den ein Zufall im engeren Sinne hervorruft, dann wird fast alles, was geschieht, zufällig. Denn die Wirklichkeit ist schließlich durchaus irrational. Das Zufällige in diesem weiteren Sinne nennt man in der Philosophie «contingent».

Der Satz vom «Zureichenden Grund» behauptet, daß es keinen Zufall gibt. Wer den Satz glaubt, muß jeden Zufall für «scheinbar» erklären. Ob freilich für alles ein zureichender Grund besteht, kann die Erfahrung nicht lehren. Denn so weit reicht unsere Einsicht in den Zusammenhang der Dinge nie. Dieser Satz ist vielmehr ein Postulat des Denkens – ob ein notwendiges Postulat, das ist durchaus fraglich. Vielen Denkern schien es freilich notwendig zu sein und die Grundlage jeder Wissenschaft zu bilden. Ja, man ist so weit gegangen und hat behauptet, das Trägheitsgesetz der Mechanik könne unmittelbar aus dem Satz vom zureichenden Grund gefolgert werden.[1]

In unserer Zeit, durch die Entdeckung der Quantentheorie angeregt, ist die Frage nach dem Zufall erneut wieder lebendig geworden. Die berühmten Diskussionen zwischen EINSTEIN und BOHR kreisen um die Frage, ob eine physikalische Theorie, in der die Gesetze keinen deterministischen, sondern statistischen Charakter haben, als befriedigende Antwort auf unsere Frage annnehmbar sei. EINSTEIN hat das BOHR gegenüber verneint, und er hat heute noch Nachfolger. Die Mehrzahl der Physiker teilt freilich – wenigstens grundsätzlich – die Meinung BOHRS, der die statistische Deutung der Quantentheorie als befriedigend betrachtet hat.

Im Hinblick auf solche Diskussionen scheint es mir lehrreich zu sehen, wie man in der Vergangenheit über den Zufall gedacht hat. So will ich, freilich skizzenhaft, die Meinungen der Philosophen über den Zufall zu schildern versuchen.

Der erste, von dem wir einigermaßen ausführliche Erörterungen über den Zufall besitzen, ist ARISTOTELES. Im zweiten Buch seiner Physik, wo er über die Ursachen der Geschehnisse spricht, führt er auch den Zufall an. Wie immer berichtet er zuerst über die Meinungen seiner Vorgänger. So sagt er, daß manche[2] glaubten, alles habe eine bestimmte Ursache, und nur die Menschen erdichteten sich das Bild des Zufalls. Es werde auch gelehrt, daß nur die erste Ursache zufällig sei, nachher aber sei alles durchaus bestimmt. ARISTOTELES selber hält es für ungereimt, den Zufall ganz zu leugnen, und er weist darauf hin, daß einige den Zufall für eine dem menschlichen Denken unfaßbare Ursache halten, da er nämlich etwas Göttliches und Übernatürliches sei.

Er bezeichnet den Zufall durch «Automaton» und «Tyche». Er erklärt, daß «Automaton» das grundlos, von selber Eintretende bedeute, und daher der weitere Begriff als «Tyche» sei. Denn diese habe im besonderen mit «Glücklichsein» und «Handeln» zu tun. Tyche gibt es darum nicht bei Kindern und Tieren, wohl aber das Automatische. Offenbar denkt er, daß weder Kinder

---

[1] So WILH. WINDELBAND, *Die Lehre vom Zufall*, Berlin, 1870.
[2] Damit ist DEMOKRIT und seine Schule gemeint.

noch Tiere zu verantwortlichem Handeln fähig sind, und daß das Glück nur solchem Handeln entspringen könne.

Im sechsten Buche seiner Metaphysik spricht er nochmals vom Zufall. Er betont erneut, daß es Zufälliges gäbe: Da nämlich nicht alles notwendig geschieht, sondern das meiste nur in der Regel eintrifft, so ist damit notwendig das Zufällige gegeben. Aber vom Zufälligen gibt es keinerlei wissenschaftliche Erkenntnis. Denn die Wissenschaft kann nur von dem handeln, was der Regel entspricht und nicht von dem, was außer der Regel eintritt. Darum ist das Zufällige eng verwandt mit dem, was nicht ist.

In den Ausführungen des ARISTOTELES ist ein Konflikt zwischen seinem ausgeprägten Sinn für die Wirklichkeit und seinen ebenso starken theoretischen Bedürfnissen unverkennbar. Er hält es für ungereimt, d. h. für wirklichkeitsfremd, den Zufall zu leugnen, und unterscheidet an ihm geistvoll verschiedene Aspekte. Ja, das Zufällige ist für ihn notwendig – eine paradoxe Aussage!

Weil aber von ihm keine wissenschaftliche Erkenntnis möglich ist, so existiert es zugleich nicht – oder beinahe nicht. Für ARISTOTELES war diese Art, das Problem zu sehen, möglich, weil er sich das Sein graduell abgestuft denken konnte: das Bedeutende hatte mehr Existenz als das Unbedeutende. Vor allem existierte das Dauernde oder Gesetzmäßige. Das, was in schwankender Erscheinung schwebt, gehörte zu einer Welt des Scheins, über die nur Mutmaßungen und Meinungen möglich sind. Ähnlich dachten aber nicht nur die *Eleaten* und PLATO, sondern auch HERAKLIT (ca. 550 – ca. 480 v. Chr.). Denn auch für ihn war die dynamisch bewegte Welt, sofern sie wirklich war, strengen Gesetzen unterworfen.

Später hatten freilich die Philosophen die Neigung, den Zufall zu leugnen, so vor allem die *Stoiker.* Dagegen schrieben die *Epikuräer* wenigstens die Weltentstehung einer zufälligen Abweichung der Atome von ihrer «natürlichen» Bewegung zu. War aber einmal der erste Wirbel entstanden, so ging auch nach ihrer Lehre alles gesetzmäßig vonstatten. Hier steht also der Zufall für den einmaligen Schöpfungsakt und ist daher etwas «Göttliches und Übernatürliches», bzw. er übernimmt die göttliche Aufgabe, da sich ja die Götter des EPIKUR nicht um die Welt kümmern.

Bis zum 17. Jh. sind mir keine neuen Gedanken über den Zufall bekannt. Dann, im Jahre 1654, wird in einem Briefwechsel zwischen PIERRE DE FERMAT (1601–1665) und BLAISE PASCAL (1623–1662) die Wahrscheinlichkeitsrechnung geboren. Das ist eine Wissenschaft vom Zufall, und seither können wir die Begriffe «Zufall» und «Wahrscheinlichkeit» nicht mehr getrennt betrachten.

Die Diskussion der beiden großen Gelehrten ist durch Fragen eines CHEVALIER DE MÉRÉ an PASCAL angeregt worden, die sich auf die gerechte Teilung des Einsatzes beim Würfelspiel beziehen. Glücksspiele um hohen Einsatz bildeten ja neben Jagden, Trinkgelagen und Liebeshändeln einen wesentlichen Inhalt cavaliermäßigen Lebens jener Zeit. Die Chancen beim Glücksspiel richtig abzuschätzen, war darum eine Frage von großer praktischer Bedeutung. Das Gespräch der Mathematiker hat sich freilich bald von diesem praktischen Anlaß ins Abstrakte, rein Mathematische gewendet. Es bleibt aber immer bemerkenswert, daß wir im Fall der Wahrscheinlichkeitsrechnung und Statistik die Verflechtung einer bedeutenden wissenschaftlichen Entwicklung mit gesellschaftlichen Bedingungen beobachten können. (Weiteren Anstoß zur Erforschung der Wahrscheinlichkeitsgesetze haben damals die neu aufkommenden Rentenversicherungen gegeben.)

FERMAT und PASCAL haben aber keine Lehre vom Zufall – im philosophischen Sinn – entwickelt. Er war ihnen mit dem Glücksspiel gegeben.

Dagegen finden wir bei G. LEIBNIZ (1646–1716) eine originelle und merkwürdige Theorie des Zufälligen, die anfänglich von der Wahrscheinlichkeitsrechnung durchaus unberührt ist. Desto mehr spielt beim Ausbau seiner Theorie – wie überall bei LEIBNIZ – die Entdeckung der Analysis (Differential- und Integralrechnung) eine bedeutende Rolle.

LEIBNIZ hielt alles Wirkliche für kontingent. Freilich unterscheidet er scharf zwischen «contingence» und «hazard». Hazard ist der «blinde Zufall», und diesen gibt es nicht.

Das Kontingente hat nämlich immer einen zureichenden Grund, ist also nicht blind-zufällig; und dennoch ist es nicht schlechthin notwendig. Denn man hat auch unter «nécessité absolue» und «nécessité hypothétique» wohl zu unterscheiden. Absolut notwendig ist das, dessen Nichtsein einen logischen Widerspruch zur Folge hätte. Was keinen Widerspruch einschließt, ist möglich. Der Satz vom Widerspruch ist darum das Prinzip des Möglichen. Das Kontingente, und alles Wirkliche ist kontingent, ist nur hypothetisch notwendig und sein Prinzip ist der Satz vom zureichenden Grund. Gott nämlich bringt das Kontingente hervor – nicht in einmaligem Schöpfungsakt, sondern dauernd – und zwar so, daß seine Schöpfung zur besten d. h. vollkommensten aller möglichen Welten wird. Möglich ist eine Welt, wenn sie logisch widerspruchsfrei ist. Welches die beste Welt sei, erkennt Gott in seiner unendlichen Weisheit, und seine Erkenntnis hat zureichende Gründe.

SAMUEL CLARKE (1675–1729), und mit ihm ISAAC NEWTON, haben LEIBNIZ hier entgegengehalten, daß diese Theorie die logische Folge habe, daß Gott die beste Welt absolut notwendig wählen und erschaffen müsse; denn ihm bleibt ja gar keine Wahl. Hätte er nämlich eine andere gewählt, so widerspräche das seiner Weisheit. Darum sei die Unterscheidung von absoluter und hypothetischer Notwendigkeit eine unnütze Spitzfindigkeit. Diesen Einwand hat LEIBNIZ, wie zu erwarten, nicht anerkannt. Gott ist nämlich ein «überweltliches Verstandeswesen» (intelligentia supramundana). Man kann darum Gott und seine Welt nicht zu einem Ganzen zusammenfassen und sagen: nur die beste Welt bildet zusammen mit Gottes Weisheit ein widerspruchsfreies Ganzes. (Wer die Mengenlehre kennt und die logischen Paradoxien bedenkt, die entstehen, wenn man Begriffe wie «Menge aller Mengen» zuläßt, muß zugeben, daß dieses Argument nicht ohne logische Kraft ist.)

Überdies beruht nach LEIBNIZ der Unterschied von absoluter und hypothetischer Notwendigkeit ganz wesentlich auf der Unendlichkeit der göttlichen Intelligenz.

Verständlich wird diese Unterscheidung freilich nur im Zusammenhang von LEIBNIZ' logisch-methaphysischem System. Dieses hat aber LEIBNIZ nie wissenschaftlich-systematisch dargestellt. Darum mußten seine Aussagen den kritischen Zeitgenossen unverständlich bleiben – auch dann, wenn sie noch gewillt gewesen wären, diese ernsthaft in Betracht zu ziehen, was bei NEWTON gewiß nicht zutraf. Man darf behaupten, daß erst das Studium der im Nachlaß gefundenen Aufzeichnungen den Zusammenhang seines mathematischen und seines metaphysischen Denkens deutlich gemacht hat.[3]

---

[3] B. RUSSELL, *The Philosophy of G. W. Leibniz,* London 1912.
L. COUTURAT, *Opuscules inédits de Leibniz.*

Bei LEIBNIZ kommt dem mathematischen Denken durchaus die
Priorität zu. Für seine Metaphysik besitzen seine mathematischen Erkenntnisse stets den Charakter eines Modells, das er
seinen Spekulationen zugrunde legt.

Voraussetzung der LEIBNIZschen Logik und daher auch seiner
Metaphysik ist der Satz, daß bei jeder wahren Aussage das Prädikat im Subjekt enthalten ist: «Verum est affirmativum, cujus praedicatum inest subjecto, itaque in omni Propositione vera affirma-
tiva, necessaria vel contingente, universali vel singulari, Notio
praedicati aliquo modo continetur in notione subjecti.»[4]

Dementspechend kann die Notwendigkeit eines jeden Sachverhalts – sei diese nun absolut oder hypothetisch – durch eine
logische Analyse dargetan werden. Absolut notwendige Aussagen oder Sachverhalte können dabei in *endlich* vielen Schritten
bewiesen werden, oder aber, die Annahme, daß sie nicht zutreffen, führt nach endlich vielen Schritten zu einem Widerspruch.

Die Wirklichkeit, das Kontingente, ist wahrhaft unendlich.
Darum ist keine endliche Analyse ihrer Struktur möglich: «etsi
praedicatum revera insit subjecto, tamen resolutione utriusque
licet termini indefinite continuata, numquam tamen pervenitur
ad demonstrationem seu identitatem.»

Gott kann, als unendlicher Geist, den Grund des Kontingenten
a priori erkennen, während ihn die endlichen Geschöpfe nur in
der Erfahrung, a posteriori, wahrnehmen.

Der Unterschied der absoluten und hypothetischen Notwendigkeit beruht also wesentlich darauf, daß die letztere aus einer
wahrhaften (aktuellen) Unendlichkeit von Gründen entspringt,
die für uns notwendig unentwirrbar ist und sich im Dunkeln verliert. Dies Dunkel ist uns zwar gegenwärtig, denn unsere Seele
ist ein Spiegel des Universums. Aber seine Inhalte kommen uns
nur als konfuse Vorstellungen zum Bewußtsein, die wir nicht
auflösen können.[5]

LEIBNIZ suchte den Gegensatz von «notwendig» und «contingent» durch die Analogie zu dem rationalen und dem irrationalen Verhältnis zweier Strecken zu verdeutlichen: Im rationalen
Falle liefert der EUKLIDische Algorithmus nach endlich vielen

---

[4] COUTURAT, *op. cit.*, pg. 16 ff.
[5] Vergl. die Briefe an JOH. BERNOULLI, Februar bis Mai 1699.

Schritten den größten gemeinsamen Teiler. Wenn aber das Verhältnis irrational ist, kann das gegenseitige Abtragen der Strecken unbegrenzt fortgesetzt werden, die Reste werden immer kleiner, aber man wird nie zu einem Ende des Prozesses gelangen. LEIBNIZ betont jedoch, daß in der Geometrie das Irrationale mit beliebiger Genauigkeit rational angenähert werden könne, daß aber im Gegensatz hiezu bei kontingenten Wahrheiten auch eine annähernde Erkenntnis dem Menschen unmöglich sei. Er schließt seine Betrachtung mit den Worten: «Cognitio rerum Geometricarum atque analysis infinitorum hanc lucem accendere, ut intelligerem, etiam notiones in infinitum resolubiles esse.» Der Sinn dieser Aussage ist dieser, daß auch die irrationale Wirklichkeit auf einen logisch-mathematischen, also rein begrifflichen Seinsgrund zurückgeführt werden kann, der aber – im Gegensatz zu gewöhnlichen Begriffen – wesentlich unendlichen Charakter hat.

Ich möchte nun zeigen, daß die Wahrscheinlichkeitstheorie dazu geeignet ist, die LEIBNIZschen Ideen über den Zufall von einer neuen Seite aus zu beleuchten. Man kann nämlich auf ihrer Grundlage eine Deutung des Unterschiedes von absoluter und hypothetischer Notwendigkeit gewinnen, die auch uns annehmbar erscheint. Ob freilich LEIBNIZ unsere Analogie anerkannt hätte, ist eine andere Frage.[6]

In der Wahrscheinlichkeitstheorie nimmt das Gesetz der großen Zahl eine zentrale Stellung ein. JAKOB BERNOULLI (1655–1705) hat es entdeckt, und diese Entdeckung befriedigte ihn mehr, als wenn er die Quadratur des Zirkels gefunden hätte.[7]

Man betrachtet zufällige Ereignisse, deren Eintreffen man aber mehr oder weniger erwartet. Die Größe der Erwartung wird durch eine positive Zahl p dargestellt, die höchstens gleich eins

---

[6] Wenn man den Logizismus LEIBNIZ' bedenkt, so könnte es sein, daß ihn ein Hinweis auf die Entdeckung K. GOEDEL's (Über formal unentscheidbare Sätze der Principia Mathematica und verwandter Systeme; Monatshefte für Mathematik und Physik, Jg. 38, p. 173 (1931)) viel mehr befriedigt hätte, der gezeigt hat, daß im Sinne der formalisierten Logik die Analysis durch kein abgeschlossenes Axiomensystem dargestellt werden kann.

[7] So sagt er in seinem mathematischen Tagebuch. Ich verdanke diese Kenntnis Herrn Prof. VAN DER WAERDEN.

sein kann: $1 > p > 0$. Diese Zahl p nennt man die Wahrscheinlichkeit des Ereignisses. $1 - p$ ist dann die Wahrscheinlichkeit dafür, daß das Ereignis nicht eintritt. Ist $p = 1$, so tritt das Ereignis mit Sicherheit ein, ist $p = 0$, so tritt es sicher nicht ein.

Wenn p sehr nahe an eins liegt, $1 - p$ also sehr klein wird, so ist das Eintreten des Ereignisses zwar nicht sicher, aber, wie BERNOULLI sagt, «moralisch gewiß». Falls für das Eintreten eines Ereignisses «moralische Gewißheit» besteht, so soll man – wieder nach BERNOULLI – so handeln, als ob das Ereignis mit Sicherheit eintreten würde. Diese Maxime bezeichnet JAK. BERNOULLI als Axiom. Damit hat er recht, denn sie erst macht es möglich, die Schlüsse der Wahrscheinlichkeitsrechnung praktisch anzuwenden. Ohne sie würde diese Theorie ein leeres Schema ohne jeden Wert bleiben.

Das Gesetz der großen Zahl ermöglicht es, auch in Fällen, wo für das Einzelereignis keine moralische Gewißheit besteht, dennoch wenigstens statistische Aussagen, mit moralischer Gewißheit, zu gewinnen. Es führt somit den Fall, in welchem p nicht nahezu gleich eins ist, auf einen solchen zurück, in welchem dies zutrifft. Erst damit gewinnt die Aussage, die Wahrscheinlichkeit eines Ereignisses sei z. B. ½, einen brauchbaren Sinn.

Das Gesetz der großen Zahl ist anwendbar, wenn sich die Umstände, unter denen ein Ereignis mit der Wahrscheinlichkeit p eintreten kann, beliebig oft wiederholen. Es sei dies N mal der Fall, wo N eine große Zahl bedeutet. Man fragt, wie oft wird das Ereignis eintreten? Diese Anzahl sei n. Dann sagt das Gesetz, daß dann, wenn nur N hinreichend groß ist, n/N mit «moralischer Gewißheit» sehr nahe an p liegen wird. Man kann ferner, wieder mit «moralischer Gewißheit», angeben, wie groß der Unterschied von n/N und p höchstens sein wird.

Man beachte aber wohl, daß die moralische Gewißheit auch im Falle sehr großer N nie in absolute Sicherheit übergeht. Auch große Unterschiede zwischen n/N und p sind immer möglich; sie sind aber äußerst unwahrscheinlich, weshalb man nach dem Axiom BERNOULLIS nicht mit ihnen rechnen soll.

Nun hat LEIBNIZ anstelle «hypothetischer Notwendigkeit» auch gerne «moralische Notwendigkeit» gesagt, der er dann die «mathematische Notwendigkeit» gegenüberstellte. Es ist darum natürlich, die «moralische Gewißheit» mit der «moralischen Notwendigkeit» in Analogie zu setzen. Moralische Gewißheit ist auch alles, was wir im Reiche des Kontingenten zu erlangen vermögen. Diese ist ein Grenzbegriff. Es handelt sich jedoch nicht um annähernde Gewißheit im Sinne eines mathematischen Approximationsverfahrens. Bei einem solchen läßt sich nämlich der Fehler, den man schlimmstenfalls begeht, abschätzen, derart, daß man mit Sicherheit behaupten kann, daß er nicht größer als ein gewisser Wert sein wird. So hat ARCHIMEDES (gest. 212 v. Chr.) die Irrationalzahl π in die Grenzen $3\tfrac{10}{71}$ und $3\tfrac{10}{70}$ eingeschlossen und konnte mit Sicherheit behaupten, daß sie nicht außerhalb dieser Grenze liege. Wäre π keine mathematisch definierte, sondern eine empirisch gegebene Größe, so hätte er nur behaupten können, daß die Wahrscheinlichkeit, daß π nicht zwischen den beiden Grenzen liege, klein sei. So zeigt sich also hier der Unterschied zwischen moralischer und mathematischer Gewißheit deutlich, und er entspricht, wie mir scheint, sehr genau dem, was LEIBNIZ vorschwebte. Dieser hat allerdings das Gesetz der großen Zahl mit Mißtrauen begrüßt. Es schien ihm unglaubhaft, daß es im Reiche des Zufalls überhaupt mathematisch-gesetzmäßig zugehen könne. Mit der Zeit aber hat er sich bekehrt und hat sogar behauptet, seine eigenen Ideen hätten JAKOB BERNOULLI die Anregungen zu seiner Entdeckung gegeben. Das hat er wohl selber geglaubt, denn es ist von je einer seiner Lieblingsgedanken gewesen, daß neben die mathematische Logik eine besondere, der Kontingenz angepaßte Logik zu treten habe. Diese dachte er sich von der Art des juristischen Denkens, wo Indizien gegeneinander abgewogen und auf ihre Glaubwürdigkeit hin geprüft werden müssen.[8]

Die von BERNOULLI gewählte Ausdrucksweise «moralische Gewißheit» entspricht sicher der «moralischen Notwendigkeit» bei LEIBNIZ. Der Ausdruck ist treffend gewählt, wenn er uns auch heute altertümlich vorkommen mag. Das Axiom nämlich, man solle das allzu Unwahrscheinliche außer Betracht lassen, sagt nichts darüber, wie unwahrscheinlich etwas sein muß, damit es nicht mehr in Betracht kommt. Das Urteil hierüber wird vielmehr ganz dem überlassen, der auf Grund von Wahrscheinlichkeiten seine Entscheidung treffen muß. So muß sich ja jeder in den meisten Fällen entscheiden; denn Sicherheit ist selten mög-

---

[8] L. COUTURAT, *La Logique de Leibniz*, Paris, 1901.

lich. Wer darum kein Risiko eingehen will, wird in seinen Entschlüssen gelähmt, und wer handeln will oder handeln muß,
braucht Mut und Hoffnungsfreude. Wie klein die Wahrscheinlichkeit sein soll, die wir vernachlässigen wollen, hängt davon
ab, wie groß der ideelle oder materielle Schaden im Falle eines
Mißerfolges sein wird, und wie sehr uns der zu erwartende
Gewinn lockt, wenn der gewünschte Erfolg eintritt. Mut, Hoffnungsfreude, aber auch nüchterne Klugheit und Vorsicht, das
sind moralische Kräfte des Menschen. Gerade der Kluge und
Vorsichtige bedarf des Mutes und der Hoffnung, wenn er sich zu
einer Entscheidung durchringen will. Und hat er das getan, so
darf er die «moralische Gewißheit» haben, daß ihm Tyche hilfreich zur Seite stehen wird.

Es ist nun sehr merkwürdig, daß der gewaltige Rationalist und
Logiker LEIBNIZ eine differenzierte Auffassung des Zufälligen
besaß, daß aber ein skeptischer Empirist, wie DAVID HUME
(1711–1776), die Existenz des Zufalls kategorisch leugnete. Er sagt:
«Though there be no such thing as *Chance* in the world, our ignorance of the real cause of any event has the same influence on the
understanding, and begets a like species of belief or opinion».[9]

Der kurze Abschnitt, den dieser Satz eröffnet, handelt von der
Wahrscheinlichkeit und leitet über zum siebenten Kapitel des
HUMEschen Hauptwerkes, in welchem er seine berühmte Theorie der Kausalität vorträgt: ein Zusammenhang der Ereignisse ist
nie sichtbar. Zwar folgt ein Ereignis dem anderen, aber wir können zwischen ihnen keine Verbindung beobachten. (Events
seem *conjoined* but never *connected*.) Die Ausdrücke «Ursache»
und «Wirkung» bedeuten darum nur, daß einem gewissen Ereignis – soweit wir wissen – immer ein bestimmtes anderes gefolgt
ist. Das erste nennen wir dann Ursache, das zweite Wirkung
(Cause and Effect).

HUME war, so scheint es, davon überzeugt, daß das Weltgeschehen völlig deterministisch-kausal abläuft: es gibt keinen
Zufall. Aber die wirklichen Gründe, die das Geschehen regeln,
sind uns unbekannt und können auch nicht erkannt werden.
Unsere Erkenntnis ist darum rein empirisch-statistisch. Was
geschieht, ist für uns scheinbar zufällig, und unsere sichersten

---

[9] *An Enquiry Concerning Human Understanding*, Section VI (of Probability).

Voraussagen sind nur solche, die die größte Wahrscheinlichkeit für sich haben.

Wahrscheinlich ist das, was oft und regelmäßig vorkommt. Wenn in allen uns bekannten Fällen auf das Ereignis A ein bestimmtes anderes B gefolgt ist, so bildet sich – durch Ideenassoziation und Gewohnheit – der Glaube, auf A müsse B folgen. Daß von der Regel, auf A folgt B, keine Ausnahme möglich sei, kann nie bewiesen werden – weil uns eben die «wahren Gründe» des Geschehens unbekannt sind –, aber wir können uns eine solche Ausnahme kaum vorstellen, wir halten sie für beliebig unwahrscheinlich. Und würde eine beobachtet, oder würden wir selber eine erleben, so wäre es viel wahrscheinlicher, daß man uns getäuscht hätte, oder daß wir uns selber täuschten. Denn das kommt ja vor, das ist nicht unwahrscheinlich.[10]

Das ganze Argument, daß nämlich unsere Vorstellungen von Ursache und Wirkung durch Gewohnheit entstehen, wäre hinfällig, wenn HUME nicht an das Kausalgesetz geglaubt hätte. Seine Skepsis richtet sich nicht gegen das Kausalgesetz, aber er glaubt nicht, daß es empirisch möglich sei, die wahren Gründe zu entdecken.

Ein Modell für diese Theorie von HUME kann uns die Wärmelehre liefern.[11] Die Gesetze der phänomenologischen Theorie, der Thermodynamik, sind durch Abstraktion aus der Erfahrung gewonnen. Wie aber LUDWIG BOLTZMANN (1844–1906) und JOSIAH WILLARD GIBBS (1839–1903) gezeigt haben, kann man sie als statistische Gesetzmäßigkeiten auffassen, von denen darum auch Ausnahmen vorkommen können. Diese äußern sich als kleine Abweichungen vom thermodynamischen Verhalten, die denn auch in der Tat nachgewiesen worden sind.

Die «wahren Gesetze» der Wärme regeln das gesetzmäßige Geschehen im atomaren Bereich, und diese Gesetze waren zur Zeit BOLTZMANNS und GIBBS', Ende des 19. Jahrhunderts, der Forschung unzugänglich. Die beiden Forscher haben daher ihren Studien als Modell atomaren Geschehens die klassische Mechanik zugrunde gelegt. Jeder sichtbare Körper – ein Wassertrop-

---

[10] Vergl. hiezu auch X: of Miracles.
[11] Das folgende beleuchtet nur einen sehr speziellen Aspekt der Ideen HUMES. Die wirkliche Bedeutung seiner Ideen wird dabei kaum berührt.

fen, ein Streichholz – besteht aus ungeheuer vielen, aus Trillionen Atomen. Diese sind unsichtbar klein, man mag sie sich als winzige Kügelchen, als Massenpunkte, vorstellen, die sich alle nach den Gesetzen der Mechanik bewegen. Die Mechanik ist eine streng deterministische Theorie: es gibt hier keinen Zufall. Die riesige Anzahl der Atome macht es uns aber unmöglich, den Ablauf des Geschehens im Kleinen vorauszuberechnen – niemand, und auch nicht eine Rechenmaschine, wird je hiezu imstande sein. Darum erscheint uns dieses Geschehen unentwirrbar, als scheinbar zufällig. Aber gerade die große Zahl der Atome macht es andrerseits möglich, sehr zuverlässige statistische Voraussagen zu machen. Sie ist der Grund, weshalb die thermodynamischen Gesetze in so hohem Maße gültig sind.

Wir haben also hier eine Theorie vor uns, in welcher es zwar prinzipiell keinen Zufall gibt, in der aber praktisch doch nur statistische Aussagen möglich sind. Und diese erweisen sich als ausreichend, um die thermodynamischen Gesetze zu erklären. Es ist dabei sehr wichtig, und BOLTZMANN wie GIBBS haben es immer betont, daß das spezielle mechanische Atommodell, das den Betrachtungen zugrunde gelegt wird, für die gezogenen Schlüsse nicht entscheidend ist. Wesentlich ist aber, daß die Atome sehr klein sind, ihre Anzahl also ungeheuer groß sein muß. Die statistisch-mechanische Theorie der Wärme kann also wenig über die Eigenschaften der Atome aussagen, diese bleiben weitgehend hypothetische Fiktionen. Und als solche sind sie denn auch von vielen Zeitgenossen bekämpft worden. Heute freilich zweifelt niemand mehr daran, daß die Materie aus Atomen besteht, und so ist auch die statistische Mechanik die Grundlage der modernen Wärmetheorie geworden.

Zugleich hat es sich gezeigt, daß im atomaren Bereich die Gesetze der klassischen Mechanik teilweise ungültig werden, ja daß die Grundbegriffe dieser Theorie ihren Sinn verlieren. Aber BOLTZMANN und GIBBS behielten recht: die statistische Mechanik läßt sich auf den neuen Grundgesetzen, die das atomare Geschehen regeln, ohne Schwierigkeit aufbauen und behält ihre Gültigkeit.

Diese neuen Gesetze sind die der Quantentheorie. In der Quantentheorie ist nun alles, was man berechnen kann, die Wahrscheinlichkeit dafür, daß ein bestimmtes Ereignis unter bestimmten Umständen eintritt. Die Theorie ist insofern «kausal», als sie Gründe angibt, warum ein Ereignis möglich ist und warum eine Wahrscheinlichkeit einen bestimmten Wert hat. Aber sie ist nicht deterministisch. Ob z. B. ein Atomkern stabil ist, oder ob er unbeständig sein wird und darum radioaktiv zerfällt, kann aus der Atomstruktur begründet werden. Der Zeitpunkt aber, in welchem der Zerfall stattfinden wird, ist ungewiß, und hierfür sind nur Wahrscheinlichkeitsaussagen möglich.

Diese aber sind wohlbestimmt: die Zerfallswahrscheinlichkeit kann berechnet werden und muß als eine Eigenschaft des betreffenden Atoms gelten. Atome stehen in unbeschränkter Anzahl zur Verfügung, und gleichartige Atome sind in keiner Weise voneinander zu unterscheiden. Darum kann hier das Gesetz der großen Zahl seine Kraft entfalten. Wir können die Theorie prüfen, und diese kann dazu dienen, brauchbare und gültige Voraussagen zu machen.

Die Quantentheorie ist also eine Naturbeschreibung, in welche der eigentliche Zufall als grundlegender Begriff eingeht. Doch ist es kein «blinder Zufall»; denn unter gleichen Umständen gelten stets die gleichen Wahrscheinlichkeitsgesetze. Da im Prinzip ein physikalischer Vorgang beliebig oft wiederholt werden kann, ist das Gesetz der großen Zahl anwendbar, der Zufall ist einer Regel unterworfen und somit wissenschaftlich faßbar.

Wenn wir aber Ereignisse betrachten, die unter Umständen eintreten, die sich nicht wiederholen, oder wenn uns gerade das an den Ereignissen interessiert, was diese einmalig und unverwechselbar macht, dann helfen uns Wahrscheinlichkeitsbetrachtungen wenig, es sei denn, wir könnten mit «moralischer Gewißheit» eine Voraussage wagen. Es hat aber keinen greifbaren Sinn, wenn gesagt wird, es sei die Wahrscheinlichkeit für diesen oder jenen Ausgang je 50 %. Da man aber auf Grund der uns bekannten Naturgesetze nicht mehr behaupten kann, es gäbe keinen Zufall, so erhebt sich die Frage, ob hier nun nicht doch der «blinde Zufall» walte.

Das Wort vom «blinden Zufall» enthält aber eine Bewertung, oder besser eine Abwertung des Begriffs, die mir nicht zulässig scheint. Daß solchem Zufall gegenüber unsere wissenschaftliche Einsicht versagt, bedeutet zwar, daß wir selber blind sind, nicht aber, daß der Zufall blind sei. Wer hier aber meint, daß der Zufall etwas «Göttliches und Übernatürliches» sei, hat wohl auch nicht ganz recht, denn «übernatürlich» ist unser Schicksal nicht.

Wege der Wissenschaft und Religion[1]
(1973)

Man hat mich aufgefordert, in diesem Zyklus zu sprechen, in dem die religiöse Bedrängnis unserer Zeit bedacht werden soll. Ich denke, daß ich meinen Beitrag als Physiker und Mathematiker leisten soll. Nach einigen Bedenken – und nach einigem Nachdenken – habe ich eingesehen, daß man mich zu Recht aufgefordert hat, hier zu sprechen; denn die Entwicklung der Mathematik und der Naturwissenschaften hängt eng mit unserem Thema zusammen.

Das griechische Altertum, dem wir so viele explosive Ideen verdanken, hat auch die Idee der exakten Wissenschaft hervorgebracht. Diese gibt der neueren abendländischen Kultur – im Guten wie im Schlechten – ihr Gepräge. Ich möchte nun zeigen, daß die wissenschaftlichen Ideen – nicht nur in den Anfängen – aus einem religiösen Hintergrund herausgewachsen sind. Diese Erscheinung ist an sich merkwürdig und der Beachtung wert. Ich werde sie, wenn auch nur skizzenhaft, durch den Lauf der Geistesgeschichte verfolgen, und hoffe, schon damit zu unserem Problem etwas beizutragen.

Denn: wer sich in Bedrängnis fühlt, der hofft, es werde ihm helfen, wenn er die Wege rekonstruiert, auf denen er in Bedrängnis geraten ist. Diese Hoffnung liegt ja auch der Psychoanalyse zugrunde, und so kann ich behaupten, mein Beitrag sei ein psychoanalytischer. Freilich analysieren wir nicht die Geschichte der individuellen, sondern die der kollektiven Psyche. Das kol-

---

[1] Vortrag gehalten in einem Zyklus: «Die religiöse Bedrängnis unserer Zeit», veranstaltet vom C. G. Jung-Institut (Zürich) im Winter 1971/72.

lektive Bewußtsein, bewegt von Furcht und Hoffnung, macht meist einen verwirrten Eindruck. Die Menschen sind, insofern sie kollektiv sind, primitive Wesen, und in diesem Sinne ist die kollektive Psyche weitgehend unbewußt. Aber es gibt immer wieder Individuen, die der Mit- und Nachwelt bedeutend erscheinen. Ihr Denken ist weniger verwirrt und weniger archaisch als dasjenige der Menge. Aber ihre Gedanken sind keineswegs nur Formulierungen persönlicher Ideen. Sie sprechen das aus, was vielen vorschwebt, was, wie man sagt, in der Luft liegt. Wenn also die Gedanken und Ideen, die ich in diesem Vortrag behandeln werde, immer nur von wenigen gehegt und verstanden wurden, so sind sie doch Ausdruck des kollektiven Fürchtens und Hoffens, es sind kollektive Seeleninhalte. Das bedeutet aber nicht, daß sie nur heilsam gewesen sind. Denn alles, was unser Geist hervorbringt, sei es nun persönlicher, sei es kollektiver Natur, stamme es mehr aus dem Bewußtsein oder mehr aus dem Unbewußten, es ist höchst ambivalent.

Ich will nun, zunächst als Historiker, untersuchen, ob und wie religiöse Ideen in der Geschichte der exakten Wissenschaften sichtbar werden. Wir beginnen mit dem klassischen Altertum.

Für die Griechen waren Astronomie, Mathematik und Musik exakte Wissenschaften, die immer eng verbunden geblieben sind. Angeregt ist das griechische wissenschaftliche Denken durch die babylonische oder chaldäische Wissenschaft. In Babylonien gab es schon zur Zeit des Hammurabi, also im 18. vorchristlichen Jahrhundert, eine entwickelte Mathematik. Man löste damals lineare und quadratische Gleichungen und wendete sie auf Probleme an, die noch heute in ganz ähnlicher Form den Gymnasiasten gestellt werden. Auch der sogenannte Pythagoräische Lehrsatz war den Babyloniern bekannt. So konnten sie z. B. die Aufgabe lösen: Eine Leiter von fünf Metern Länge ist an eine Wand gelehnt. Ihr Fußpunkt hat von der Wand zwei Meter Abstand. Wie hoch reicht die Leiter an der Wand?

Derartige Aufgaben haben freilich einen durchaus weltlichen Charakter. Eine Beziehung zur Religion ist nicht ersichtlich. Aber die Kunst, sie zu lösen, wurde in den Tempelschulen gelehrt und gehörte zum priesterlichen Wissen. So darf man vermuten, daß sie einen kultischen Ursprung gehabt hat. Sie könnte aus der Kunst entstanden sein, die richtigen Maße eines Tempels oder Altars zu bestimmen; denn darauf kam es an, wenn die Kraft Gottes im kultischen Gebäude wirksam sein sollte.

Ferner haben die Babylonier, wie jeder weiß, astronomische Beobachtungen gemacht und darauf gründend eine astronomische Wissenschaft entwickelt. Diese hatte offensichtlich eine religiöse Bedeutung, denn die Sterne waren göttlich. Der babylonische Sterndienst ist sehr alt, aber eine mathematische Astronomie ist erst in chaldäischer Zeit entstanden. Der Tierkreis und seine Sternbilder waren im 9. Jahrhundert vor Christus bekannt, und wahrscheinlich im 7. Jahrhundert ist er in zwölf genau gleiche Teile geteilt worden, denen die zwölf bekannten Sternbilder zugeordnet wurden. Im folgenden Jahrhundert haben die Chaldäer mathematische Methoden entwickelt, die Stellung der Planeten auf dem Tierkreis, also ihre Bewegung auf ihm, zu berechnen. So wurde es möglich, Geburtshoroskope zu stellen, deren älteste ins 5. Jahrhundert hinaufreichen. Persische religiöse Vorstellungen, die die Seelen mit den Sternen verbinden, haben hier eingewirkt.

Damit sind wir in die Zeit des griechischen Altertums gelangt, in der Kolonisten in Kleinasien mit Persern und Babyloniern in Berührung kamen. Dabei haben sie bedeutende wissenschaftliche und religiöse Anregungen empfangen; aber aus diesen ist ein ganz neues Gedankengebäude entstanden, das vom orientalischen Denken sehr verschieden ist.

In den Griechen erwachte der rationalistische, dialektische Geist Europas. Die Sophistik lehrte die kunstvolle Diskussion, mit deren Hilfe man Behauptungen beweisen, vor allem aber Behauptungen widerlegen kann. Man entdeckte den indirekten Beweis, der darin besteht, daß man das Gegenteil einer Behauptung, durch Analyse ihrer Folgerungen, als widersprüchlich nachweist. Auf dieser Grundlage sind die Griechen zu einer beweisenden Mathematik gelangt. Die Beweisführung beruht auf Axiomen, das sind Sätze, welche der Diskussion zugrunde gelegt werden. Sie werden akzeptiert, weil sie einleuchten, und weil, wenn sie bestritten werden, der Diskussion die Grundlage fehlt, so daß es keinen Sinn hätte, ein Gespräch auch nur zu beginnen. So wurde es möglich, Sätze zu beweisen, wie den, daß die Diagonale des Quadrats zu dessen Seiten in keinem aussprechbaren Verhältnis steht: Es gibt also, wie wir auf Lateinisch sagen, «irrationale» Größen. Eine derartige Aussage hat keinen an empirisch gegebenen Sachverhalten nachprüfbaren Sinn. Sie bezieht sich auf rein ideelle Gebilde, wie z. B. auf das ideale, nur dem mathematischen Denken gegebene Quadrat. In dieser idealen Gedankenwelt, und nur hier, sind Aussagen möglich, die sich beweisen lassen, deren Wahrheit also gewiß ist. Darum ist nach platonischer Lehre die Welt der Erscheinung nur ein Schatten einer idealen Welt, und darum herrscht bei uns bloßes Meinen, ein schattenhaftes Wissen. Dies gilt zumindest von unserer irdischen Umgebung. Denn am Himmel bewegen sich die Sterne, wie man von den Chaldäern gelernt hatte, nach mathematischen Gesetzen, und zudem, so lernte man weiter, sind diese Sterne Götter. Ihre mathematisch-gesetzmäßige Bewegung ist der Ausdruck ihrer göttlichen Vernunft, die auch das irdische Geschehen lenkt. Plato hat diese Lehre in seinem Timaios geheimnisvoll-mythisch dargestellt. Aber sein Mythos ist nicht einer, wie ihn die Dichter erzählen, denn diese erzählen Märchen. Er ist vielmehr ein wissenschaftlicher Mythos.

Neben der Astronomie gibt es noch ein weiteres Gebiet, wo mathematische Gesetze gelten: Die Harmonielehre. In ihr wird gezeigt, wie der Quintenzirkel die Tonleiter erzeugt, wobei der Quinte das Zahlenverhältnis 3:2 zukommt. Darum ist auch die Harmonie himmlisch. Nach Plato entstehen dementsprechend die Planetenbahnen durch harmonische Teilung der Ekliptik in Himmelskreise.

Diese platonische Schau bildet den Hintergrund der griechischen Astronomie seit Eudoxos[2] bis zu den Zeiten des Ptolemaeus[3], 500 Jahre später. Immer ist die Astronomie mit Mathematik und Harmonielehre sowie mit der Horoskopie verbunden. Denn die Planetenbewegung ist das Kreisen der göttlichen Vernunft, die unser Leben lenkt. Darum hat Ptolemaeus nicht nur den Almagest verfaßt, in dem die Ergebnisse von 500 Jahren astronomischer Forschung zusammengefaßt sind, er hat auch eine Harmonielehre geschrieben, welche unsere Hauptquelle für die griechische Musiktheorie bildet, und er verfaßte ein Lehrbuch der Horoskopie. Gegen die Wende unserer Zeitrechnung sind

---

[2] Eudoxus von Knidos (ca. 390–340 v. Chr.), Mathematiker und Astronom, stand Plato nahe.
[3] Cl. Ptolemaeus (2. Jh. n. Chr.) war Astronom.

nun, wenigstens den gebildeten Menschen, die alten Götter und ihre Mythen immer unglaubhafter erschienen. Da ist von vielen jene kosmische Vision des Plato als neue Religion ergriffen worden: Das ist die kosmische Religion der Antike, die Festugière in einer großartigen Studie geschildert hat.[4]

Die Nachfahren Platos haben seine Lehre schon früh als neue religiöse Offenbarung verstanden. Auch die platonische Astronomie, so wie sie Eudoxos ausgebildet hat, hat man religiös gedeutet. In diesem Sinne ist sie, um 250 v. Chr., durch Aratos dichterisch dargestellt worden.[5] In seinem berühmten Gedicht finden sich die Sätze: «Alles ist von Zeus erfüllt, alle Straßen und Plätze, wo Menschen sich versammeln, und auch das weite Meer mit seinen Häfen. Wo wir auch gehen, immer sind wir von Zeus abhängig. Denn wir sind von seinem Stamm, und er hat uns die Zeichen am Himmel gesetzt, indem er die Sternbilder voneinander schied.» Paulus hat diese Stelle in seiner Predigt zu Athen zitiert, um zu bekräftigen, daß sein Wort «Gott ist nicht fern von uns, denn in ihm leben wir, bewegen wir uns und sind wir» eine altbekannte Wahrheit ausspreche.

Daß das astronomische Denken zugleich als religiöses Denken empfunden wurde, folgt auch aus den Worten des älteren Plinius, wenn er vom Astronomen Hipparch sagt, er sei nicht hoch genug zu preisen, denn niemand habe wie er die Verwandtschaft der Sterne mit den Menschen bezeugt. Hipparch ist der bedeutendste antike Astronom. Er lebte im 2. Jh. v. Chr. und entdeckte die Präzession der Aequinoctien. Auch hat er einen kritischen Kommentar zu eben jener Dichtung des Aratos verfaßt.

Zeus, von dem Aratos spricht, das ist der blaue Himmel, der Äther, der die ganze Welt erfüllt. In ihm bewegen sich die Sterne aus freiem Antrieb und nach ewigen Gesetzen, die der Ausdruck der göttlichen Vernunft sind. Weil sie sich aber nach ewigen Gesetzen bewegen, so ist auch hienieden alles von Ewigkeit her bestimmt – für uns gibt es keine Freiheit. Damit führt die kosmische, wissenschaftliche Religion zum Astralfatalismus. Die

---

[4] Le R. P. O. P. Festugière: La Révélation d'Hermes Trismégiste. Vol. II. Le Dieu Cosmique (Paris 1949).
[5] Aratos von Soloi (ca. 310–245 v. Chr.) schrieb ein astronomisches Lehrgedicht, das in lateinischer Übersetzung erhalten ist.

Gestirnsgötter sind unfühlend, und dem Menschen bleibt nichts übrig, als sich stoisch mit seinem, seit Ewigkeit bestimmten Geschick abzufinden. Auf die Dauer bot aber eine solche Religion den Mühseligen und Beladenen keinen Trost. Die Menschen seufzten nach Erlösung vom Zwang der Gestirne. So drangen denn aus dem Osten zahlreiche, teils höchst abergläubische Erlösungsreligionen ins römische Reich ein. Der Versuch, die Religion wissenschaftlich zu begründen, war gescheitert, das wissenschaftliche Denken wurde mehr und mehr durch Aberglaube und Magie verdrängt.

Es ist nun merkwürdig, daß, als um 1600 die Wissenschaft aufs neue erwachte, sie wieder von kosmisch-religiösen Phantasien begleitet wurde. Diese haben sich den Gelehrten teilweise spontan aufgedrängt, teils stammen sie aber nachweislich aus der Antike.

Die Pioniere des neuen Denkens haben ihre neue Lehre in Opposition gegen die scholastisch-aristotelische Naturphilosophie der Universitäten entwickelt. Sie wollten aber keine Neuerer sein. Sie betonten vielmehr, daß ihre Lehre genau so altehrwürdig sei wie die der Gegner. Und da sie sich ebenfalls auf einen großen Meister berufen wollten, fanden sie ihn in Plato. Unter platonischer Philosophie hat man damals vielerlei verstanden. Man war der Ansicht, in ihr seien Reste jener Weisheit enthalten, die schon Noah nach der Flut empfangen habe, die auch Moses bekannt war und dem dreimal großen Hermes. So fand man nicht nur bei den Platonikern, man fand auch in der Bibel Sätze, auf die man sich berufen konnte. Aber die Religion, die so entstand, ist nicht die kosmische Religion der Antike. Denn daß die Sterne göttlich, oder gar Götter seien, das glaubte man nicht mehr. Die Welt ist ja vom Einzigen und Allmächtigen Gott geschaffen, und dies geschah offenbar nach mathematischen Prinzipien; darum ist Gott der große Mathematiker oder vielmehr Geometer, wie man damals sagte. Ich möchte Ihnen diese Anschauungen durch einige Zitate deutlich machen.

Kepler hat am 10. April 1599 an Herward geschrieben:

«Für Gott liegen in der ganzen Körperwelt stereometrische Gesetze, Zahlen und Verhältnisse vor. Diese Gesetze liegen innerhalb des Fassungsvermögens des menschlichen Geistes. Denn was steckt im Menschengeist außer Zahlen und Größen? Diese allein erfassen wir in richtiger Weise, und zwar ist dabei unser Erkennen von der gleichen Art wie das Göttliche. Nur Toren fürchten, daß wir damit den Menschen zu einem Gott machen. Denn die Ratschlüsse Gottes sind unerforschlich, nicht aber seine körperlichen Werke.»

An Heydonus in London hat er 1605 geschrieben:

«Dem Ptolemaeus war der Schöpfer der Welt unbekannt. Daher hat er nicht über das Urbild der Welt nachgedacht, das in der Geometrie, vor allem bei dem ganz großen Philosophen Euklid zu suchen ist. Wir wissen, daß die Welt erschaffen und in einer bestimmten Größe gemacht worden ist. Die geometrischen Figuren sind Vernunftdinge. Die Vernunft ist ewig. Also sind die geometrischen Figuren ewig und waren von Ewigkeit her im Geiste Gottes. Die Quantitäten sind also der Archetypus der Welt. Wenn Gott bei der Weltschöpfung Geometrie getrieben hat und die Seelenvermögen Abbilder Gottes sind, so treiben auch die Seelenvermögen Geometrie. Sie setzen das Werk fort, dessen Anfang die Schöpfung war.»

Galilei war ein ganz anderer Mann als Kepler. Doch auch er hatte die Überzeugung, daß Gott die Welt nach mathematischen Prinzipien geschaffen habe, und daß in seinem Geiste alle mathematischen Sätze stets gegenwärtig seien. Für Galilei ist die Welt das Werk, die heilige Schrift das Wort eines und desselben Gottes. Der heilige Geist bequemt sich im Wort dem Denken der Menschen an. In seinem Werk aber nimmt Gott auf das menschliche Verständnis keine Rücksicht. Diese Offenbarung ist in mathematischer Schrift geschrieben, die wir lernen müssen, wollen wir den Schöpfer in seinen Werken erkennen. Noch Newton, der achtzig Jahre jünger war als Galilei, hat ganz ähnlich gedacht. Am Schluß seiner Optik hat er in der dritten Auflage, die er gegen Ende seines langen Lebens herausgab, geschrieben: «Wenn die Naturwissenschaften, in allen ihren Teilen, schließlich vollendet sind, dann werden auch die Grenzen der moralischen Wissenschaften erweitert sein. Denn in dem Maße, wie uns die Naturwissenschaften lehren, was der erste Grund ist, welche Macht er über uns hat und welche Wohltaten wir von ihm empfangen, in dem Maße wird uns auch im Lichte der Natur deutlich werden, welche Pflicht wir ihm gegenüber, wie auch gegeneinander haben.»

Auch Newtons Gott ist der große Geometer. Durch seine Allgegenwart und Ewigkeit erzeugt er den absoluten Raum und die

Zeit. Das war die Lehre Newtons. Als Beweis zitiert er Bibelstellen, so auch jenes Wort des Paulus, das ich schon einmal angeführt habe: «In ihm leben wir, bewegen wir uns, und sind wir.»

Daß der Raum der göttlichen Allgegenwart entspringe, hat Newton schon als Student geglaubt. Diese Lehre ist damals viel diskutiert worden. Der berühmte Cambridger Platoniker Henry More (1614–1687) hat sie vertreten, und auch Otto v. Guericke, der Bürgermeister von Magdeburg[6], hielt sie für höchst erwägenswert. Auch für ihn war der Raum etwas Göttliches, Wunderbares, das er erforschen wollte. Und darum hat er seine berühmten Versuche über das Vakuum angestellt.

Newton und viele seiner Zeitgenossen glaubten somit, daß die mathematische Physik zu einer wahren und tiefen Gotteserkenntnis führen werde. Sie ist daher für diese Forscher eine wissenschaftliche, natürliche Theologie. Freilich, diese Theologie war keineswegs orthodox und wurde daher mehr angedeutet als ausgesprochen. Newton selber hat, wie aus nachgelassenen Aufzeichnungen deutlich wird, die orthodoxe Dogmatik abgelehnt. Seine theologischen Schriften sind durchaus polemisch und sollen dem Nachweis dienen, daß die römische Kirche schon sehr früh, aus machtpolitischen Gründen, die reine und einfache Lehre Jesu verfälscht hat, und sie durch unverständliche Dogmen ersetzte, wie z. B. das von der Dreieinigkeit. Obwohl er ein sehr frommer Mann war, so nähert sich seine Religiosität doch sehr stark dem Deismus.

Das religiöse Denken dieser Physiker und Astronomen hat Ähnlichkeit mit der kosmischen Religion des Altertums. Aber der Unterschied ist doch beträchtlich. Die Sterne sind jetzt keine Götter mehr, sie sind Himmelskörper. Göttlich ist dagegen der Raum und damit die Geometrie. Der Schöpfergott hat die Welt nach geometrischen, mathematischen Prinzipien erschaffen. Darum offenbaren sich in den mathematischen Naturgesetzen die Schöpfungsgedanken Gottes.

Diese Religion gewinnt ihre Überzeugungskraft aus dem Glauben in die Göttlichkeit der Mathematik. Im 18. Jh. hat aber die Mathematik mehr und mehr ihre religiös-symbolische Kraft

---

[6] Otto von Guericke (1602–1686), Ingenieur und Bürgermeister von Magdeburg, schrieb: «Experimenta Nova Magdeburgica de Vacuo Spatio» (1672).

verloren. Es hat zwar bis ins 19. Jh., ja bis in unsere Zeit Mathematiker gegeben, für die Mathematik etwas Göttliches geblieben ist – man denke nur an Bernhard Bolzano (1781–1848), oder gar an Georg Cantor (1845–1918). Aber diese Denker, so bedeutend ihre Leistungen sind, waren Außenseiter. Darum mündet der Glaube eines Kepler, Galilei und Newton im Spinozismus, ja im Fatalismus. Die Welt erschien jetzt als riesige, nach mathematischen Gesetzen ablaufende Maschine, in der alles kausal determiniert ist. Der Weltschöpfer wird zu einer überflüssigen Hypothese, wie dies denn auch Pierre Simon de Laplace (1749–1827) gesagt haben soll.

Gegen Ende des 18. Jh. hat der Physikprofessor Lichtenberg in Göttingen[7] sich über diese Probleme Gedanken gemacht, und, was ihm einfiel, in seinen berühmten «Sudelbüchern» aufgeschrieben. Manche seiner Aphorismen sind sehr bekannt geworden, was uns aber nicht hindern soll, sie hier zu betrachten.

Ich will einige zitieren:

«Was, wie ich glaube, die meisten Deisten schafft, zumal unter Leuten von Geist und Nachdenken, sind die unveränderlichen Gesetze der Natur. Je mehr man sich mit denselben bekannt macht, desto wahrscheinlicher wird es, daß es nie anders in der Welt hergegangen ist, als es jetzt darin hergeht, und daß nie Wunder in der Welt geschehen sind, so wenig als jetzt. –

Ist denn wohl unser Begriff von Gott etwas anderes als personifizierte Unbegreiflichkeit? –

Wenn ich Krieg, Hunger, Armut und Pestilenz betrachte, so kann ich unmöglich glauben, daß alles das Werk eines höchst weisen Wesens sei; oder es muß einen von ihm unabhängigen Stoff gefunden haben, von welchem es einigermaßen beschränkt wurde. –

Das Gute und Zweckmäßige in der Welt geht unaufhaltsam fort. Wenn es daher in der menschlichen Natur liegt, daß z. B. die christliche Religion wieder einmal zu Grunde geht, so wird es geschehen, man mag sich da widersetzen oder nicht. – Nur ist es schade, daß gerade wir Zuschauer sein müssen, und nicht eine andere Generation.»

Aus diesen Worten geht deutlich hervor, daß für Lichtenberg

---

[7] vgl. S. 92.

die Naturwissenschaften ihren religiösen Symbolgehalt verloren haben. Sie haben aber zugleich auch denjenigen der christlichen Religion ausgehöhlt. Diesen Vorgang sah Lichtenberg als naturnotwendigen Entwicklungsprozeß, der freilich in eine Krise führt: Schade, daß gerade wir Zuschauer sein müssen...!

Lichtenberg wußte aber mehr. Denn er schreibt ferner:

«Der Glaube an Gott ist ein Instinkt, er ist dem Menschen natürlich, wie das Gehen auf zwei Beinen; modifiziert wird er freilich bei manchen, bei manchen gar erstickt; aber in der Regel ist er da und ist zur inneren Wohlgestalt des Erkenntnisvermögens unentbehrlich.» Zudem hat er, obwohl Physikprofessor und skeptischer Rationalist, dank seiner psychologischen Einsicht ein bemerkenswert gutes Verhältnis zu seinem Unbewußten. Er kannte die Grenzen der Vernunft und war darum bereit, auch seine unvernünftigen, wenn man will, abergläubischen Regungen ernst zu nehmen. In den «Sudelbüchern» hat er Träume aufgeschrieben, die beweisen, daß die Nachtseite seines Bewußtseins, mit der er die dunklen Regungen seiner Seele wahrnahm, teil hatte an seiner bewundernswerten Intelligenz.

Im 19. Jh. ist den meisten Naturforschern der Glaube an den mathematischen Weltschöpfer abhanden gekommen. Sie verloren aber auch jene Kenntnis der Seele, die für die Großen des 18. Jh. so typisch ist. Ich darf vielleicht hier Voltaire (1694–1778) zitieren, der ja den Geist des 18. Jh. wie kaum ein zweiter verkörpert hat. Zu einem Brief vom 10. Mai 1764 schreibt er: «Ich bin furchtbar schwach, und meine Seele, die ich Lisette nenne, fühlt sich gar nicht wohl in meinem ausgemergelten Körper. Da sage ich dann zu Lisette: ‹Komm Lisette, sei doch froh wie die Lisette meines Freundes.› Sie antwortet, da könne sie nichts dazutun, denn dem Körper müsse es wohl sein, wenn es ihr wohl sein soll. ‹Pfui Lisette›, sagte ich, ‹wenn du so redest, glaubt man ja, du seiest körperlich.› ‹Dafür kann ich nichts›, hat Lisette geantwortet, ‹ich gestehe meine Not, und behaupte nicht etwas zu sein, das ich nicht bin.› Ich führe öfters solche Gespräche mit Lisette.» Diese Kunst, sich mit seiner Lisette zu unterhalten, ging verloren. Aber im Hintergrund der Seele blieb das religiöse Bedürfnis wirksam, denn es ist ja, wie Lichtenberg gesagt hat, zur Wohlgestalt des Erkenntnisvermögens unentbehrlich.

Nun redet schon Lichtenberg, wie wir eben gehört haben, davon, daß das Gute und Zweckmäßige in der Welt unaufhaltsam fortgehe. Darin kündet sich der Glaube an eine fortschreitende Entwicklung der menschlichen Natur an. Dieser Glaube hat im 19. Jh. geradezu religiösen Charakter angenommen. Die unaufhaltsame Entwicklung, der Fortschritt, ist keine physikalische, sondern eine biologische Idee. Ich kann hier nicht schildern, wie diese Idee sich langsam ausgebreitet hat, und vom Geist der Menschen Besitz ergriff. Es ist aber wichtig einzusehen, daß sie erst in neuerer Zeit überhaupt entstehen konnte. Noch die Generation Newtons, die Ende des 17. Jh. lebte, glaubte allgemein, die Welt sei vor ungefähr sechstausend Jahren aus dem Nichts geschaffen worden samt Bergen, Flüssen, Meeren, Pflanzen und Tieren, so wie wir sie auch heute kennen. Die von Gott erlassenen Naturgesetze schlossen eine eigentliche Entwicklung aus, sie waren ja unveränderlich. Auch erwartete man, daß die Welt, so wie sie entstanden, früher oder später zugrunde gehen werde. Nun dachte man sich freilich zugleich die Naturgesetze als ewig. Darum dämmerte im 18. Jh. der Gedanke auf, die Welt könnte sehr wohl viel älter sein, vielleicht hunderttausend Jahre alt. Aber erst die geologischen und paläontologischen Forschungen des 19. Jh. haben die Einsicht gebracht, daß die Weltgeschichte Jahr-Milliarden zählt, und daß in diesen Zeiten ungeheure klimatische, geologische und biologische Wandlungen vor sich gegangen sind. Schließlich hat Darwin an einem riesigen biologischen Material dargetan, daß auch die Tierarten sich in den geologischen Zeiten entwickelt haben: Aus den niederen Arten sind die höheren, zuletzt der Mensch, entstanden. Diese Entwicklung galt als Fortschritt und ist es auch, wenn man das Wort «Fortschritt» recht versteht. Durch wissenschaftliche Methoden war dieser Fortschritt nachgewiesen, und so schloß man, daß durch wissenschaftliche Methoden der Fortschritt auch erzeugt werden könne. Dieser Schluß ist zwar unlogisch und unwissenschaftlich, aber er leuchtete ein. Denn der Entwicklungsgedanke war, ganz unabhängig von den Naturwissenschaften, auch von Philosophen ergriffen worden. Im Hegel-'schen System mit seiner Selbstbewegung des Geistes und seiner Dialektik treibt er die sonderbarsten Blüten. Daraus ist dann bekanntlich die Marxistische Dialektik entstanden, auch sie ist eine Entwicklungsreligion auf wissenschaftlicher Grundlage. Doch uns interessieren zunächst die Naturwissenschaften, nicht die materialistische Dialektik.

In der zweiten Hälfte des 19. Jh. gab es Bestrebungen, auf biologisch-naturwissenschaftlicher Grundlage eine atheistische Religion zu errichten, die man «Monismus» nannte. Der berühmteste Prophet dieser Bewegung war der große Zoologe Ernst Häckel (1834–1919). Doch auch der Psychiater und Entomologe Auguste Forel (1848–1931), der physikalische Chemiker Wilhelm Ostwald (1853–1932) und auch der Alpengeologe Albert Heim haben ähnliche Ideen vertreten. Diese Männer waren alle von einem hohen Idealismus beseelt. Sie fühlten lebhaft die Nöte der Zeit, und sie erkannten ihre soziale Verantwortung. Für Volksbildung, für bessere soziale Hygiene, für geschlechtliche Sauberkeit und gegen die Trunksucht haben sie gekämpft; keineswegs ohne Erfolg. Albert Heim haben die Älteren unter uns noch gekannt, wie er, ein kleiner Mann mit schwarzer Pelerine und großem Hut, mit weiß wallendem Haar und Bart, mit einem dicken Bergstock und begleitet von seinem Rudel Neufundländerhunden, leicht hinkend durch Zürichs Straßen eilte. Eine rübezahlartige Gestalt, die die Kinder gelegentlich für den lieben Gott oder wenigstens für den Samichlaus hielten.

In jüngeren Jahren – er ist uralt geworden – muß eine gewaltige, geradzu hypnotische Kraft von ihm ausgegangen sein. Er war nicht nur ein begeisternder Lehrer. Selber Abstinent, betreute er Alkoholiker und hatte Erfolg, wo die Ärzte versagten. Er war in der Schulpflege und hat sich besonders für die Kindergärten interessiert. Er gründete den Verein für sittliches Volkswohl. 1900 hat er zweimal hintereinander im Schwurgerichtssaal vor 700 Studenten über die sexuelle Frage einen sensationellen Vortrag gehalten – zum Entsetzen seiner Kollegen, die fragten, ob ein Geologe so etwas dürfe. Als Vorstand des Vereins für Feuerbestattung hat er die Anschrift des 1915 eröffneten Krematoriums im Sihlfeld verfaßt: «Flamme löse das Vergängliche auf, befreit ist das Unsterbliche.»

So also war ein Mann, der mit religiöser Inbrunst an den Fortschritt glaubte. Wir müssen gestehen, er war eine imposante Gestalt. 1915 aber, da war der Weltkrieg schon ausgebrochen, und nun sollten Jahrzehnte des Schreckens folgen, die wohl in vielen den Glauben an den Fortschritt erschüttert haben.

Damit bin ich mit meinem Gang durch die Geschichte bis in unsere Zeit gelangt. Jetzt will ich zurückblicken und versuchen, aus den Erscheinungen einige allgemeine Regelmäßigkeiten herzuleiten.

Die Menschen – des Altertums oder auch des frühen Mittelalters – lebten in einer mythischen Welt. Götter, Heroen und Wundertäter lebten mit ihnen. Die heilige Überlieferung berichtete von einer Welt, die sie als gegenwärtig empfinden konnten. Doch nun entsteht – oder erwacht – die Aufklärung, das wissenschaftlich-kritische Denken. Dieses betrachtet die Gegenwart und findet in ihr jene Zeichen und Wunder nicht, von denen die Mythen reden. Zunächst schließt man daraus, daß Zeichen und Wunder der Vergangenheit angehören, einer goldenen Zeit, in der die Welt noch jung war. Mehr und mehr wird aber diese Zeit, von der es heißt: «es war einmal», als Märchenwelt empfunden. Doch Zeichen und Wunder muß es dennoch geben, und wer sucht, der findet. Der wissenschaftliche Geist, der die alten religiösen Formen zersetzt hatte – oder der entstand, weil sich diese Formen zersetzten – wer kann hier die Ursache und Wirkung trennen? –, er fand die Zeichen am Himmel, oder er fand sie im Raum. Dieser ist durch den allgegenwärtigen Geometer Gott «konstituiert», wie Newton sagte, und in ihm laufen die Naturvorgänge nach mathematischen Gesetzen ab, die Gott angeordnet hat. So entstand eine wissenschaftliche Religion. Aber kaum, daß die erste Wonne der Entdeckung vorüber war, so verblaßten die neu gefundenen Symbole. Die letzte dieser wissenschaftlichen Religionen ist die Entwicklungs- und Fortschrittsreligion, die in verschiedenen Formen heute lebendig ist, und eben weil sie lebendig ist, von ihren Gläubigen gar nicht als Religion empfunden wird, sondern als wissenschaftliche Wahrheit.

Der mythologischen Religion, bei der Götter in Menschengestalt auf Erden wandeln, und der wissenschaftlichen Religion, in der sich der Mensch den ewigen Gesetzen unterwirft – wer es nicht tut, ist ein Reaktionär, der wider den Stachel löckt –, ist gemeinsam, daß ihre Symbole in der körperlichen Außenwelt angeschaut werden. Die Sterne sind Außenwelt, der Raum ist Außenwelt und in ihm bewegen sich nach mathematischen Gesetzen die Körper. Die Entwicklung ist körperliche Entwicklung, materialistische Dialektik. An den Fortschritt glauben heute die Menschen in Ost und West, an den äußeren, den technischen, den gesellschaftlichen Fortschritt. So sagt auch Mao Tse-tung: «Die Welt schreitet vorwärts, die Zukunft ist glänzend, und niemand kann diese allgemeine Tendenz der Geschichte ändern.»

Natürlich gibt es Zweifel, selbst unter den Gläubigen; denn es gibt keinen Glauben ohne Anfechtung.

Die wissenschaftliche Kritik zersetzt zwar immer wieder die äußeren Symbole. Daß diese etwas inneres oder jenseitiges meinen, haben einzelne zwar erkannt. Aber im allgemeinen wird das Heil stets erneut außen gesucht; heute eben im Fortschritt.

Eine der großen Stützen des Fortschrittsglaubens ist der wissenschaftliche Fortschritt, denn dieser ist nicht zu bestreiten. Freilich wird er meistens mißverstanden. Die Entwicklung der Wissenschaften ist nämlich ungeheuer konservativ. Was die früheren Generationen als gültig erkannt haben, muß ja in jeder neuen Wandlung immer gültig bleiben. Man hat zwar, nach der Entdeckung der Relativitäts- und Quantentheorie, mit Emphase von einer Revolution in der Physik gesprochen. Doch diese Reden sind oberflächlich; denn die großen Theorien der klassischen Physik bilden die unentbehrliche Grundlage der neuen Entwicklung, und sie sind als praktisch höchst wichtige Grenzfälle auch in der neuen Theorie erhalten geblieben. So bleibt wahr, was C. F. Meyer den Chor der Toten singen läßt:

> «Und was wir an gültigen Sätzen gefunden
> Dran bleibt aller irdische Wandel gebunden.»

Der Fortschritt der Wissenschaft ist nicht revolutionär, nicht progressiv und auch nicht dialektisch im Sinne Hegels. Dessen Selbstbewegung des Weltgeistes, der ganz aristotelisch nur sich selber denkt, ist keine wissenschaftliche sondern eine religiöse Idee. Den meisten, die an den Fortschritt glauben, ist es nicht bewußt, daß es sich hier um eine Religion oder a u c h um Religion handelt. Das religiöse Anliegen ist ihnen unbewußt, und sie halten sich darum für Atheisten. Sie glauben lediglich, wissenschaftlich und fortschrittlich zu denken. Infolgedessen wird in wissenschaftliche Begriffe und Ideen, ja in die Technik, ein religiöser Gehalt projiziert, wodurch diese Begriffe eine magische Bedeutung erlangen. Das äußert sich in einer wahren Bezauberung der Menschen durch den wissenschaftlichen Fortschritt und in einem gewaltigen, teilweise durchaus sinnlosen Betrieb. Das wird zwar peinlich empfunden, doch weiß niemand, was dagegen zu tun wäre. So sucht man nach neuen Wissenschaften, die dazu helfen sollen, dies scheinbar autonome Geschehen erneut magisch zu bewältigen. Wir sind also tatsächlich in der Lage des Zauberlehrlings, der die Geister, die er rief, nicht mehr los wird.

Magie ist eine besondere, primitive Form der Religion. Da die Fortschrittsreligion magisch ist, so stellt sie, auf religiöser Ebene, einen Rückschritt, eine Regression dar, und das ist sehr gefährlich. Das wissenschaftliche Denken ist ein kostbares Gut. Niemand wird bestreiten, daß es ohne Wissenschaft und Technik unmöglich ist, Milliarden Menschen, die die Erde bevölkern, zu ernähren und ihnen ein menschenwürdiges Dasein zu verschaffen. Das ist schon immer so gewesen, denn Landwirtschaft und Viehzucht, das sind wissenschaftliche Techniken, die sich der Mensch, freilich schon vor Jahrtausenden, erworben hat. Ebenso gibt es seit je Gesetze und Ordnungen, die das soziale Zusammenleben ermöglichen: Auch das sind Wissenschaften, die der Rechtskundige mit Vernunft zu verwalten hat. Das wissenschaftliche Denken soll uns aber auch zur Einsicht führen, daß unsere Erkenntnismöglichkeiten sehr beschränkt sind. Wenn aber die Wissenschaft unbewußt zu einer neuen Mythologie wird, führt sie im Gegenteil zur Hybris, zur Inflation und zur Besessenheit durch autonome Komplexe. So aber hat Galilei, der am Anfang der neueren wissenschaftlichen Entwicklung steht, seine Wissenschaft nicht verstanden. Er hat gesagt: «Die eitle Einbildung, man könne alles begreifen, kann nur darauf beruhen, daß man nie etwas begriffen hat. Denn wer nur einmal eine einzige Sache ganz verstanden hat, wer wahrhaft geschmeckt hat, wie man Wissen erwirbt, der weiß auch, daß er von der Unendlichkeit anderer Wahrheiten nichts versteht.» («Dialogo» 1. Tag)

Wer so die Beschränktheit der Wissenschaft einsieht, eben weil er weiß, was es heißt, etwas wirklich zu verstehen, der steht wohl kaum in Gefahr, die Wissenschaft als Religion zu mißbrauchen. Es ist nämlich Mißbrauch wissenschaftlicher Begriffe, aus ihnen, bewußt oder unbewußt, religiöse Symbole zu entwickeln, und ihre Termini als Macht- und Zauberworte zu gebrauchen. Die Idee der Komplementarität z. B. soll uns die Quantentheorie begreiflich machen. Gewiß rührt diese Idee an den Archetypus der Coniunctio Oppositorum. Aber der Archetypus folgt nicht aus der Komplementarität, er kann aus ihr nicht wissenschaftlich begründet werden, er ist in ihr nicht enthalten. Wer dies glaubt, der projiziert den Archetypus in die wissenschaftliche Idee. Wer auf solche Weise aus wissenschaftlichen Begriffen weltanschauliche oder religiöse Ideen entwickelt, macht sich ein Götzenbild, jenem gleich, von dem der Prophet Jeremia sagt: «Mit Nagel und Hammer macht man es fest, daß es nicht wackle.» (Jerem. 10,4)

Wir dürfen von der Wissenschaft keine religiöse Erleuchtung erwarten. Denn dann werden wir schließlich das bescheidene Lichtlein vernünftig-kritischen Denkens verwerfen, weil es nur schwach leuchtet. Damit aber wird die Desorientierung größer werden denn je.

Die Bedeutung der Jungschen Psychologie für die exakten Wissenschaften
(1975)

Meine Damen und Herren,

ich möchte in dieser Vorlesung über die Bedeutung der Jungschen Psychologie für die exakten Wissenschaften sprechen.

Daß unsere Zeit durch die praktischen Ergebnisse der Wissenschaften mächtig geprägt ist, brauche ich nicht weiter auseinanderzusetzen, das ist offensichtlich. Daß wir uns dabei vorkommen wie der Zauberlehrling, der die Geister, die er rief, nicht mehr los wird, ist ebenfalls jedem peinlich gegenwärtig.

Meine Damen und Herren, man redet oft in solch bildlicher Weise – wie z. B. ich gerade jetzt, wenn ich vom Zauberlehrling rede –, ohne viel zu denken, was das bedeutet. Ein Bild leuchtet ein, man findet es passend, und so braucht man es, um die Rede anschaulich zu machen. Aber wenn wir genauer bedenken, was unser Bild bedeutet, so müssen wir feststellen, daß wir nicht gewußt haben, wie wahr wir sprechen. Der Geist der Wissenschaft ist nämlich autonom und zwingt dem Menschen sein eigenes Gesetz auf. Dies vor allem dann, wenn der Mensch meint, die Wissenschaft sei doch von seinem eigenen Geist geschaffen, und dieser sei menschlichen Absichten und Wünschen dienstbar. Der Zauberlehrling aber muß mit Schrecken erkennen, daß die Geister, die er rief, seinen Absichten keineswegs dienstbar sind: Sie walten nach eigenen Gesetzen, was zu einer allgemeinen und katastrophalen Überschwemmung führt.

Um unsere Lage zu schildern, haben wir ein Bild gebraucht, das einem höchst schreckhaften Traum entstammen könnte. Und damit ist, wie ich hoffe, klargeworden, daß die Jungsche Psychologie in der Tat für die Wissenschaft von Bedeutung ist. Denn Carl Gustav Jung (1875–1961) hat uns gelehrt, wie solche märchenhafte oder mythische Träume gedeutet werden können.

Unsere Lage ist nun allerdings so gefährlich und zweifelhaft, daß Sie sicher nicht erwarten, ich könne sagen, was zu tun wäre. Ich bin kein Seher und Prophet – und ich bin auch kein Psychiater! Ich will aber versuchen, das, was ich angedeutet habe, näher zu begründen und zu erläutern. Dabei muß ich mich auf eigene Erlebnisse stützen. Von diesen will ich reden, damit Sie sehen, daß ich nicht nur spekuliere, sondern auch aus Erfahrung rede.

Diese Vorlesungen sollen daran erinnern, daß Jung, der heute hundert Jahre alt wäre, an unserer Schule als Lehrer tätig war. So habe ich ihn vor vierzig Jahren kennengelernt. Damals habe ich an der Universität an meiner Dissertation gearbeitet, und besuchte als Ausgleich zu dieser abstrakten und öfter entmutigenden Tätigkeit Jungs Seminar an der ETH. Anhand einer Traumserie eines kleinen Knaben – der Jung übrigens unbekannt war – hat er uns in die Traumdeutung eingeführt. Der Knabe träumte z. B. mit fünf Jahren folgendes:

«Da saß eine Frau, so eine böse Frau, war ganz aus Eisen; eine alte Frau, und hatte eine lange Schere, und ein Maschineli trieb sie aus Eisen: so. Die Mama war weggegangen, um Kommissionen zu machen. Da hab' ich Angst gehabt.»

Wie das Dornröschen begegnet hier der Knabe seiner Parze, dem eisernen Schicksal, das ihn aus der goldenen Kinderzeit ins unbarmherzige Leben führen wird. Um einen solchen Traum zu verstehen, brauchen wir nichts vom persönlichen Leben des Knaben zu wissen, denn er spricht eine allgemeine Wahrheit aus. Indem wir uns über solch merkwürdige Kinderträume den Kopf zerbrachen oder erfuhren, was Philosophen des Altertums, wie Synesius, über Träume gedacht haben, lernten wir Anfangsgründe der Psychologie. Vor allem aber lernten wir unseren Lehrer kennen. Ich war tief beeindruckt von der Gegenwart seines Geistes, von seiner Phantasie und von seinem Humor, mit dem er dem Ernst des Lebens und der menschlichen Unzulänglichkeit gegenübertrat. Und dabei war es ihm doch sehr ernst, und darum hat er auch unsere Bemühungen ernstgenommen. Es waren höchst lebendige Stunden. Jung behauptete nie, alles verstehen zu können. Er hat uns seine Auffassung nie als endgültige Theorie anempfohlen. Aber er hat uns davon überzeugt, daß er von Dingen rede, die der Erfahrung zugänglich sind.

Im Herbst 1936 bin ich als Forschungsassistent bei Pauli angestellt worden. Wolfgang Pauli war damals 36 Jahre alt und seit vielen Jahren ein berühmter Physiker. Er hat schon mit 19 Jahren den maßgebenden Übersichtsartikel über spezielle und allgemeine Relativitätstheorie verfaßt: Eine meisterhafte Leistung. So bedeutend nun aber das wissenschaftliche Werk Paulis schon damals war, wie ich sein Mitarbeiter wurde, sein Ruf war womöglich noch größer. Man betrachtete ihn geradezu als wissenschaftliches Orakel: Was er billigte, das galt, was er verwarf, war Unsinn. Er war in der Tat ein unerbittlicher Kritiker, sich selber und anderen gegenüber. Er war aber überdies eine sehr eindrucksvolle, ja eine dämonische Persönlichkeit. Diesen Mann nun hatten die Entdeckungen und Ideen Jungs tief beeindruckt. Seit meiner Assistentenzeit pflegte ich mit Pauli enge Beziehungen. Ich habe ihn regelmäßig getroffen, und wir führten einen Briefwechsel, der erst mit seinem Tode, 1958, geendigt hat. In diesen Briefen ist nun viel von der Bedeutung der Psychologie für die Physik die Rede. Denn Pauli erlebte immer aufs neue, welch geheime und bedeutende Wechselwirkung zwischen der unbewußten Seele und der physikalischen Gedankenwelt die Arbeit des mathematischen Physikers begleitet.

Ich glaube nicht, daß Pauli der einzige war, der solche Erlebnisse hatte. Aber sie sind ihm wohl deutlicher als anderen bewußt geworden, und er wußte besser als andere, was ihm geschah. Seine Kollegen haben das gespürt und ihn eben als Orakel oder als Magus betrachtet, der das erlösende Wort zu sprechen weiß. Ja man war davon überzeugt, daß geheimnisvoll-unheimliche Wirkungen von ihm ausgingen. Heute, wo er nicht mehr am Leben ist und wo die Jüngeren ihn nur noch durch Erzählungen kennen, hält man das, was der «Pauli-Effekt» genannt wurde, für Legende, aber damals war es Wirklichkeit.

Es scheint mir notwendig, Ihnen diese Dinge mitzuteilen und auf solche Weise auch die Person des Psychologen, des Physikers zu beschwören. Denn die Jungsche Psychologie ist eine solche der Persönlichkeit, des Individuums in seiner unverwechselbaren Einmaligkeit.

Ich habe gesagt, daß der Geist der Wissenschaft autonom sei. Wie erlebt dies nun ein theoretischer Physiker? Wir wollen annehmen, dieser sei nicht geradezu neurotisch oder gar verrückt, wenn auch dies zuweilen vorkommen mag. Ein solcher Theoretiker erlebt, daß von den mathematisch-physikalischen Gebilden eine mächtige Faszination ausgeht. Die Theorien entwickeln gleichsam ein eigenes Leben, nehmen die Phantasie und das Denken gefangen und zwingen uns, beinahe Tag und Nacht, an einem Problem zu arbeiten. Oder vielmehr, nicht wir arbeiten, sondern es arbeitet in uns, ob wir wollen oder nicht, und das kann bis zur Erschöpfung gehen. Es ist aber meist nicht so, daß aus dieser Besessenheit auch etwas entsprechend Bedeutendes entstünde. Man darf schon dankbar sein, wenn der Berg eine Maus gebiert. Oft gelangt man an gar kein Ziel, und das einzige Ergebnis ist ein gefüllter Papierkorb und eine große Niedergeschlagenheit. Die Lösung eines großen Problems, die Entdekkung einer fruchtbaren Theorie, das sind die seltenen Glücksfälle in einem Forscherleben, die nur wenigen zuteil werden; und auch diesen haben ihre Entdeckungen keineswegs immer Glück gebracht. Daß dem so ist, kann jeder wissen: Es ist eine wenig hoffnungsvolle Lage. Darum muß man wohl fragen: Was ist das Faszinosum, das einen Menschen immer von neuem antreibt, mit Anstrengung aller geistigen Kräfte eine vielleicht unlösbare oder gar eine unsinnige Aufgabe lösen zu wollen? Hier können uns die Schriften Jungs helfen, insbesondere die Studien, die in seinen beiden Büchern «Psychologie und Alchemie» und «Symbolik des Geistes» gesammelt sind.

Die alchemische Aufgabe, den philosophischen Schwefel und den Merkurius aus der Materie auszuziehen, daraus den Stein der Weisen herzustellen und die Metalle ineinander zu verwandeln, das war fürwahr eine unlösbare Aufgabe. Gewiß, das Ringen um das phantastische Problem hat viele Schwindler hervorgebracht. Aber keineswegs alle Adepten waren Schwindler. Jung hat überzeugend nachgewiesen, daß gerade die ernsthaften Alchemisten von einem Problem der Wandlung fasziniert waren, daß sie der Geist des Merkurius bezauberte, der freilich in die Materie projiziert war. Ich weiß nicht, aber mir scheint, als ob auch der Physiker von diesem merkurialischen Geist bezaubert würde.

Nun ist freilich die Physik keine Alchemie, und die Aufgaben, die sich der Theoretiker stellt, sind nicht alle gänzlich unlösbar. Wenn aber versucht wird, die ganze Welt mit mathematischphysikalischen Methoden zu erfassen, wenn die Methoden der exakten Wissenschaften auch die psychologischen, sozialen und politischen Probleme lösen sollen, dann freilich wird Unmögliches erstrebt. Die Methoden der exakten Wissenschaften sind keineswegs die einzigen, die einer vernünftigen und sinnreichen Erfahrungswissenschaft dienen können. Wer das nicht sehen kann, ist Opfer einer Verblendung. Zudem halte ich die in diesem Irrtum liegende Überschätzung der physikalischen Methode für verderblich.

Das Vorbild der exakten Wissenschaften ist nämlich die Physik, die sich auf Experimente gründet und die ihre Theorien mathematisch formuliert. Experimentelles Vorgehen und mathematische Theorienbildung gehören innig zusammen und bedingen einander. Die experimentelle Erfahrung ist ja von dem, was man im Leben Erfahrung nennt, sehr verschieden. Ein Experiment ist ein künstlich isolierter Naturvorgang, der unter kontrollierbaren und reproduzierbaren Bedingungen abläuft. Jedes Experiment muß darum geplant werden; man muß wissen, worauf es ankommt, was wesentlich ist. Ferner müssen mögliche Störungen des Experimentes, die vor allem davon herrühren, daß ein Vorgang niemals völlig isoliert werden kann, vorausgesehen werden, so daß man sie bei der Deutung der Versuchsergebnisse berücksichtigen kann. All das setzt eine Theorie voraus, die lehrt, was das Wesentliche an dem betrachteten Vorgang sei. Da man aber mit Hilfe des Experimentes auch Neues entdecken will, kann keineswegs alles geplant werden. Man muß auf Überraschungen vorbereitet sein. Darum ist Experimentieren eine Kunst. Der Experimentator muß intuitiv beurteilen können, ob der unerwartete Ausgang wirklich eine Eigenschaft des untersuchten Vorganges ist, oder ob sein Experiment durch systematische Fehler verfälscht wurde. Wem die nötige Kritik fehlt, der kann leicht das Opfer solcher Fehler werden; denn wie gerne möchte ein jeder einen neuen, unerwarteten Effekt entdecken! Je einfacher und durchsichtiger das experimentelle Vorgehen ist, desto eher wird man Fehler vermeiden. Zudem ist nur dann das Ergebnis theoretisch zu deuten. Die Theorie beschreibt alsdann den idealisierten, störungsfreien Vorgang, den auch der größte Experimentalkünstler nur annähernd verwirklichen kann.

Ist nun das Experiment gut durchgeführt worden, so kann es von jedermann, der die Regeln der Kunst befolgt, immer und überall, mit beinahe dem gleichen Ergebnis, wiederholt werden. In diesem Sinne sind die physikalischen Aussagen objektiv und allgemeingültig. Sie gelten auch für alle Zeiten. Wenn z. B. Galilei festgestellt hat: Der freie Fall auf der Erde ist – falls man vom Luftwiderstand abstrahiert – eine gleichförmig-beschleunigte Bewegung, so ist dies heute noch genauso richtig wie vor 350 Jahren, und es wird immer richtig bleiben. Ebenso werden z. B. die Maxwellschen Gleichungen, die Grundgleichungen des Elektromagnetismus, nie ihre Gültigkeit verlieren. Die Maxwellsche Theorie der Elektrodynamik, die auch die Lichttheorie, die Optik mitumfaßt, ist zwar heute schon über 100 Jahre alt, aber sie ist eine der grundlegenden physikalischen Theorien. Relativitätstheorie und Quantentheorie haben ihre Bedeutung nicht vermindert, sondern erhöht, und ihren Inhalt bereichert und vertieft. Die Objektivität und dauernde Gültigkeit der physikalischen Aussagen, die sich auch darin äußert, daß die klassischen Theorien den hauptsächlichen Inhalt der Hochschulvorlesungen ausmachen, muß jeden Physiker tief beeindrucken. Die Welt scheint einen mathematischen Aspekt zu besitzen, wie sich das schon Pythagoras erträumt hat. Die Mathematik entstammt freilich nicht der Außenwelt. Sie ist eine faszinierende geistige Schöpfung. Wie Hermann Weyl gesagt hat, entwirft die theoretische Physik mit ihrer Hilfe eine «symbolische Konstruktion»[1], in der die Weltstruktur, insofern sie mathematisch ist, ihren Ausdruck findet. Die mathematischen Objekte, die wir nicht erfinden, sondern entdecken, sind ideale Gebilde wie zum Beispiel der ideale Kreis. In der Außenwelt sind sie niemals verwirklicht. Aber die Kunst des Experimentators ermöglicht es, Vorgänge zu erzeugen, die mathematische Zusammenhänge wenigstens annähernd darstellen und darum auch mathematisch dargestellt werden können. Deshalb hat Pauli gesagt:[2]

«Theorien kommen zustande durch ein vom empirischen Material inspiriertes *Verstehen,* welches am besten im Anschluß an Plato als zur Deckung kommen von inneren Bildern mit äußeren Objekten und ihrem Verhalten zu deuten ist. Die Möglichkeit des Verstehens zeigt aufs neue das Vorhandensein regulierender, typischer Anordnungen, denen sowohl das Innen wie das Außen des Menschen unterworfen sind.»

---

[1] *H. Weyl,* Ges. Abhandlungen, Berlin, Heidelberg, New York 1968, Bd. IV, p. 289.
[2] *W. Pauli,* Aufsätze und Vorträge zur Physik und Erkenntnistheorie, Braunschweig 1961, p. 95.

Die typischen Anordnungen, von denen Pauli hier spricht, das sind die Archetypen Jungs, die in archetypischen Bildern Gestalt finden, und die auch den Gestalten zugrunde liegen, die der Mathematiker in seiner Weise entdeckt und darstellt.

Nimmt man die hier gegebene Beschreibung der theoretischen Physik ernst, so kann man die Physik als Methode betrachten, bei der archetypische Bilder in die Natur projiziert werden, und zwar, wie die Alchemisten sagten: vera imaginatione, non phantastica. Wahr, und keineswegs phantastisch ist die physikalische Imagination zunächst darum, weil inneres Bild und äußerer Vorgang sich wirklich in hohem Grad entsprechen. Nun war aber weiter für den Alchemisten die wahre Imagination dadurch gekennzeichnet, daß durch sie jener geheimnisvolle Wandlungsprozeß in der Materie zustande kommt, den zu erzeugen das Ziel des alchemischen Opus ist. Einen derartigen Einfluß kann nun freilich die physikalische Imagination auf die Außenwelt nicht ausüben. Aber gleichwohl ist unsere Umwelt durch das Wirken der Naturwissenschaften gewaltig verändert worden. Das geschah nicht durch magische, sondern durch technische Eingriffe in die Natur. Diese sind möglich, weil die physikalischen Gesetze bei ihrer praktischen Anwendung nicht versagen, so phantastisch auch manch technisches Vorhaben zunächst erscheinen mag. Die psychologische Seite dieses merkwürdigen Prozesses, den wir «physikalische Erforschung der Natur» nennen, ist nun freilich nicht leicht zu sehen, während der psychologische Charakter der Alchemie, seit Jung uns hierüber die Augen geöffnet hat, mit Händen zu greifen ist. Dies rührt teilweise daher, daß die Physiker in neuerer Zeit wenig von den Phantasien berichten, die ihre Arbeit begleiten, ja daß sie ihrer oft kaum bewußt werden. Vor allem aber ist in der physikalischen Theorie die Projektion des inneren Bildes auf den äußeren Vorgang dermaßen geglückt, daß niemand daran denkt, die Theorienbildung auch als Abbildung eines psychischen Vorganges in der Außenwelt aufzufassen. Es gibt allerdings auch immer verunglückte Theorien. Sie entsprechen der imaginatio phantastica der Alchemisten, also phantastischen Einbildungen, die zu nichts Rechten führen. Wenn aber das theoretische Denken noch in seinen spekulativen Vorstadien begriffen ist, dann sind inneres Bild und äußerer Vorgang noch nicht völlig zur Deckung gekommen. Man muß daher erwarten, daß in der Zeit, da die

physikalische Forschung im modernen Sinne noch in ihren
Anfängen stand, auch der psychisch-symbolische Charakter der
physikalischen Ideen deutlicher sichtbar sein wird. Und das trifft
denn auch zu. Darum hat Pauli dem Einfluß archetypischer
Ideen auf das physikalische Denken Keplers eine eigene Studie
gewidmet.

Aber auch in neuerer Zeit sind uns kostbare Dokumente sol-
cher Phantasien erhalten, die das physikalisch-mathematische
Denken begleiten, so zum Beispiel im Werke Bernhard Rie-
manns. Riemann war wohl der bedeutendste und phantasievoll-
ste Mathematiker seiner Generation, dem auch die theoretische
Physik entscheidende Anregungen verdankt. Er hat sich 1854 in
Göttingen habilitiert und bei dieser Gelegenheit, so wie dies
auch heute noch der Brauch ist, vor der Fakultät am 10. Juni eine
Probevorlesung gehalten. Unter den Zuhörern saß der «Fürst der
Mathematiker», der geheime Hofrat Gauß. Die Vorlesung hat den
Titel «Über die Hypothesen, die der Geometrie zugrunde liegen»[3], und in ihr skizziert Riemann in höchst genialer Weise
eine Verallgemeinerung der Geometrie, die wir heute die Riemannsche nennen. Die Vorlesung umfaßt kaum 15 Druckseiten,
enthält nur zwei mathematische Formeln, und doch gelingt es
Riemann, alle wesentlichen Punkte seiner weitreichenden geometrischen Ideen vollkommen klarzumachen. Der geheime
Hofrat Gauß war denn auch sehr tief beeindruckt. Riemann war
sich der physikalischen Bedeutung seiner geometrischen Spekulation wohl bewußt, und die Riemannsche Geometrie ist denn
auch 60 Jahre später die Grundlage von Einsteins allgemeiner
Relativitätstheorie geworden.

Nun hat sich in Riemanns Nachlaß ein Manuskript gefunden[4],
das im Jahr vor jener Vorlesung niedergeschrieben wurde. Es ist
durch die Worte «gefunden am 1. März 1853» datiert, was zeigt,
daß Riemann dem, was er gefunden hatte, einige Bedeutung
zumaß. Er sagt, der Zweck seines Aufsatzes sei, «jenseits der von
Galilei und Newton gelegten Grundlagen der Physik ins Innere
der Natur zu dringen». Und nun heißt es:

---

[3] *Riemanns* gesammelte mathematische Werke, ed. H. Weber, 2. Aufl., 1892,
   p. 272.
[4] Ebenda, p. 528.

«Der Grund der allgemeinen Bewegungsgesetze für Ponderabilien, welche sich im Eingange zu Newtons Principien zusammengestellt finden, liegt in dem inneren Zustande derselben. Versuchen wir aus unserer eigenen inneren Wahrnehmung nach der Analogie auf denselben zu schließen. Es treten in uns fortwährend neue Vorstellungsmassen auf, welche sehr rasch aus unserem Bewußtsein wieder verschwinden. Wir beobachten eine stetige Tätigkeit unserer Seele. Jedem Akt derselben liegt etwas Bleibendes zu Grunde, welches sich bei besonderen Anlässen (durch die Erinnerung) als solches kundgibt, ohne einen dauernden Einfluß auf die Erscheinungen auszuüben. Jedem Act unserer Seele liegt also etwas Bleibendes zu Grunde, welches mit diesem Act in unsere Seele eintritt, aber in demselben Augenblick aus der Erscheinungswelt völlig verschwindet.

Von dieser Thatsache geleitet, mache ich die Hypothese, daß der Weltraum mit einem Stoff erfüllt ist, welcher fortwährend in die ponderablen Atome strömt und dort aus der Erscheinungswelt (Körperwelt) verschwindet.

Beide Hypothesen lassen sich durch die Eine ersetzen, daß in allen ponderablen Atomen beständig Stoff aus der Körperwelt in die Geisteswelt eintritt. Die Ursache, weshalb der Stoff dort verschwindet, ist zu suchen in der unmittelbar vorher dort gebildeten Geistessubstanz, und die ponderablen Körper sind hiernach der Ort, wo die Geisteswelt in die Körperwelt eingreift.»

Nach dieser merkwürdigen Einleitung folgt der Versuch, eine neue Gravitationstheorie aufzustellen, der aber nicht weit gediehen ist. So ist das Manuskript ein Fragment geblieben.

Was ist nun aber die Bedeutung dieser «Einen Hypothese», nach welcher ein die Welt erfüllender Stoff in den Atomen verschwindet, weil dort Geistessubstanz gebildet wird? Diesen phantastischen Wandlungsprozeß wird man kaum als physikalische Vorstellung betrachten können. Nach unseren Begriffen handelt es sich überhaupt nicht um eine wissenschaftliche Hypothese. Wir können jedoch zu einem Verständnis kommen, wenn wir Riemanns Spekulation wie einen Traum zu deuten versuchen. Dabei werden wir uns der von Jung gelehrten Technik bedienen, die Phantasie Riemanns in ihren geistesgeschichtlichen Zusammenhang zu stellen, um so den Sinn des von ihm erschauten Bildes deutlicher zu machen.

Da stellen wir nun fest: Der Stoff, der den Weltraum erfüllt, ist offenbar der Weltäther. Dieser hat seit dem 17. Jahrhundert die Vorstellung von der Weltseele ersetzt. Im 16. Jahrhundert wurde die Weltseele als ein Agens aufgefaßt, das die Fernwirkungen zwischen den Körpern erzeugt, die man z. B. beim Magneten beobachten kann. Solche Fernwirkungen galten als sympathische und okkulte Wirkungen. Auch die Wirkung des Mondes auf das Meer, die Gezeitenwirkung, wurde als Sympathie des wäßrigen Gestirns zum Meer aufgefaßt. Die meisten hielten die Weltseele für eine unbewußte Seele, aber sie war ihnen das vereinigende und ordnende Prinzip in der Welt. Henry More, der im 17. Jahrhundert in Cambridge lebte, nannte sie darum «the Great Quartermaster General of the Universe». Doch redet er auch vom «low Spirit of the Universe», und mehr und mehr hat man diese Weltseele als einen Spiritus, als unwägbare Substanz, als ein «Imponderabile» aufgefaßt. Als solches hat der Äther bis zum Ende des 19. Jahrhunderts in der Physik eine geheimnisvolle Rolle gespielt.

Riemanns Hypothese läuft nun darauf hinaus, den materiellen Äther zum Verschwinden zu bringen und ihn wieder durch eine Seele oder einen Seeleninhalt, eine Geistessubstanz, zu ersetzen. Diese hat nicht im Raum, sondern in den Körpern ihren Sitz. Wird die Weltseele als Projektion der unbewußten Seele in die Welt betrachtet, so bedeutet die Hypothese oder Phantasie Riemanns, daß diese Projektion durchschaut werden sollte. Es scheint, daß diese gleichsam traumhafte Einsicht Riemann genügt hat, ihm den Weg zu einer neuen Auffassung des Raumes frei zu machen, die er dann ein Jahr später in seiner Probevorlesung geschildert hat.

Diese neue Raumtheorie hat schließlich zur Lösung der Aufgabe geführt, die Riemann vergeblich angegriffen hatte: die allgemeine Relativitätstheorie ist in der Hauptsache eine Gravitationstheorie auf geometrischer Grundlage, die Einstein 60 Jahre später auf den von Riemann gelegten Grundlagen errichtet hat. Und mit dieser Theorie ist auch die Vorstellung der Äthersubstanz aus der Physik tatsächlich verschwunden.

Doch nun entsteht nach Riemann, mit dem Verschwinden des Äthers, Geistessubstanz. Ja, der Äther verschwindet geradezu darum, weil unmittelbar vorher Geistessubstanz gebildet wurde. Während man nun das Verschwinden des Äthers zur Not als physikalischen Vorgang auffassen kann, ist das für die Bildung von

Geistessubstanz gewiß nicht möglich. Wenn wir nun auch diese Vorstellung wie ein Traumbild deuten, dann müssen wir beachten, daß Riemann den Terminus Substanz verwendet. Substanz ist das Bleibende in der Flucht der Erscheinungen, im Gegensatz zu den immer wechselnden Eigenschaften. Ich fasse dies auf als Hinweis auf eine neue Psychologie, die von der damals vorherrschenden Bewußtseinspsychologie verschieden ist. Denn Bewußtseinsinhalte sind flüchtig und immer wechselnd. Man könnte sie nicht als Substanzen bezeichnen.

Nun ist in der Tat, kurz bevor die Relativitätstheorie entstand, mit der schließlich der Äther aus der Physik verschwunden ist, die Psychologie des Unbewußten entstanden. Und gleichzeitig mit der Relativitätstheorie ist sie durch Freud und seine Schüler entwickelt worden. Es ist, wie wenn sich die Phantasie Riemanns als Prophezeiung bewährt hätte.

Da nun Riemann nicht irgendeiner war, sondern ein schöpferischer Geist, der der Wissenschaft neue Wege gewiesen hat, so müssen wir das, was er geahnt hat, ernst nehmen.

Sein Ziel war, «jenseits der von Galilei und Newton gelegten Grundlagen ins Innere der Natur zu dringen». Man kann aber nicht behaupten, daß auch die neueste Physik in ein Gebiet vorgestoßen sei, das jenseits jener Grundlagen liege. Auch die heutige Physik ruht auf den Grundlagen, die Galilei und Newton gelegt haben. Und es ist nirgends in der Physik von etwas die Rede, das man, auch mit bestem Willen, als Geistessubstanz bezeichnen könnte.

Die Wissenschaft, in der von dergleichen Dingen geredet wird und die auch tatsächlich jenseits der Grundlagen der Physik liegt, ist offenbar die Psychologie des Unbewußten. Das kollektive Unbewußte im Sinne Jungs, das man auch das «objektive Psychische» nennen kann, darf man wohl als die «Geistessubstanz» Riemanns betrachten. Es verdient den Namen Substanz, insofern sich seine Struktur in Generationen nicht merklich verändert hat. Freilich ist es nicht um 1900 entstanden. Aber es ist damals entdeckt worden, seine Wirkungen sind ins Bewußtsein getreten. Das «Entstehen der Geistessubstanz» deute ich somit durch die «Entdeckung des kollektiven Unterbewußten».

Jungs Psychologie des Unbewußten ist eine Erfahrungswissenschaft. Er trachtete, das zu beschreiben, was er fand, ohne sich auf das Errichten eines Hypothesengebäudes einzulassen.

Darum ist sein wissenschaftliches Vorgehen dem Physiker einleuchtend. Denn wir haben in der Physik von Newton gelernt, daß man keine Hypothesengebäude errichten soll, sondern daß man vielmehr die Erfahrung, so geordnet und systematisch, als es eben gehen will, beschreiben soll. Das ist der Sinn des berühmten Newtonschen Satzes: Hypotheses non fingo – ich erdichte keine Hypothesen.

Anders als die Physik handelt aber die Jungsche Psychologie nicht von künstlichen, reproduzierbaren Erscheinungen. Sie beschreibt die spontanen Erzeugnisse der Seele, die uns in Träumen, Phantasien und Einfällen entgegentreten. Diese erweisen sich als lange nicht so persönlich, wie man meinen könnte. Es gibt eine alte und ausgebreitete Literatur, die sehr vieles beschreibt, was wir in den Traumbildern moderner Menschen finden. Freilich muß man hier Bücher herbeiziehen, die heute meistens vergessen sind. Doch ist es nicht eine eigentlich obskure Literatur. Ein großer Teil der im 16. und 17. Jahrhundert gedruckten Bücher ist von dieser Art. Sie füllen unsere Bibliotheken, und ihre Urheber waren seinerzeit oft hochberühmte Gelehrte. Uns kommt das, was in diesen Büchern zu lesen steht, freilich sehr phantastisch vor, aber damals galt es als Naturwissenschaft. Man kann beweisen, daß die heutige Wissenschaft eben aus dem Denken, das in jenen Büchern seinen Ausdruck findet, herausgewachsen ist. Das ist der Triumph und ihr Fluch. Denn die Klarheit modernen wissenschaftlichen Denkens ist mit einer unglaublichen Einseitigkeit erkauft, die eben in seiner experimentell-mathematischen Methode begründet ist. Und doch ist auch die Wissenschaft eine Schöpfung der menschlichen Seele. Je heller nun das wissenschaftliche Denken geworden ist, desto dunkler und gefährlicher wurde das Reich des Unbewußten. Denn die exakte Wissenschaft ist nicht in der Lage, die Impulse und Gegenbewegungen, die aus dem Unbewußten das Bewußtsein erreichen, zu erfassen. Ihre Methode führt dazu, daß alles Derartige von vornherein entwertet und verdrängt wird. Bleiben aber die kompensierenden Inhalte unbewußt, so werden sie hemmungslos projiziert. Die Folge hievon ist, daß das wissenschaftliche Bewußtsein, das schon seiner Natur nach einseitig und unzureichend ist, nun noch geradezu verfälscht wird. Dies äußert sich z. B. darin, daß die kritische Gesinnung, die jede wissenschaftliche Tätigkeit begleiten muß, verlorengeht und durchaus phantastische und unbegründete Hoffnungen gehegt werden. Oder aber, der wissenschaftlich-technische Betrieb wird gänzlich autonom und kann nicht mehr vernünftig kontrolliert werden. All dies sind Folgen eines gestörten seelischen Gleichgewichts, die jeder spürt und als Verunsicherung und Desorientierung erlebt. Mit Sorgen betrachten die Menschen die autonom gewordene technische Welt und hoffen, durch weitere naturwissenschaftlich orientierte Forschung die drohenden Gefahren abwenden zu können. Dabei wächst die Desorientierung weiter, vor allem aber werden die destruktiven Tendenzen des Unbewußten immer größer. Das kann dann schließlich zu jener Überschwemmungskatastrophe, einer neuen Sintflut, führen, die uns im «Zauberlehrling» geschildert ist.

Es ist darum dringend nötig, auf Zeichen und Winke, die vom Unbewußten ausgehen, zu achten. Sie mögen seltsam und unverständlich erscheinen, aber sie stammen aus unserer eigenen Tiefe.

Wie heutzutage diese Zeichen der eigenen Tiefe gedeutet werden könnten, dazu haben die Forschungen C. G. Jungs den Weg gewiesen.

Die frühen Jahre der Royal Society of London
(1977)

Abschiedsvorlesung, gehalten an der ETH-Zürich am 15. Juni 1977

Im Jahre 1662, kurz nach der Restauration der Monarchie in England, hat König KARL II. durch königliches Diplom, Siegel und Wappen den damals in London tagenden wissenschaftlichen Klub zu einer juristischen Person erhoben: damit war «The Royal Society of London for the Improving of Natural Knowledge» gegründet.

Was war das für ein Klub? Wer gehörte ihm an und was war der Geist, aus dem heraus dieser Klub wissenschaftlich forschen wollte?

Das sind Fragen, die ich in dieser Vorlesung erörtern möchte. Dabei ist meine Absicht, Ihnen eine Vorstellung der geistigen Atmosphäre zu vermitteln, in der sich im 17. Jahrhundert die neuere Wissenschaft gebildet und ausgebreitet hat. Die Royal Society soll mir als Beispiel dienen, das im Besonderen das Allgemeine deutlich zu erkennen gibt. Denn das Allgemeine kann ja immer nur im Besonderen erkannt werden. Der Versuch, das Allgemeine gleichsam an sich beschreiben zu wollen, kann zwar zum Beispiel zu sehr schönen Theorien über das Wesen der Wissenschaft führen, man verliert dabei aber leicht die Einsicht in die lebendige Wirklichkeit. Diese fügt sich selten einer allgemeinen Theorie. Darum gelangt man so nicht nur zu keinen Einsichten, sondern gar oft zu ganz falschen Vorstellungen.

Die Wissenschaft ist von Menschen erfunden worden, und der Mensch ist ein höchst seltsames Wesen. Auch die Royal Society war eine Gesellschaft von Menschen. Darum werde ich Ihnen, wieder im Sinne von Beispielen, einige ihrer Mitglieder vorstellen.

Hier könnte man nun einwenden: Wenn du schon einzelne

Persönlichkeiten herausgreifst, um an ihnen den Geist jener Zeit darzustellen, warum wählst du nicht einen der Pioniere, einen GALILEI, einen KEPLER oder NEWTON? Gewiss, auch das könnte ich. Aber diese waren aussergewöhnliche Menschen, und so standen sie teilweise ausserhalb oder über ihrer Zeit. Da bildet jeder eine Welt für sich, ich möchte aber die Welt schildern, in der sie lebten und wirkten, eine Welt, die sie oft nicht verstehen konnte und ohne die sie dennoch nie gewesen wären.

Die Mitglieder, welche die Royal Society gebildet haben, waren meist keine grossen Forscher. Aber die Gesellschaft als Ganzes war dennoch ein aussergewöhnlicher Verein kenntnisreicher und phantasievoller Männer, von denen mancher Bedeutendes geleistet hat. Als Naturforscher haftet ihnen etwas Dilettantisches an. Aber es war ein Dilettantismus grossen Stils; und da alle in ihrer Art originell und sehr gebildet waren, war es auch ein geschmackvoller Dilettantismus – das ist viel und selten!

Da ich eine Vorlesung halte, möchte ich zunächst auf meine wichtigsten Quellen hinweisen. Grundlegend ist «The History of the Royal Society for the Improving of Natural Knowledge» von THOMAS SPRAT (1667).

Eine wesentliche Ergänzung hiezu ist das kleine Buch von MARGERY PURVER, «The Royal Society, Concept and Creation» (London 1967).

Wichtig sind ferner die beiden berühmten Tagebücher von JOHN EVELYN (1620–1706) und SAMUEL PEPYS (1633–1703). EVELYN gehört zu den Gründern der Gesellschaft, PEPYS ist ihr sehr früh beigetreten. Beide waren zwar keine Gelehrten, aber bedeutende Persönlichkeiten, und ihre Tagebücher sind sehr unterhaltend zu lesen und Quellen ersten Ranges.

Wer sich mit unserem Gegenstand weiter beschäftigen möchte, möge sich in diese Bücher versenken – es ist keine unabsehbare Lektüre und sie lohnt sich.

Über die damalige Geschichte Englands findet man Auskunft in «Oxford History of England», Bd. IX und X, welche das 17. Jahrhundert behandeln, oder in der immer noch vortrefflichen «Englischen Geschichte» LEOPOLD VON RANKES.

Ich will Ihnen nun zunächst das Buch von THOMAS SPRAT schildern, das in vielem den Geist der Zeit trefflich spiegelt. SPRAT hat 1635–1713 gelebt und schrieb sein Buch mit kaum 30 Jahren. Er hat, wie damals die meisten Gelehrten, Theologie studiert und war ein Protégé von John Wilkins in Oxford. Die Gesellschaft hat den brillanten jungen Mann beauftragt, ihre Geschichte zu schreiben, nicht zuletzt, weil er ein bemerkenswert schönes, einfaches Englisch schreiben konnte. Denn die Gesellschaft wollte einfach, klar und ohne barocken Bombast geschildert sein. Sprat ist später in der anglikanischen Hierarchie aufgestiegen und starb als Bischof von Rochester.

Sein Buch gibt die Auffassungen der Gesellschaft wieder, die seine Arbeit durch ein Komitee unterstützte und überwachte. So ist es ein offizielles Dokument. Geschrieben wurde es zu grossen Teilen schon anfangs der sechziger Jahre. Dann aber erlitt die Arbeit eine Verzögerung wegen der grossen Pestepidemie 1665 – Defoe hat sie trefflich geschildert – und wegen des Brandes von London 1666, der von Pepys in seinem Tagebuch grandios-dramatisch beschrieben ist.

Sprat hat seinen Auftrag kurz nach der offiziellen Gründung der Gesellschaft erhalten. Darum bedeutet das Wort «History» im Titel «Bericht» oder «Beschreibung», so wie man noch auf deutsch «Naturgeschichte» sagt, was dem lateinischen «historia naturalis» entspricht. Denn eine eigentliche Geschichte hatte die Gesellschaft damals noch gar nicht.

Das Buch beginnt mit einer Widmung an den König. In dieser heisst es, und dies ist für die Zeit sehr charakteristisch: «Das ganze Altertum hatte eine besondere Verehrung für alle, die in der Natur Entdeckungen gemacht hatten. Wie Götter hat man sie verehrt. Ja man hat schliesslich die zu Göttern gemacht, die den Menschen pflügen, säen, spinnen und Häuser bauen gelehrt haben. Dies geschah aus Dankbarkeit. Indem nun aber diese berechtigte Verehrung degenerierte, ist daraus Aberglauben und Vielgötterei entstanden.

Auch die Erzväter haben sich friedlichen Wissenschaften gewidmet. Sie züchteten Schafe, bauten Wein, gründeten Städte, spielten auf Harfe und Orgel und arbeiteten in Eisen und Bronze. Damit haben sie ein geheiligtes Andenken verdient. Eure königliche Majestät wird darum ebenfalls unsterblichen Ruhm ernten, weil sie eine dauernde Folge von Erfindern gestiftet hat.»

Sie sehen, die Gesellschaft hatte eine sehr hohe Meinung vom Ziele ihres Unternehmens. Sie sehen aber auch, dass für Sprat und seine Zeitgenossen die klassische Antike und das

Alte Testament lebendige Vorbilder waren. Die von SPRAT skizzierte Theorie von der Entstehung der antiken Vielgötterei ist ebenfalls antik: sie geht auf den Schriftsteller EUHEMEROS aus dem 3. Jahrhundert v. Chr. zurück. Seine Schrift – eine Art Roman – ist uns zwar verlorengegangen. Aber die frühen Kirchenväter haben sie noch gelesen und fleissig zitiert. Diese Väter las man damals in England als Zeugen einer Kirche, die noch nicht durch päpstliche Machtansprüche verdorben war. Bei ihnen lernte man die Euhemeristische Theorie kennen. Da man nun das klassische Altertum hoch verehrte, entnahm man ihr, dass auch die antike Religion, zwar gleichsam weltlich, durchaus vernünftig und erbaulich gewesen war, bevor sie durch Aberglauben verdorben wurde.

Auf dieses Vorwort folgt nun ein längeres Gedicht von ABRAHAM COWLEY (1618–1667). Dieser war Mitglied der Royal Society und ein bedeutender Dichter.

Wie schon in der Renaissance, war es üblich, auch wissenschaftlichen Büchern Lobgedichte – sei es auf den Verfasser, sei es auf den Gegenstand – voranzustellen. Auch NEWTONS «Principia» wird durch ein solches Gedicht eröffnet, das der Astronom HALLEY[1] geschrieben hat. Diese Gedichte sind oft bemerkenswert gut, wenn sie auch nicht immer unseren Vorstellungen von der Dichtkunst entsprechen mögen.

COWLEY schildert zunächst die Wissenschaft – er sagt Philosophy – als einen Jüngling, der nun endlich mündig geworden ist. Allzulange wurde er mit leerem Witz und süsslicher Poesie aufgepäppelt. Erst wie FRANCIS BACON sich seiner annahm, wurde das anders. BACON hat die Vogelscheuche Autorität, diesen lächerlichen Priapus, aus dem Garten der Philosophie vertrieben. Und wie MOSES hat er uns das gelobte Land gezeigt. Dies Land zu erobern ist ein hohes Ziel. Wer es verlacht, soll der Verachtung anheimfallen! Doch Lästerer wird es sicher geben; denn wer der Wahrheit zum Recht verhelfen will, wird immer von Dummköpfen angegriffen, von Witzbolden ausgelacht werden.

Und nun kommt SPRAT zu Wort. Er betont, seine Geschichte sei auch Apologie, eine Verteidigung der Gesellschaft eben gegen jene Lästerer, die COWLEY erwähnt. Er findet es erfreulich und

---

[1] Edmund Halley (1656–1742), Astronom royal.

hoffnungsvoll, wenn nach allem Landesunglück ein so grosses Unternehmen zustande gekommen ist.

Das Landesunglück, das ist die grosse Rebellion des Parlamentes von 1642, der Bürgerkrieg, der KARL I. den Kopf kostete, die hilflos-verworrene Parlamentsherrschaft, die schliesslich 1653 zum Protektorat OLIVER CROMWELLS führte. Und, nach glücklicher Rückkehr des neuen Königs, die Pest und der grosse Brand von London – es waren schwierige Jahre!

SPRAT gliedert sein Buch in drei Teile:

1. Alte und neue Wissenschaft und die bedeutendsten Versuche zu ihrer Förderung. (Advancement ist das Wort, das auf BACON hinweist.)
2. Die Geschichte und Beschreibung der Gesellschaft auf Grund der Akten.
3. Der Nutzen des Unternehmens: es ist zeitgemäss und kann der Religion nicht schaden – das ist die Apologie.

Im ersten Teil wird festgestellt, dass alle Wissenschaft und Kultur (civility) aus dem Osten, von den Assyrern, Chaldäern und Ägyptern stammt. Doch von dort stammt auch die Unsitte, aus Wissenschaften Mysterien zu machen, so dass sie zwar wunderbar, aber unverständlich werden.

Vom Osten übernahmen die Griechen diese Kenntnisse und verdarben sie auf ihre Weise. Von hitzigem Temperament, voll Freude an schönen Worten, artete bei ihnen die Wissenschaft in Wortstreit aus. Über Rom kam die Wissenschaft zu den Christen, die von den Heiden auch den Wortstreit übernahmen. Schliesslich gewann der Papst die Oberhand, und so verbreitete sich allgemeine Ruhe, oder vielmehr ein Geistesschlaf.

Die Wiedererweckung des Altertums, vor allem aber die Klosteraufhebung brachten Schriften und Kenntnisse der Antike erneut unter die Leute. Doch zugleich entstanden religiöse Streitigkeiten, die ja noch in lebhafter Erinnerung sind. Infolgedessen gaben sich gerade die besten Menschen unnützen Diskussionen über Glaubensfragen und Politik hin. Die Wissenschaft wurde verachtet, die Theologen bezeichneten sie als «fleischliches Wissen», die Politiker hielten sie für unnütze Spitzfindigkeiten. Die Gelehrten nannte man «Virtuosi». Diese waren auf sich selber angewiesen und wurden zu Einzelgängern. So verloren sie sich in privaten Spekulationen.

Darum ist eine Gesellschaft von Gelehrten nötig, in der jeder auf den anderen hört, ihm hilft und seine Ideen kritisch prüft. Die Forschung soll nicht spekulativ sein, sondern experimentell. Das ist die grosse Lehre BACONS. Er konnte freilich die Aufgabe nicht lösen, denn für einen einzelnen ist sie zu gross.

Sie sehen hier, wie sich damals die Gelehrten die Wissenschaftsgeschichte vorstellten, wie sie ihre eigene Stellung und Aufgabe sahen. Die Wissenschaft ist deutlich eine Reaktion auf die vorangegangenen religiösen und politischen Wirren. Dass die Wissenschaft uns von unnützen, ja schädlichen Streitigkeiten über Glaubensfragen befreie, hat auch der 6ojährige KEPLER mit grossem Pathos ausgesprochen (6. November 1629, an BARTSCH).

Als geistigen Stifter hat die Gesellschaft FRANCIS BACON (1561–1626), den Zeitgenossen SHAKESPEARES und Lord-Kanzler JAKOBS I., betrachtet.

Von Philosophen und Wissenschaftshistorikern ist öfter eingewendet worden, diese Stellung habe man ihm zu Unrecht eingeräumt. BACON sei keineswegs der Begründer der experimentellen Forschung, für deren Methoden er kein Verständnis gehabt habe. Auch habe er ja naturwissenschaftlich gar nichts geleistet. Doch diese Einwendungen beruhen auf einem Missverständnis. COWLEY und SPRAT sprechen es ja gerade aus, dass BACON die ihm vorschwebende Aufgabe nicht lösen konnte. Sie vergleichen ihn mit MOSES, der seinem Volke zwar den Weg weist, der das gelobte Land aber nicht selber betreten darf. Diese Auffassung lässt sich sehr wohl verteidigen. Zudem darf man vermuten, dass gebildete Engländer im 17. Jahrhundert BACON ebensogut verstehen konnten, wie wir es 300 Jahre später können. Sie verstanden ihn anders, als wir ihn verstehen, waren aber eben auch andere Leute.

Im zweiten Teile erzählt nun SPRAT, wie die Gesellschaft entstanden ist; er nennt das die «Narration». Er berichtet, dass die Gesellschaft kurz nach dem Ende des Bürgerkriegs, also um 1650, in Oxford in den Gemächern von Dr. JOHN WILKINS ihren Anfang nahm. Ihr Zweck war, in freier Luft zu atmen und ruhig miteinander zu verkehren, ohne in die Leidenschaften jener traurigen Zeit zu geraten. In diesem Kreise wurden junge Leute vor allem Enthusiasmus geschützt, d. h. vor den damaligen religiös-politischen Leidenschaften. Dadurch wurde auch die Universität vor dem Ruin bewahrt – was man übrigens ganz handfest und buchstäblich zu verstehen hat!

Und nun nennt SPRAT einige Namen, neben Dr. WILKINS nämlich SETH WARD, ROBERT BOYLE, WILLIAM PETTY, CHRISTOPHER und MATTHEW WREN, JOHN WALLIS, THOMAS WILLIS und LAURENCE ROOKE. Was waren dies für Leute? Darüber sagt SPRAT nichts, denn seinen Zeitgenossen waren sie bekannt, und er glaubt, es stehe ihm nicht an, sie zu preisen. Doch wir finden ihre Lebensläufe im «Dictionary of National Biography» – das sind weit über 20 dicke Bände, die zum Beispiel im Katalogsaal der ETH aufgestellt sind.

Wie wir gehört haben, war der Mittelpunkt der Gesellschaft Dr. WILKINS, geboren 1614; er stand also damals Ende der Dreissiger, ein schöner, grosser Mann und offenbar auch ein grosser Menschenkenner. Er war ein naturwissenschaftlich interessierter Theologe. In jungen Jahren, 1638, hat er ein Büchlein publiziert, das den Titel trägt: «The Discovery of a World in the Moone.» Das Büchlein kam anonym heraus, was damals nicht ungewöhnlich war, aber der Verfasser war bald jedermann bekannt. Da in England eine Bücherzensur bestand, so musste eine Druckerlaubnis gegeben werden. Der Zensor erteilte sie in folgender Form: «Ich habe diese Paradoxa gelesen. Ihrer Neuheit halber erteile ich die Druckerlaubnis.»

WILKINS war ein Kopernikaner. Das war damals modern, obwohl KOPERNIKUS vor bald 100 Jahren gestorben war. Aber die Verurteilung GALILEIS lag erst sechs Jahre zurück. WILKINS hatte den «Sidereus Nuncius» GALILEIS gelesen, und er hatte gehört, dass KEPLER ein Buch über den Mond geschrieben habe. Das ist KEPLERS «Somnium sive Astronomia Lunaris», das kurz nach KEPLERS Tod 1634 erschienen war. Dies Buch kannte WILKINS nicht, aber die Gerüchte darüber, die zu ihm gedrungen waren, regten ihn an, seine eigenen Überlegungen mitzuteilen. Dies geschieht unter dreizehn Titeln, Propositionen genannt, mit vielen gelehrten Zitaten – der junge Mann war sehr belesen – in einfacher, charmanter Form. Er zweifelt nicht daran, dass es auf dem Mond eine Welt, d. h. Berge und Täler gibt. Ob es dort auch Mondbewohner gibt, wer kann das wissen? Vielleicht wird uns die Zukunft hierüber aufklären, vielleicht werden unsere Nachkommen Mittel erfinden, auf den Mond zu reisen. Diese Reise scheint zwar schrecklich. Aber, wenn sie möglich sein wird, dann werden sich auch Leute finden, sie zu unternehmen. KEPLER hat in der «Dissertatio cum nuncio sidereo» gesagt, dass dies gewiss Deutsche sein würden – doch das entspringt wohl patriotischem Vorurteil. Dies ist ungefähr der Inhalt des Büchleins. WILKINS hat auch über Mechanik geschrieben, aber er war kein eigentlicher Physiker oder Mathematiker. Um 1650 war er Warden des Wadham-Colleges in Oxford, also dessen Vorsteher. Als Theologe war er calvinistisch, dennoch sehr liberal und darum den Puritanern ein Dorn im Auge. Wie er aber die Schwester des Protectors geheiratet hatte, wagte niemand mehr, ihm etwas anzuhaben.

Er muss ein ungemein gewinnender Mensch gewesen sein. EVELYN nennt ihn: «dieser unvergleichliche Mensch, allgemein geliebt von allen, die ihn kennen» (this incomparable man, universally beloved by all who know him) – und EVELYN war ein strenger Anglikaner und Royalist! WILKINS muss die grosse Gabe besessen haben, dass jeder in seiner Gesellschaft sich besser und klüger fühlte als sonst. Er war ein grosser Anreger, der jungen Leuten Vertrauen in die eigene Kraft einflössen konnte. Bei der Restauration 1660 hat WILKINS die Wardship verloren, erhielt aber gute kirchliche Stellungen und ist als Bischof von Chester gestorben (1672). Als Bischof war er der einzige seiner Kollegen, der sich für Toleranz den Sektierern gegenüber einsetzte. Er war somit einer der ersten Latitudinarier und der grosse TILLOTSON, Erzbischof von Canterbury, war sein Schwiegersohn.

SPRAT nennt ferner die beiden Vettern MATTHEW und CHRISTOPHER WREN. Der Vater von MATTHEW war Bischof von Ely gewesen, einer der tätigsten Anhänger des Erzbischofs LAUD, weshalb ihn die Rebellen sogleich einsperrten. Die beiden Vettern, damals 20 Jahre alt, wurden von WILKINS väterlich in Schutz genommen. CHRISTOPHER ist der berühmtere von beiden. Er wurde zunächst als Mathematiker und Naturforscher bekannt, gilt aber heute als der bedeutendste englische Architekt seiner Zeit. Er hat die Pauls-Kathedrale in London, zahllose Kirchen und andere öffentliche und private Gebäude errichtet. Vielleicht ist es gut zu erwähnen, dass damals ein Architekt auch zugleich der verantwortliche Bauingenieur war, der etwas von Physik verstehen musste.

Ferner nennt SPRAT: SETH WARD, der 1617 geboren ist. WARD war politisch-kirchlich ein Opponent von WILKINS, streng hochkirchlich und gegen das Parlament. So kam er in grosse Schwierigkeiten. Aber 1649 fand er im Wadham-College ein Unterkommen und wurde Astronomieprofessor. Bei der Restauration wurde er sogleich Bischof und ist als Bischof von Salisbury gestorben. In Oxford war er der engere Kollege des berühmten JOHN WALLIS, dessen Produktformel für π noch heute alle Mathematikstudenten kennenlernen. WALLIS war Presbyterianer und für das Parlament, jedoch ganz gegen die Hinrichtung des Königs. Das kam ihm bei der Restauration zugute. Er war auch ein vermöglicher und unabhängiger Herr, vor allem aber war er ein virtuoser Entzifferer von Geheimschriften. Darum war er in England jeder Regierung unentbehrlich. Er interessierte sich, neben der Mathematik, auch für die Sprachstruktur und ist der Verfasser einer der ersten englischen Grammatiken. Seine Einsichten in die Sprache dienten ihm beim erfolgreichen Unterricht eines taubstummen Kindes. WALLIS, WILKINS und WARD waren Theologen.

THOMAS WILLIS war dagegen ein Arzt. Er ist 1621 geboren und hat 1664 ein klassisches Buch über Hirnanatomie herausgegeben. Die Zeichnungen hiezu stammen von CHRISTOPHER WREN. Er war auch ein bedeutender Diagnostiker.

Eine ganz merkwürdige Persönlichkeit ist schliesslich Sir WILLIAM PETTY, geboren 1623. Er hatte in Leiden und bei den Jesuiten in Caen Medizin studiert und war damals Anatomieprofessor in Oxford. 1652 ging er mit CROMWELL nach Irland und organisierte die Landesvermessung. Später hat er sich durch allerhand Erfindungen bekannt gemacht. Aber heute gilt er als einer der Begründer der Nationalökonomie. Schon 1662 wurde er geadelt – man sieht, die Dienste für den Usurpator CROMWELL wurden nicht nachgetragen. Er muss ein ungemein unterhaltender Herr gewesen sein. Religiös war er ganz unabhängig, was sich auch darin zeigt, dass er offen seine Freundschaft mit dem gefürchteten Philosophen THOMAS HOBBES pflegte – das war nicht ungefährlich, wenn man nicht gerade der König war.

Im ganzen umfasste der Club um 1650 etwa 30 Herren. Fast alle waren recht jung; WILKINS, einer der ältesten, war kaum 40.

Nach dem Tode CROMWELLS, 1658, verlegte die Gesellschaft ihre Sitzungen nach London, wo man sich regelmässig nach der

Astronomievorlesung ROOKES im Gresham College traf. In London haben sich neue Mitglieder angeschlossen, vor allem Ärzte, aber auch der vielgebildete und sehr vornehme JOHN EVELYN.

Nach der Restauration beschloss man nun, vom König eine Royal Charter zu erbitten. Bei den folgenden Verhandlungen spielten der Politiker und Hofmann Sir ROBERT MORAY sowie JOHN EVELYN die Hauptrollen. Auf EVELYN geht das Wappen und das seltsame Motto zurück:

«Nullius in verba», d. h. «auf keines Worte» – nämlich: «Nullius jurare in verba magistri – auf keines Meisters Worte schwören.»

Das ist ein Zitat aus der ersten Epistel des HORAZ. Da ist die Rede von einem kühnen Unternehmen, bei dem man sich an keinen Meister halten will. Man lässt sich hintreiben, wie die Stürme es wollen, und sieht zu, wohin man verschlagen wird. Das Motto deutet – freilich nur dem Kenner – an, dass es auf eine Entdeckungsfahrt geht, ein Bild, das schon BACON seiner «Instauratio magna» vorangestellt hat.

Mit Siegel und Wappen erlangte nun die Gesellschaft beträchtliche Privilegien.

Nämlich:

1. Sie konnte Bücher unter ihrem eigenen Imprimatur drucken, war also von der Zensur unabhängig.
2. Sie durfte ohne Belästigung mit dem Ausland korrespondieren.
3. Sie hatte das Recht, Leichen zu sezieren.

Freilich, Geld konnte ihr der König keines geben; er hatte selber immer zu wenig. Der König wurde als Mitglied aufgenommen, doch die Gesellschaft war von der Krone unabhängig, wählte ihren Präsidenten selber und nahm nach eigenem Ermessen Mitglieder auf. Man behauptete nun, eine königliche Stiftung zu sein, was zwar nicht wirklich zutrifft, aber das erhöhte das Prestige. Am liebsten hätte man ein eigenes College gegründet, aber dazu fehlte das Geld. SPRAT sagt, wenn man darauf hätte warten wollen, so wäre nie etwas geschehen!

Die Gesellschaft erhob Beiträge von den Mitgliedern, die aber oft kaum einzutreiben waren. Dennoch beschloss man, zwei bezahlte Sekretäre und zwei Kuratoren anzustellen, und zwar aus dem Kreis der Mitglieder. Der eine der beiden Kuratoren war

ROBERT HOOKE, und ein reicher Kaufmann errichtete eine Stiftung, aus der die Gesellschaft HOOKES Vorlesungstätigkeit bezahlte – so verschaffte man ihm ein Gehalt. Die Sekretäre waren WILKINS und OLDENBURG. Letzterer war zu CROMWELLS Zeiten als Gesandter von Bremen nach London gekommen und hatte sich anglisiert. Er war mit JOHN MILTON und ROBERT BOYLE befreundet; er war gut mit SPINOZA bekannt, mit dem er im Briefwechsel stand. Da OLDENBURG auf Einkünfte angewiesen war, die Gesellschaft aber meist kein Geld hatte, so erteilte man ihm schliesslich das Recht, auf eigenes Risiko, aber auch zu eigenen Gunsten, die «Philosophical Transactions» herauszugeben. Damit hat sich OLDENBURG in der Tat ein bescheidenes Einkommen verschafft. OLDENBURG druckte nur, was einen grösseren Leserkreis ansprechen konnte, also zum Beispiel keine Mathematik. Man konnte OLDENBURG aber auch Briefe schreiben, die er in Kopie an Interessenten weiterleitete. Auch das galt als Publikation, und so hat zum Beispiel NEWTON seine mathematischen Entdeckungen publiziert.

Zum Präsidenten hätte man am liebsten WILKINS gewählt. Doch ging es nicht wohl an, den Schwager CROMWELLS zu wählen. So fiel die Wahl schliesslich auf den Viscount BROUNCKER, einen Hofmann, Politiker von einigem Gewicht und bekannten Mathematiker. BROUNCKER lebte mit seiner Mätresse in London, und man wusste, dass er sie mit einer anderen betrog. Er war aber ein kluger, herzlicher und sehr kompetenter Mann, der das Präsidium 15 Jahre lang geführt hat. Seine Privatverhältnisse hat man in den Kreisen, der die Gesellschaft angehörte, nicht weiter beachtet – und wir wissen, Geistliche, ja Bischöfe waren Mitglieder. Ich erwähne dies nur, um zu zeigen, wie verkehrt es ist, wenn behauptet wird, in England seien bürgerliche, ja puritanische Kreise die Träger der neuen Wissenschaft gewesen. Die Royal Society war keineswegs bürgerlich, wenn sie auch keine Adelsgesellschaft war. Massgebend für die Mitgliedschaft war eben, wie SPRAT betont, das wissenschaftliche Interesse. Allen Berufen sollte die Gesellschaft offenstehen, wobei freilich ein Mitglied den Status eines «gentleman» haben sollte. Denn nur ein solcher ist frei und unabhängig.

Die Gesellschaft hatte, neben der wissenschaftlichen, eine eminent soziale Funktion. England war nach allen Wirren religiös und politisch sehr gespalten. Die Gesellschaft war ein Rah-

men, in dem Menschen mit sehr verschiedenen Überzeugungen
zusammen leben und verkehren konnten. Die Wissenschaft war
gleichsam neutraler Boden. Schon WILKINS hatte dafür gesorgt,
dass in seinem Klub über alles, nur nicht über Religion und Politik diskutiert werden durfte. Diese Regel ist beibehalten worden.

Aber gerade darum erschien die Gesellschaft manchem
besorgten Bürger höchst bedenklich. Die einen hielten sie für
einen Verein von Atheisten, die anderen für den Sitz einer jesuiti-
schen Verschwörung. Darum ist die Gesellschaft schon früh heftig angegriffen worden. Dazu kam, dass sie auch von den Universitäten mit grossem Misstrauen betrachtet wurde, da sie, nicht
ganz zu Unrecht, hier Konkurrenz witterten. Darum war die
königliche Protektion höchst nützlich, und es war gut, dass ihr
unbezweifelbar orthodoxe Bischöfe wie SETH WARD, fromme
Anglikaner und Royalisten wie JOHN EVELYN, grosse Herren wie
Lord BROUNCKER angehörten.

Über die wissenschaftliche Tätigkeit der Gesellschaft während der ersten Jahre berichtet SPRAT sehr ausführlich, und ich
möchte Sie auf sein Buch verweisen. Ferner habe ich ja schon die
hirnanatomischen Studien von WALLIS und WREN, die national-
ökonomischen von Sir WILLIAM PETTY erwähnt. Ein weiteres
Dokument ist nun die «Micrographia» HOOKES, die ich zum
Schluss besprechen möchte. Denn dieses Buch zeigt den Geist,
der diese Männer beseelte, von seiner besten Seite.

HOOKE war ein wirklich bedeutender Forscher, ein genialer
Experimentator und ein erfindungsreicher Mann. Er hatte ein
höchst unscheinbares Äusseres, war klein und bucklig, kränklich und von Kopfweh geplagt. Im Alter ist er recht schwierig
geworden, aber damals war er noch nicht alt. Wie SAMUEL PEPYS
im Februar 1665 in die Gesellschaft aufgenommen worden war,
ging er mit mehreren der Herren nach der Sitzung in die Crown
Tavern zum Nachtessen. Er schreibt, er sei da mit Herren «of
eminent worth» zusammengewesen, und dann heisst es: «Above
all, Mr. Boyle was at the meeting, and above him Mr. Hooke, who
is the most, and promises the least, of any man in the world that
ever I saw» – und PEPYS hat sehr viele Leute gekannt!

ROBERT HOOKE hat 1635–1703 gelebt. Sein Vater war Pfarrer auf
der Isle of Whight, ist aber früh gestorben. HOOKE ist als Jüngling
mit 100 £ nach London gegangen – mit 100 £ konnte man bei grösster Sparsamkeit einige Jahre leben –, ging dort an die Westmin-

sterschule und später nach Oxford. Er hat sich aber weitgehend autodidaktisch gebildet. Von seiner umfassenden Bildung zeugt seine Bibliothek von etwa 3000 Bänden. Sie ist nach seinem Tod versteigert worden, und damals wurde ein Katalog gedruckt, der 1975 in der Sammlung «Sale catalogues of Libraries of eminent Persons» im 11. Band erneut abgedruckt worden ist.

Es lohnt sich, einen Blick in diesen Katalog zu werfen, denn HOOKE war kein Bibliophiler, sondern hat seine Bücher gelesen. Eine Bibliothek von 3000 Bänden galt damals als sehr gross. Der Adel hat erst im 18. Jahrhundert grosse und prächtige Büchereien angelegt. Im 17. Jahrhundert hatten vor allem Kleriker Bibliotheken. Diese waren natürlich sehr stark theologisch orientiert – das gilt übrigens auch für die Bibliotheken NEWTONS und LOCKES –, während die Bibliothek HOOKES wohl die erste eigentlich mathematisch-naturwissenschaftliche Bibliothek war. Wir finden aber auch bei ihm die Kirchenväter CLEMENS, ORIGENES, CHRYSOSTOMUS, LACTANZ in grossen Folioausgaben, kirchengeschichtliche Werke und zahlreiche Bibeln; aber das bildet nur einen kleinen Teil der Bibliothek.

Die Hälfte seiner Bücher ist lateinisch geschrieben, etwa tausend englisch und je ungefähr 200 französisch und italienisch. Diese Sprachen hat also HOOKE alle gelesen.

Wie damals in jeder Bibliothek sind die römischen Klassiker, die Dichter, Redner, Historiker und Philosophen fast vollständig vertreten. Die Griechen, wie PLATO, PLOTIN, THUKYDIDES besass er in lateinischer Übersetzung – PLATO und PLOTIN in derjenigen FICINOS. Auch die eigenen Werke FICINOS und die PICO DE MIRANDOLAS hat er besessen. Dazu kommen die Hauptschriften des ERASMUS, die Werke von THOMAS MORUS.

Sehr vollständig war HOOKES Sammlung der Ärzte und Naturphilosophen der Renaissance: FRACASTORO, PARACELSUS, fast alle Werke CARDANOS, meist in Originalausgaben, CORNELIUS AGRIPPA, CONRAD GESSNER.

Imponierend vollständig ist die mathematische und astronomische Literatur seiner Zeit und macht einen Hauptteil der Bibliothek aus. So besass HOOKE zum Beispiel praktisch alle Werke KEPLERS.

Charakteristisch für die Zeit sind die vielen Werke über Reisen und ferne Völker. Da fehlt auch nicht die «Confucii scientia Sinensis», d. h. die von den Jesuiten in Paris besorgte Übersetzung des Konfuzianischen Kanons – auch NEWTON besass dieses Buch.

Unter den italienischen Büchern finden wir DANTE, PETRARCA, MACHIAVELLI, TASSO und ARIOST, den «Cortegiano» des CASTIGLIONE sowie die hochphantastische «Hypnerotomachia» des POLIPHIL. Auch dieses Buch hat HOOKE gelesen, denn in seinem Tagebuch findet man die Eintragung:

«Dreamt strangely after watching and reading Poliphil.»

Unter den französischen Büchern sind mir die gesammelten Werke MOLIÈRES aufgefallen sowie die Dialoge des CHEVALIER DE MÉRÉ. Diese Dialoge bilden zusammen mit dem «Cortegiano» die Grundlage für das Ideal des «gentleman», der eine umfassende, von Pedanterie freie Bildung besitzen soll. Wir haben ja gehört: ein Mitglied der Royal Society soll ein Gentleman sein, kein Pedant, d.h. kein scholastisch verbildeter Universitätsgelehrter, kein pfäffisch-enger Kirchenmann.

Als Ganzes zeugt die Bibliothek eindrucksvoll von den weitgespannten Interessen der Zeit und ihres Besitzers.

Die «Micrographia» hat die Royal Society 1665 herausgegeben. Ihr vollständiger Titel lautet: «Micrographia: or some physiological descriptions of Minute Bodies made by Magnifying Glasses, with Observations and Inquiries thereupon».

Das Buch ist ein prächtiger Folioband mit schönen Kupferstichen, die auf Zeichnungen HOOKES zurückgehen. Der Text geht auf Vorlesungen zurück, die HOOKE vor der Royal Society gehalten hat, und der Verfasser hat den erzählend-erklärenden Ton beibehalten.

Es ist die neue Welt, die durch das Mikroskop zugänglich geworden ist, die er beschreibt. In einem langen Vorwort begründet er die Bedeutung seiner Forschungen: Allzulange, so sagt er, haben die Menschen zuviel spekuliert und zuwenig beobachtet. Bevor man Theorien aufstellt, muss man die Erscheinungen in allen Einzelheiten genau untersuchen. Hierzu reicht aber die Schärfe unserer Sinne nicht aus, weshalb man sie durch Instrumente verstärken soll. Dazu dienen das Fernrohr und das Mikroskop. Das Mikroskop erschliesst eine Welt im Kleinen, die es zu erforschen gilt. Man kann dann vielleicht erfahren, dass Wirkungen der Körper, die man bisher okkulten Qualitäten zugeschrieben hat, die Auswirkungen kleiner Maschinen sind. Man wird vielleicht lernen, dass die natürliche Textur auf Webstühlen hergestellt wird, die beim weiteren Fortschritt der Optik, durch neue Instrumente, sichtbar gemacht werden können. Wenn ich das lese, dann erinnert mich das verblüffend an die Schraubenstruktur der Erbsubstanz im Zellkern! Das ist ja in der Tat eine winzige Maschine, durch die das Erbgut weitergepflanzt wird.

HOOKE beschreibt nun seine Instrumente, den Beleuchtungsapparat und auch einen Apparat, um die Linsen zu schleifen. Er betont, dass seine Abbildungen mikroskopischer Präparate keine Einzelbeobachtungen darstellen, sondern der Synthese vieler Beobachtungen entsprechen.

Wir wissen heute, dass die damaligen Mikroskope sehr unzulänglich waren. Ein moderner Beobachter würde mit derartigen Instrumenten fast nichts erkennen können. Es ist erstaunlich, was jene Pioniere der Mikroskopie – neben HOOKE waren es SWAMMERDAM und LEEUVENHOEK – alles durchaus richtig beobachtet haben. Gegen Schluss seines Vorwortes dankt HOOKE «der hochwürdigen und gelehrten Persönlichkeit, die fast jede Entdeckung, die in England gemacht wurde, durch ihre Unterstützung zustande gebracht hat». «Jeder Leser», so sagt HOOKE, «wird erraten, dass hier Dr. WILKINS gemeint ist. Die Liebenswürdigkeit seines Betragens, die Ausgeglichenheit seines Gemütes, die Güte seines Herzens, sie machen uns klar, was die wahre, ursprüngliche Religion gewesen ist, bevor sie durch Parteikämpfe versauert wurde.» HOOKE war ein eher kaustischer Herr, und ein solches Lob bedeutet bei ihm etwas.

Das Buch enthält in 60 «Observations» die Beschreibung anorganischer und organischer Mikrogebilde. Daneben findet man, als 9. Observation, die Beschreibung von Farben dünner Blättchen, die HOOKE als erster beschrieben hat. Er knüpft daran eine Wellentheorie des Lichtes, die aber leider ganz missglückt ist. Doch ist erst NEWTON hier zu besseren Einsichten gelangt. Ferner findet man auch eine im wesentlichen richtige Theorie der Verbrennung, die jedoch damals ganz unbeachtet geblieben ist. Sachlich würde allerdings niemand eine solche Theorie in diesem Buche suchen.

Das Buch beeindruckt heute vor allem durch seine Abbildungen, etwa der Fliege, ihrer Krallen, ihrer Facettenaugen oder der Korkzellen, die hier zum erstenmal dargestellt sind.

Am Schluss werden noch astronomische Beobachtungen mitgeteilt. Interessant ist die Diskussion der Mondkrater. HOOKE teilt nämlich mit, dass er Versuche gemacht habe: Er liess eine Bleikugel in feinen Ton fallen und erhielt so Einsturzkrater, die ganz den Mondkratern gleichen. Er bezweifelt allerdings, dass die Mondkrater auf diese Art entstanden sind, denn der Mond besteht gewiss nicht aus weichem Ton.

Das Buch war eine wissenschaftliche Pionierleistung. Seine Mängel an wissenschaftlicher Strenge machen gerade seinen Reiz aus und helfen dem heutigen Leser, sich in jene längst vergangene Zeit einzufühlen.

HOOKE hat sein Buch dem König gewidmet, den er mit eigenartig humorvollem Ernst anspricht. Man erinnere sich bei dem folgenden Zitat, dass er zwerghaft klein war! Er sagt: «Ich lege hiemit höchst untertänig dies k l e i n e Geschenk zu Füßen Eurer Majestät. Obwohl dieses mit zwei Nachteilen behaftet ist: mit der G e r i n g f ü g i g k e i t des Autors und des Gegenstandes, so machen mir doch die G r ö s s e Eurer Gnade und Eures Wissens Mut.»

Und am Schluss heisst es: «Zu all den g r o s s e n Unternehmungen, die Eure Majestät gefördert hat, möchte ich dasjenige beifügen, was der K l e i n h e i t meiner Fähigkeit angemessen ist. So widme ich einem mächtigen König die k l e i n s t e n aller s i c h t b a r e n Dinge, der über die besten u n s i c h t b a r e n Dinge dieser Welt herrscht, nämlich über die G e s i n n u n g e n der Menschen.»

Meine Damen und Herren, damit bin ich zum Schluss meiner Abschiedsvorlesung gelangt. Es bleibt mir noch, all denen zu danken, die mir während einer langen akademischen Tätigkeit Verständnis und Wohlwollen entgegengebracht haben. Dieser Dank gilt vor allem den vielen Studenten, die mir, wie ich glaube, Verständnis und Wohlwollen gezeigt haben, und zwar auch dann, wenn ich das, was ich erklären wollte, nicht immer verständlich machen konnte.

Die Aristotelisch-Mittelalterliche Seelenlehre (1978)

Die Psychologie des Unbewussten als medizinisch-psychagogische Disziplin und als empirische Wissenschaft ist eine Schöpfung der neueren Zeit. Aber praktische Psychologen, nämlich Ärzte und Seelsorger, hat es immer gegeben. Ferner gab es eine theoretische Psychologie, die an den Universitäten von Philosophieprofessoren gelehrt wurde. Falls diese Professoren einsichtsvolle, kluge Pädagogen waren, dann haben sie in ihren Vorlesungen auch Menschenkenntnis und psychologische Einsichten vermittelt. Ein schönes Beispiel einer solchen Vorlesung ist diejenige Immanuel Kants über Anthropologie.

Die theoretische Auffassung der Universitätspsychologie des 18. und frühen 19. Jh. geht, wie alle neuere Philosophie, auf Descartes zurück.

René Descartes hat Körper und Seele radikal geschieden, und er hat die Seele mit dem Bewusstsein identifiziert. Der Ausgangspunkt seines Denkens ist der berühmte Satz: «Je pense, donc je suis» (Discours de la Méthode IV). Daraus folgert er: «Je ne suis donc qu'une chose qui pense, c'est-à-dire un esprit, un entendement ou une raison. Je ne suis point cet assemblage de membres que l'on appelle le corps humain. Mais qu'est-ce qu'une chose qui pense? C'est une chose qui doute, qui entend, qui conçoit, qui affirme, qui imagine aussi et qui sent» (Méditations Métaphysiques II).

Das denkende Ding, das hier beschrieben wird, ist offenbar das Ich-Bewusstsein; denn er sagt ja: «*Ich* bin ein Ding, das denkt; und ich bin *nicht* diese Vereinigung von Gliedern, die man Menschenkörper nennt.» Der Körper, das ist er also gerade nicht, er gehört nicht zum «Ich» – das ist merkwürdig und bedenklich.

Es ist bekannt und leicht nachzuweisen, dass die cartesische Philosophie als radikale Vereinfachung und Rationalisierung der peripatetischen Philosophie, d. h. der mittelalterlich-aristotelischen Philosophie, aufgefasst werden kann. Durch Vereinfachung und Rationalisierung ist aber etwas ganz Neues entstanden. Alles wurde «klar und deutlich», und bestach durch Einfachheit und Durchsichtigkeit.

Die Welt ist damit freilich nicht verändert worden. Sie blieb so unverständlich, undurchsichtig und kompliziert, wie sie von je gewesen ist. Dies gilt insbesondere für die Welt der Seele. Darum könnte es wohl sein, dass die komplizierte und teilweise schwer verständliche aristotelisch-mittelalterliche Seelenlehre mehr mit der Wirklichkeit der Seele zu tun hat als die cartesische Bewusstseins-Psychologie. Jedenfalls haben die Menschen in Europa 2000 Jahre lang an der antiken psychologischen Tradition festgehalten. Sie fanden diese offenbar einleuchtend.

Ich sage «antike Tradition», denn Aristoteles war der Schüler Platos. Er hat in seinem enzyklopädischen Werk sich überall mit den Lehren seiner Vorgänger auseinandergesetzt. Er hat in seiner Schule die Geschichte von Philosophie und Wissenschaft systematisch gepflegt; und wenn uns auch die meisten dieser Arbeiten nur fragmentarisch überliefert sind, so verdanken wir doch fast alles, was wir über die älteren griechischen Denker wissen, der aristotelischen Schule.

Von Aristoteles sind die späteren Schulen ausgegangen, vor allem die Stoa. Auch der Neuplatonismus ist fast ebenso aristotelisch wie platonisch.

Aristoteles hat die Psychologie durchaus als Naturwissenschaft verstanden. Sein Büchlein «de anima» galt ihm als naturwissenschaftliche Schrift; denn die Psychologie ist für ihn ein Teil der Physiologie. Darum findet man wichtige psychologische Ideen in der Schrift «de generatione animalium».

Nun war die Philosophie im Altertum, mindestens seit Sokrates, auch wesentlich Seelenführung. Darum hatte sie immer auch einen religiösen Charakter. Dies gilt auch für die Psychologie, vor allem bei Plato, aber auch bei Aristoteles. Diese Seite seiner Psychologie wird aber nur deutlich, wenn man neben der Schrift «de anima» auch das in Betracht zieht, was Aristoteles im XII. Buch der «Metaphysik» darlegt.

Dass Aristoteles die Psychologie als Teil der Physiologie, also vom Standpunkt eines Arztes aus gesehen hat, ist kein Wunder. Er stammte aus einer ärztlichen Familie; sein Vater war Leibarzt Philipps von Mazedonien gewesen. Auf Ärzte hat daher seine Auffassung immer großen Eindruck gemacht, so auch auf Galen[1], der fast 500 Jahre nach Aristoteles gelebt hat. Die Lehren des Aristoteles und Galens sind dann durch arabische Ärzte, durch Avicenna[2] und Averroes[3], dem Mittelalter überliefert worden. Beide sind allerdings keine wirklichen Araber; denn sie stammen aus äussersten Randgebieten des arabischen Kultur-kreises, aus Persien und Spanien. Sie übten im arabischen Raum kaum eine Wirkung aus. Ihre Schriften haben vor allem in latei-nischen Übersetzungen überlebt, denn seit dem 13. Jh. bis weit ins 16. Jh. galten sie im Abendland als die massgebenden Inter-preten des Aristoteles. Und das mit Recht, denn sie kannten nicht nur dessen Schriften sehr genau, sie kannten auch die Schriften der alexandrinischen Kommentatoren, und haben diese ganze Literatur durchdacht und übersichtlich dargestellt. Ob ihre Interpretationen immer der Meinung des Aristoteles entspre-chen, ist fraglich. Man muss aber bedenken: Aristoteles war ein bedeutender Mann; er war vielseitig und keineswegs dogma-tisch. Darum konnte er in verschiedener Weise denken, einmal sozusagen «orthodox aristotelisch», ein andermal mehr plato-nisch. Auch konnte er Fragen offen lassen, oder mehrere mög-liche Lösungen bloss andeuten. Dazu kommt, dass die uns erhal-tenen Schriften meist keine ausgearbeiteten Bücher sind, son-dern Aufzeichnungen für den Gebrauch der Schüler, Notizen zu Vorlesungen und Materialsammlungen. Da ist oft gerade das Wichtigste nur kurz abgehandelt; denn die nähere Erläuterung war dem mündlichen Vortrag vorbehalten. Die Schriften sind darum schwer verständlich und mussten von jeher kommentiert werden. Dadurch regten sie aber auch immer zu erneutem Nachdenken an. Darum, und wegen der Vielseitigkeit der Gesichtspunkte, dem Reichtum des Inhaltes ist Aristoteles der grosse Lehrer des Abendlandes geworden. Wenn ich hier von der Seelenlehre des Aristoteles spreche, so meine ich also das,

---

[1] vgl. S. 71 f.

[2] Avicenna (Ibn Sina) (980–1037), Arzt und aristotelischer Philosoph.

[3] Averroes (Ibn Roschd) (1126–1198), Arzt und aristotelischer Philosoph.

was ein Avicenna, ein Albertus Magnus[4] darunter verstanden
haben. Ich glaube freilich, diese Meister haben den Philosophen
im Ganzen durchaus richtig verstanden.

Was war nun die Seelenlehre des Aristoteles?

Wir gehen aus von seiner berühmten Erklärung (de anima
II.1):

«Die Seele ist die erste Entelechie eines von der Natur gebildeten, mit Organen ausgestatteten Körpers.»

Man kann diesen Satz nur verstehen, wenn man versteht, was
«Entelechie» bedeuten soll, ein Wort, das Aristoteles gebildet hat,
und das die Lateiner mit «Perfectio» wiedergegeben haben.

Entelechie ist etwas Begriffliches, eine Form oder Species.

Ich will das erklären:

Betrachten wir den Begriff «Orchestermusiker»! Das ist ein
Genus, eine Gattung. Der Zweck dieser Gattung ist das Musizie-
ren im Orchester – denn nach Aristoteles hat alles einen Zweck.
Man kann die Gattung unterteilen: Es gibt Streicher, Blechblä-
ser, Holzbläser u. s. w. Schliesslich gibt es verschiedene Arten
von Streichern: Geiger, Bratschisten, Cellisten, Bassgeiger. Die
Geiger sind also eine Art, eine Species von Orchestermusikern.
Wenn nun ein individueller Geiger, ein bestimmter Mensch, im
Orchester spielt, verwirklicht sich diese Art. Damit hat das Genus
«Orchestermusiker» sein Ziel erreicht; denn indem dieser Geiger im Orchester musiziert, erfüllt er seinen Zweck als Geiger,
und die Begriffshierarchie hat ihr Ziel erreicht. Darum ist das
Geigenspielen die Entelechie, die Perfectio des Geigers. Der
Mensch, der so geigt, ist in diesem Falle die Materie, in der sich
die Entelechie verwirklicht. Dies kann offenbar nicht in irgendeiner Materie geschehen; denn nicht jedermann hat das Talent,
das Geigenspiel zu erlernen.

«An sich» gibt es das Geigenspiel nicht, es gibt nur Geiger. Die
Form kann darum nicht von der Materie getrennt werden.
Darum sagt Aristoteles: «Man darf nicht fragen, ob Seele und
Körper eins sind, wie man ja auch nicht fragt, ob das Wachs und
sein Gepräge – sie bilden das Siegel – eins sind.»

Ferner sagt er: «Wäre das Auge ein Lebewesen, so wäre seine

---

[4] Albertus Magnus (1206–1280), Bischof von Regensburg, scholastischer Gelehrter.

Seele das Sehvermögen; denn dies ist die begriffliche Wesenheit des Auges.»

Wir würden sagen: Das Auge ist ein Sehorgan, das Sehen ist der Zweck des Auges, also seine «Entelechie».

Unabhängig von diesem allgemeinen Zusammenhang mit der aristotelischen Philosophie müssen wir feststellen: Für Aristoteles ist die Seele wesentlich mit dem Körper verbunden. Sie macht, dass ein Hundekörper zum Hund wird, ein Menschenkörper zum Menschen. Ein toter Hund, ein toter Mensch sind weder Hund noch Mensch, das sind Leichen. «Leiche», d.i. ebenfalls eine «Form», aber keine Seele; denn die Glieder der Leiche sind keine Organe.

Merkwürdig ist, dass Aristoteles sagt: «man darf nicht fragen, ob Seele und Körper eins sind». Er meint offenbar, diese Frage sei sinnlos, weil sie nicht sinnvoll beantwortet werden kann. Einerseits ist die Seele, als Form des Körpers, notwendig mit ihm verbunden. Andererseits kann man zwischen Körper und Seele unterscheiden, so wie man immer zwischen Form und Materie unterscheiden kann.

Ferner wäre dann, wenn Körper und Seele eins wären, der Mensch eine Einheit. Das ist er aber gerade nicht. Denn Einheit kommt nur dem «Einen», d.i. Gott zu.

Galen zitiert in diesem Zusammenhang den Hippokrates, der gesagt haben soll: «Wir sind keine Einheit, darum leiden wir.»

Die Götter sind, weil sie eins sind, frei von Leiden, und dies nur sie allein. Wir aber leiden.

Doch reden wir wieder von der Seele!

Sie hat nach Aristoteles verschiedene Funktionen: Vegetative, sensitive und rationale. Demgemäss kann man verschiedene Seelenteile oder Seelenstufen unterscheiden. Die niedrigste Stufe ist pflanzenhaft und hat nährende und fortpflanzende Funktionen. Die nächste Stufe ist tierisch, denn Tiere haben auch Empfindungen, und sie können sich willkürlich bewegen. Der Mensch kann überdies noch denken. In jeder Stufe sind die niedrigeren mit inbegriffen. Es gibt auch Pflanzen, die sich bewegen. Diese haben andeutungsweise eine sensible Seele. Denken können die Tiere zwar nicht, aber ein Hund kann eine Katze sehr wohl von einem Menschen unterscheiden. Sie haben also das, was die Scholastiker «Ratio» nannten, eine Fähigkeit, allgemeine Vorstellungen zu bilden, die sich aber immer direkt auf Gegenstände beziehen. Darüber hinaus hat der Mensch Denkvermögen, den Nous, was lateinisch mit Intellekt oder Mens wiedergegeben wird. Dieser ist etwas Besonderes und muss darum besonders besprochen werden.

Die Seele aller Stufen wirkt im Pneuma, im Spiritus der Lateiner. Das Pneuma ist eine himmlische Substanz, eine Art «Edelgas», die «Quinta Essentia», aus der die Himmelskörper gebildet sind («de generatione» II.3). Es ist in kleinen Mengen in der Luft enthalten. Im Samen wird es dem Lebenskeim mitgeteilt. Darum ist der Same ein Schaum, und Aristoteles meint, man nenne deshalb Aphrodite die «Schaumgeborene» («de generatione» II.2). Das Pneuma ist seiner Natur nach warm, es ist geradezu Wärme. Freilich keine Feuerwärme, sondern Lebenswärme. Im Blut ist es enthalten, das darum warm ist. Galen hat diese Pneumatologie genauer entwickelt. Demnach sind Herz, Lunge und Gehirn pneumatische Organe. Das Herz ist der Sitz des Lebenspneumas, des Spiritus vitalis. Für die Lebensvorgänge, die seelische Vorgänge sind, ist es von grösster Bedeutung, dass die Lebenswärme richtig geregelt wird. Dazu dient die Atmung: Sie kühlt und mässigt die pneumatische Wärme – «temperatura» heisst nämlich «Mässigung», das «rechte Mass». Zugleich wird dem Blut durch Atmung kosmisches Pneuma zugeführt. Darum ist das Blut, das dem Herzen entströmt, röter als das venöse Blut. Die Atmung dient auch der Kühlung des Gehirns. In diesem wird nämlich das Lebenspneuma gereinigt und verfeinert. So wird es zum Seelenpneuma, zum Spiritus animalis. Dieser Seelengeist ist in den Gehirnkammern und Nerven enthalten, vermittelt der Seele die Sinnesempfindungen, und ist das Vehikel, durch das die Seele im Körper wirkt. Man sieht hieraus: Galen betrachtet den Atem als eine Funktion, die vor allem für das seelische Wohlbefinden von Bedeutung ist. Der Atem sorgt für die richtige Temperatur des Pneumas, er mässigt seine Hitze. Und weil das Pneuma das Organ der Seele ist, so sorgt er damit für das seelische Gleichgewicht.

Dass wir fünf Sinne haben, darüber waren sich alle einig. Aristoteles hat nun aber bemerkt, dass unsere Wahrnehmungen nicht aus getrennten Sinnesempfindungen bestehen. Wenn wir z. B. Wein sinnlich wahrnehmen, so vereinigen wir sein Aussehen, seinen Geschmack und seinen Geruch, ja auch den Klang der Gläser in ein einziges Bild. Es muss also eine sinnliche Fähigkeit geben, die verschiedene Sinnesempfindungen in einem Gesamteindruck vereinigt. Das ist der «Gemeinsinn», der «Sensus communis». Dieser erzeugt die sinnlichen Bilder, die Phantasmata, die wir erinnern, und über die wir nachdenken.

Es ist auffallend, dass in der Psychologie des Aristoteles nie von einem Bewusstsein, insbesondere von einem Ich-Bewusstsein die Rede ist. Der Gemeinsinn entspricht zwar annähernd dem, was wir Bewusstsein nennen, aber er ist kein Ich-Bewusstsein, kein Ich-Komplex, wie Jung gerne gesagt hat (schon 1907, im Briefwechsel mit Freud, No. 41).

Nach den Sinnen kommt das Denken, der Nous, der Intellekt, der nur dem Menschen eigen ist («de anima» III.4 u. 5). Aristoteles vergleicht ihn mit dem Nous des Anaxagoras. Er ist «ungemischt», d. h. rein und frei von Materie und kann darum über alles nachdenken. Insofern er denkt, ist er mit dem Gedachten identisch. Dem Menschen kommt er «von aussen» zu – das steht in «de generatione» II.3 –, d. h. er ist nicht etwas, was dem Menschen schlechthin zukommt und über das er verfügen könnte.

Wie überall gibt es auch beim Nous etwas, was der Materie, und etwas, was der Form entspricht. Der «materielle Intellekt», der «Nous pathetikos» oder «Intellectus possibilis» kann alles werden, ist aber selber im Grunde nichts. Der «Intellectus agens», der «Nous poetikos» gestaltet dagegen alles. Er ist eine Art von kunstfertiger Macht, dem Licht vergleichbar. Dieser tätige Intellekt ist das, was abgetrennt und für sich selber besteht, unzugänglich jedem äusseren Eindruck. Er ist reine Wirksamkeit, göttlich, und das einzige in uns, was unsterblich ist. Da er aber für äussere Eindrücke unempfänglich ist, bleibt nach unserem Tod keine Erinnerung. Der äusseren Eindrücken zugängliche Intellekt, der Nous pathetikos, ist dagegen vergänglich und denkt keinen Gedanken ohne den aktiven Intellekt.

Das Kapitel in «de anima», in dem dies zu lesen steht, füllt kaum eine halbe Seite, hat aber zu unendlichen Kommentaren Anlass gegeben. Will man den Aristoteles recht verstehen, dann muss man lesen, was er im XII. Buch, 7. Kapitel der Metaphysik geschrieben hat. Dort handelt er vom «ersten Beweger» des Universums, der selber unbewegt ist. Er sagt: Weil es Bewegtes gibt, muss es ein Unbewegtes geben, das ganz reine Wirksamkeit ist. Dieses bewegt so, wie der Gegenstand der Liebe den Liebenden bewegt. Das unbewegt Bewegende ist ein notwendiges, vernünf-

tiges Prinzip, und an ihm hängen Himmel und Erde. Und nun
fährt er fort:

«Die heitere Klarheit im Dasein dieses obersten Wesens ist
gleich dem, was für uns das Herrlichste ist, und was uns immer
nur für kurze Augenblicke zuteil werden kann. Diese Herrlich-
keit geniesst es immer; uns bleibt das versagt. Denn bei ihm ist
seine Wirksamkeit zugleich seine Seligkeit. Ist doch auch bei uns
Wachsein, Wahrnehmung und Denken das Köstlichste, und um
ihretwillen sind auch Hoffnung und Erinnerung. Dieses Denken
hat das Wertvollste zum Gegenstand. Also denkt das Denken sich
selber, denn das Seligste und Höchste ist die reine Betrachtung
(Theoria).»

«Ist Gottes Seligkeit ewig das, was uns vielleicht nur ein einziges Mal zuteil wird, wie wunderbar! Ist sie aber noch höher, wie
viel wunderbarer! Aber so verhält es sich.»

Der Intellectus agens, der alles gestaltet, der abgetrennt und
für sich bestehend reine Wirksamkeit ist, gleicht derart dem
Ersten Beweger, dass der Kommentator Alexander von Aphrodi-
sias (um 200 n. Chr.) der Ansicht war, er sei mit diesem identisch.
Aristoteles hat das wohl nicht gemeint, da er neben dem ersten
Beweger noch 55 weitere unbewegte Prinzipien vermutete, die
die Himmel bewegen. Darum hat Avicenna angenommen, es
gebe eine Hierarchie von separaten Substanzen, deren höchste
Gott, deren niedrigste aber, unmittelbar nach dem Beweger der
Mondsphäre, der Intellectus agens sei. Die Scholastiker, z. B.
Thomas v. Aquin (ca. 1225–1274), haben diese Hierarchie mit den
Engelchören identifiziert. Wie dies nun auch sein mag, jeden-
falls ist der Nous poetikos göttlich, ewig, unsterblich. Im übrigen
können wir mit Conr. Ferd. Meyer sagen:

> Was Gott ist, wird in Ewigkeit
> kein Mensch ergründen.
> Doch will er treu sich allzeit
> mit uns verbinden.   (In Harmesnächten)

Wir halten fest: Für die strengen Peripatetiker ist nur der Intellectus agens göttlich und unsterblich. Eine persönliche Unsterblichkeit gibt es nicht, oder sie ist zumindest philosophisch unbe-
greiflich. Diese Lehre galt natürlich bei Mohammedanern und
bei Christen als Ketzerei. Man hat sich darum so geholfen, dass

man sagte: Wenn auch wissenschaftlich gesehen die persönliche Unsterblichkeit unmöglich ist, so kann doch Gott Wunder tun, und auf eine, für uns unbegreifliche Weise, dem Nous poetikos nach unserem Tod Individualität verleihen. Diesen Ausweg hat schon Avicenna ergriffen. Die orthodoxen Gegner dieser Auffassung haben daraufhin den Peripatetikern vorgeworfen, sie lehrten eine «doppelte Wahrheit», was aber insofern ungerecht ist, als es ja durchaus orthodox ist, dass Gott Wunder tut, und ein Wunder ist gerade das, dessen Möglichkeit sich nicht begreifen lässt.

Aus der Lehre vom Intellectus agens ist nun das erwachsen, was man «intellectuelle Mystik» nennt. «Intellectuell» heisst hier nicht das, was wir heute darunter verstehen. Gemeint ist vielmehr die völlige Vereinigung des passiven mit dem aktiven Intellekt, d. h. mit einer göttlichen Macht. Die Grundlage ist rein aristotelisch. Ich zitiere nochmals:

«Die heitere Klarheit im Dasein dieses obersten Wesens ist gleich dem, was für uns das herrlichste ist, und was uns immer nur für kurze Augenblicke zuteil werden kann.» Diese Seligkeit ist die Schau, die Theoria, die göttliche Erleuchtung. Sie kann uns aber nur zuteil werden, wenn der passive Intellekt, der alles werden kann, und der an sich nichts ist (er ist reine Empfänglichkeit), von Störungen frei ist. Nun ist er aber mit dem Pneuma verbunden, denn er ist ein Teil unserer Seele. Und darum wirken auf ihn auch die anderen Seelenkräfte, vor allem die Affekte, die passiones animi. Also muss man, um zur Erleuchtung zu gelangen, das Pneuma reinigen, d. h. von den Affekten befreien. Wenn nun aber die Vereinigung mit dem aktiven Intellekt gelingt – für einen Augenblick –, so geht in diesem Zustand der Menschengeist in reiner Wirksamkeit auf. Diese Wirksamkeit ist eine Schau, die den Geist selber zum Inhalt hat.

Das individuelle Bewusstsein, das etwas äusseres ist, wird dabei ausgelöscht. In diesem Sinn entsteht ein Zustand völliger Unbewusstheit, der dem höchsten Bewusstseinszustand der indischen Philosophen gleicht. Man kann das aber nicht beschreiben, weil, wer es erlebt, sich selber vergisst. Der reine Nous poetikos ist gänzlich unpersönlich und steht mit gar nichts in Beziehung.

Dass Aristoteles und alle, die ihm gefolgt sind, ein wirkliches Erlebnis beschreiben wollten, daran zweifle ich nicht.

Ich habe zu Anfang gesagt, die Psychologie von Descartes sei eine Vereinfachung und Rationalisierung der aristotelischen Psychologie. Ich kann nun genauer sagen, worin diese Vereinfachung besteht.

Auch bei Cartesius ist die Psychologie Teil einer Philosophie, die, wie diejenige des Aristoteles, die ganze Welt umfassen möchte. Aber Descartes hat die Vorstellung, dass alles aus Form und Materie bestehe, aufgegeben. Die Körperwelt besteht bei ihm allein aus Materie, die durch Ausdehnung, Undurchdringlichkeit und Bewegung gekennzeichnet ist. Diese Eigenschaften gelten als mathematisch-geometrische Eigenschaften. Daneben, ganz unabhängig von der Materie, gibt es die Seele. Man müsste sie, im Sinne von Aristoteles, als «Separate Substanz» bezeichnen. Und weil ihre einzige Eigenschaft das Denken ist, so entspricht sie dem Nous des Aristoteles. Während aber der Nous unpersönlich und göttlich ist, so ist die Seele bei Descartes persönlich; sie entspricht dem Ich-Bewusstsein. Daher fehlen der cartesischen Seelenlehre die religiösen Züge, die bei Aristoteles so eindrucksvoll zur Geltung kommen. Wenn nun aber bei Aristoteles die Seele zusammengesetzt ist, nämlich aus der vegetativen, der sensitiven und der rationalen Seele, zu welcher der Nous von Aussen hinzukommt, so ist die Seele bei Descartes einfach und reines Denkvermögen. In der cartesischen Psychologie ist also der universelle, göttliche Nous vom individuellen Bewusstsein verschluckt worden und dieses hat sich mit ihm identifiziert. Dabei wurde die «Separate Species» des Nous multipliziert – so hätten die Scholastiker gesagt –. Aus dem Einen Nous sind unzählige individuelle «Ich» geworden. Ein solches Ich hat kein «Principium individuationis» nötig, denn es ist schon selber individuell. Damit verliert die Seele die Beziehung zum Körper. Descartes sagt ja geradezu: «Ich bin nicht diese Vereinigung von Gliedern, die man Menschenkörper nennt.» Für das Mittelalter, auch für Thomas von Aquin, war aber gerade der Körper das «principium individuationis». In oder an ihm individualisiert sich die Form, d. h. auch die Seele. Darum sind Engel, als separate Formen ohne Körper, keine Individuen, sondern jeder Engel ist eine Spezies für sich, also ein Begriff, der existiert, ohne dass etwas unter ihn fallen würde. Man kann diese merkwürdige Vorstellung vielleicht begreifen, wenn man statt «Species» das Wort «Typus» verwendet. Dann könnte man sagen: Die Engel sind

Archetypen. Die Identifikation des «Ich» mit dem Nous, also mit einer separaten Form, einem Archetypus, erscheint so als ungeheure Inflation, wobei das Ich seine innige Beziehung zum Körper verliert und komplexhaft wird: Es wird zum Ich-Komplex. Die Tatsache, dass der Nous, die höchste Geistigkeit, etwas Unpersönliches und Göttliches ist, wurde vergessen – zumindest von den Philosophen, wenn auch nicht von den Mystikern. Diese aber fanden nun das Göttliche in der eigenen Tiefe, im kollektiven Unbewussten. Darum kommt uns jenes höchste Bewusstsein, das die Inder und auch Aristoteles beschreiben, als totale Unbewusstheit vor.

Indem der Nous mit dem Ich identifiziert wird, wird nicht nur das Ich gottähnlich, sondern gleichzeitig wird der Nous zur Ratio, zum discursiven oder zum mathematischen Denken. Dagegen ist auch bei den Scholastikern der Intellekt ein schauendes Denken, sein Wesen ist die «Theorie».

Freilich, diese Schilderung eines geistesgeschichtlichen Prozesses ist eine Vereinfachung, denn gänzlich cartesisch ist die Welt nicht geworden. Auch Descartes selber war, eben weil er ein bedeutender Mann gewesen ist, nicht so rational, wie er die anderen glauben machen wollte, und wie er oft auch selber geglaubt hat.

Ich möchte zum Schluss vorlesen, was Cardano über den Nous, den aktiven Intellekt zu sagen hatte. Cardano hat im 16. Jh. in Oberitalien gelebt.[5] Er war ein berühmter Medizinprofessor, Mathematiker und Astrologe. Als Philosoph kann man ihn dem Kreis der oberitalienischen Averroisten zuordnen, doch ist er in keiner Hinsicht orthodox; dafür war er ein zu selbständiger Geist. Wer mehr über ihn wissen möchte, den verweise ich auf mein Büchlein, das ihm und seinem Denken gewidmet ist, und das 1977 bei Birkhäuser erschienen ist.

Was ich vorlesen werde, sind Auszüge aus dem 42. Kapitel des Buches «De rerum varietate», das 1557 in Basel erschienen ist. Das Kapitel trägt den Titel «mens», womit Cardano «nous» übersetzt – gelegentlich sagt er im Text auch «intellectus». Das «pneuma» aber heisst bei ihm «spiritus». Ich werde, um Missverstände zu vermeiden, nous und pneuma sagen.

---

[5] vgl. S. 22.

Cardano sagt:[6]

«Der Nous ist eine ewige Substanz, ein Bild der wahren, von der Materie geschiedenen Dinge. Er kommt den Menschen von aussen her zu. Er braucht aber einen Träger, und geht dieser zugrunde, so geht auch seine Wirkung zugrunde. Er selber ist zwar unermüdlich, aber da er das Pneuma nötig hat, so ermatten die Meditierenden oft vor der Erreichung des höchsten Zieles. Wird dieses erreicht, so ruht der Nous, in sich selber zurückgekehrt. Dies Höchste wird im kürzesten Augenblick erreicht; es ist die Vollendung des Menschlichen. Seine Substanz ist nichts Bestimmtes, ist aber zu allem fähig. Das wird durch die alte Mär vom Proteus angedeutet.»

«Der Nous unterscheidet sich von der Ratio. Denn die Ratio bezieht sich nicht aufs Allgemeine, sondern aufs Einzelne. Daher muss man fragen, wie der Nous Einzelnes erkennt, wo dieses ja nichts Ewiges ist.»

«Da der Nous das ist, was allem gemeinsam ist, so erkennt er, indem er aus den Bildern des Einzelnen das Gemeinsame sammelt.»

»Darum sind die Universalien keine Fiktionen. Aber es gibt sie nicht ohne das Einzelne noch ohne den Nous: So, wie der Regenbogen keine Fiktion ist, sondern er ist etwas, aber es gibt ihn nicht ohne Licht und ohne Spiegelung.» –

«Der Nous gehört zum Einfachen. Er gehört aber auch zum Zusammengesetzten, weil der Mensch auch ein Tier ist. Die Ratio schafft die Vielheit, der Nous die Einheit. Ihm helfen die Ratio, die Vorstellungskraft und das Gedächtnis, sowie die übrigen Vermögen.» –

«Da es nun viele Kombinationen von Kräften, Fähigkeiten und Tätigkeiten gibt, ist ein Verständnis des Menschengeistes sehr schwierig.

Dass der Nous als getrennt betrachtet wird, das ist bekannt. Aber ob er dies auch tatsächlich ist, ist doch zweifelhaft. Betrachtet man nämlich die Weltordnung, die Verbindung unserer Tätigkeiten untereinander, und unsere dauernde Schwäche, die so wenig zu begreifen weiss, so scheint er nicht abtrennbar zu sein.

---

[6] Alle folgenden Zitate sind vom Verfasser ins Deutsche übersetzt.

Die Kontemplation nimmt eben ihren Ausgang vom Sinnlich-Materiellen, aber ihr wahres Ziel liegt weit jenseits der Grenzen der Sinnlichkeit. Ähnlich verhält es sich mit dem Himmel, der ewig ist, und doch an die vergänglichen Elemente grenzt. Wer sich der Kontemplation hingibt, zieht sich von den Sinnen zurück, und darum glaubt er kaum etwas zu wissen. So kommt es, dass Gelehrte sehr wenig zu wissen glauben, die Ungelehrten aber glauben, sie wüssten viel, wo es doch gerade umgekehrt sein sollte. Aber die Ungelehrten wissen eben alles, was sie wissen, mit Sicherheit, weil sie an den Sinnen hängen und nicht nach dem Ewigen streben. Die Gelehrten dagegen erschauen Grösse und Vielfältigkeit des Ewigen und nehmen das Irdische nur schwach wahr. So glauben sie nichts zu wissen.» –

«Die Seele versteht desto mehr, je mehr sie geübt wird: Da gibt es keine Grenzen. Wie ein Spiegel desto schönere Bilder zeigt, je besser er poliert ist, wie der Töpferton desto feiner wird und jede Gestalt besser annimmt, je mehr man ihn knetet, so ist es auch bei der Seele. Auf drei Arten kann sie gereinigt werden: Durch Übung in guten Künsten, wie bei den Weisen – das ist die beste Art; durch Askese, wie bei den Einsiedlern; durch gute Sitten, wie bei Staatsmännern. Doch sie wird tatsächlich nicht durch Werke rein, sondern durch Gottes Willen. Darum scheint es oft durch Zufall zu geschehen, doch ist dies nicht wahr: Es geschieht durch eine Fügung Gottes.»

«Indem sich die Seele in alles verwandelt, taucht sie ein in die Materie, und so wird ihre himmlische Natur getrübt. So kommt es, dass die einen dies, die anderen jenes besser verstehen, und dem Einen fehlt, was ein Anderer hat. Das kann nur eine höchste Vollkommenheit des Geistes verbinden, wie bei Hippokrates, Aristoteles und Galen. Darum verhält es sich wie folgt: Wenn alle Menschen dauernd leben würden, und das bis ins Unendliche, so würden sie zu einer Einheit, die sich unbegrenzt entwickeln könnte; sie wären zusammen eine Art von Gott.»

«Es ist sicher, dass, wenn das Gedächtnis anhielte und die Körperkräfte nicht versagen würden, ein jeder in einem ewig dauernden Leben schliesslich selig würde, wie die Engel. Uns geschieht dies nur für einen Augenblick. Die Seligkeit ist dies: Den Nous zu erkennen, was er ist und woher er kommt. Er ist unsterblich. Alle, die aus natürlicher Vernunft gesprochen haben, wie Theophrast, Themistius und Averroes haben darum gesagt: Falls die Seele unsterblich ist, so ist sie eine Einzige. Und da sie als Eine und Ganze ewig mit dem höchsten Nous verbunden ist, kommt sie von aussen. Die Einzelseele, die jedem eigen, und mit dem Körper verbunden ist, die ist sterblich.»

«Der Nous ist also gleichsam der beste Teil der Seele, eine ewige Substanz und Wirksamkeit. Von ihm verschieden ist die Bereitschaft, ihn aufzunehmen. Diese Bereitschaft ist der Glaube. Und wie der Schlaf die Ruhe der Lebensgeister ist, so ist der Glaube die Ruhe des Nous. In beiden Fällen hört die rationale Tätigkeit der Seele auf. Darum haben Rationalisten so wenig Glauben. Wie im Schlaf die Seele gleichsam frei wird und dem höheren Nous ausgesetzt ist, wobei sie Zukünftiges sieht, es aber nicht bewirkt, so vereinigt sich im Glauben unsere Vernunft mit dem höheren Nous und bewirkt Dinge, ohne sie vorauszusehen. Darum ist dem Glauben alles möglich. Wenn aber unsere Seele unrein ist, oder durch Affekte verwirrt wird, dann ist diese Vereinigung unmöglich. Denn sie ist die höchste Vollendung unseres sterblichen Zustandes, indem die Seele ihr Eigenes fahren lässt, fliesst sie mit dem göttlichen Nous in Eins zusammen. Das ist der Kraft nach das Grösste und Wunderbarste, der Zeit nach aber ist es ein ganz Kleines, und eine fremde Gabe.»

«Wenn nun der Nous selber in Gott entbrennt, dann wird unsere Natur über sich selber erhoben und es geschehen Wunder: Aus Furchtsamen werden Mutige, aus Elenden Glückliche, aus Törichten Weise, aus Schwachen Starke. Doch ist es nicht leicht, eine solche Fackel anzuzünden, es ist eine Gabe Gottes. Zunächst ist es nötig, alle Reichtümer und Lüste zu vergessen, den Ruhm zu hassen, dann aber die Lebenssicherheit hintanzusetzen und schliesslich die eigene Unwissenheit und Schlechtigkeit einzusehen. Man muss die eigenen Taten hassen, die anderen Menschen – ausser solchen, die im Bösen verharren – gleichsam in Gott lieben, Gott allein lieben und auf ihn allein hoffen. Dass einer so in Gott entbrannt ist, das kann jeder erkennen. Denn ein solcher ist nicht mehr traurig, nicht krank und Wunder gehen von ihm aus. Er kennt keine Sünden mehr. Wer in einem solchen Zustand ist – und schon vorher ist dies nötig –, der faste und bete.

Bei wem sich der Geist aber mit einem Kakodämon verbindet, der erleidet das Gegenteil: Er ist unruhig, traurig, lüstern und kränklich und seine Augen zittern, so dass man schon am

Anblick seinen Zustand erkennt. Die Göttliche Glut erzeugt dagegen immer etwas Herrliches. Beide Zustände gleichen sich darin, dass der Mensch aus seinem normalen Zustand aufgerüttelt wird. Die Teuflische Besessenheit kommt übrigens bei dieser Gelegenheit häufig vor; aber die, denen sie widerfährt, wissen dies oft nicht. Wenn nun keine der beiden Vereinigungen gelingt, so endet die Sache im Wahnsinn: Der Geist, aus seinem Sitze aufgestört, hat nichts mehr, woran er sich halten könnte.»

Diese Ausführungen Cardanos mögen zeigen, wie der Nous damals erlebt wurde. Seine Ausführungen sind zwar gelegentlich kraus – vor allem, wenn man die zahllosen Abschweifungen und Zusatzbetrachtungen berücksichtigt, die ich ausgelassen habe. Sie sind aber auch sehr lebendig; es handelt sich um keine «graue Theorie», und doch kann alles, was er sagt, in der klassischen Überlieferung nachgewiesen werden, ist also durchaus ein Beitrag zur Aristotelischen Psychologie.

Literatur zu: *Mittelalterlich – Aristotelische Seelenlehre*

Aristoteles, Über die Seele, übertragen von A. Lasson (Jena 1924).
      Metaphysik, übertragen von A. Lasson (Jena 1924).
      Tierkunde, übertragen von P. Gohlke (Paderborn 1957).
      Die Zeugung der Tiere, übertragen von P. Gohlke (Paderborn 1959).
Alberti Magni de Anima, Opera Omnia Tom VII. Part I. (1968).
Johannes Duns Scotus, Quaestiones in libr. de Anima, Opera Omn. III. (Paris 1891).
Costa-Ben-Luca, de Differentia Animae et Spiritus liber, herausg. C. S. Barach. (Innsbruck 1878).
Galenus, de usu partium, translated by Margaret Tallmadge May, 2 Vol. (Ithaca 1968).
A. E. Chaigne, Histoire de la Psychologie des Grecs (3 Bd. Paris 1890).
Etienne Gilson, History of Christian Philosophy in the Middle Ages. (London 1955).
Ernest Renan, Averroès et l'Averroïsme, 2. ed. (Paris 1861).
Joachim Sighardt, Albertus Magnus, sein Leben und seine Wissenschaft, nach den Quellen dargestellt. (Regensburg 1857).
M. Fierz, Girolamo Cardano (Poly 4, Basel 1977).
Festugière O. P., La Révélation d'Hermes Trismégiste. vol. II. Le Dieu Cosmique (Paris 1949).

Naturerklärung und Psyche. Ein Kommentar zu dem Buch von C. G. Jung und W. Pauli[1] (1979)

Unter dem Titel «Naturerklärung und Psyche» ist 1952 ein Buch erschienen, das zwei Aufsätze enthält, einen von *C. G. Jung:* «Synchronizität als ein Prinzip akausaler Zusammenhänge» und einen von *W. Pauli:* «Der Einfluss archetypischer Vorstellungen auf die Bildung naturwissenschaftlicher Theorien bei Kepler». *Jungs* Aufsatz umfasst 107 Seiten, derjenige *Paulis* 83 Seiten, es handelt sich also nicht um sehr umfangreiche Arbeiten. Dennoch ist es mir nicht möglich, den Inhalt dieser Arbeiten im einzelnen zu referieren, und ich betrachte dies auch nicht als meine Hauptaufgabe. Vielmehr möchte ich darlegen, was nach meiner Auffassung hinter der Unternehmung der beiden Autoren steckt, d. h. was das Problem ist, auf das dieses Buch hinweisen möchte. Denn das Anliegen der beiden Verfasser hat eine gemeinsame Grundlage, und das Buch ist nicht nur äusserlich eine gemeinsame Publikation. Die Frage, die beide Verfasser bearbeiten, ist aber eine von denjenigen Fragen, vor denen die durch die Physik geprägte, naturwissenschaftliche Methode versagt. Das hat zur Folge, dass das Buch in mancher Hinsicht seltsam, ja anstössig ist, und darum ist meine Aufgabe schwierig. Ich will gleich zu Anfang andeuten, warum ich meine, dass es Fragen gibt, vor denen die wissenschaftliche Methode versagt. Ich sage so:

Die Physik – und das gilt sinngemäss für alle durch die Methoden der Physik geprägten Wissenschaften – erforscht Vorgänge und Zusammenhänge, die es immer und überall gibt. Ein physi-

---

[1] Vortrag, gehalten am 1. Februar 1978 im Wissenschaftsphilosophischen Kolloquium in Zürich.

kalisches Experiment kann jederzeit und an jedem Ort ausgeführt werden, und auch von jedem Experimentator, falls nur die
Regeln der Kunst beachtet werden. Was wir untersuchen, sind
künstlich isolierte Vorgänge, die möglichst weitgehend idealisierten Grenzfällen entsprechen; denn die mathematische
Theorie handelt eben von solchen idealisierten Grenzfällen. Es
ist nun freilich unmöglich, einen Vorgang von allen anderen Vorgängen gänzlich zu isolieren, und der wirkliche Vorgang ist nie
ein idealer Grenzfall. Darum beschreibt die Theorie die Dinge
auch stets nur näherungsweise. Die Abweichungen des Experimentes vom idealen Fall gelten als Folgen von Störungen, denen
man zufälligen Charakter zuschreibt, und die man mit statistischen Methoden zu eliminieren trachtet.

Diese Methode ist im 17. Jahrhundert erfunden worden und hat
in den optischen Arbeiten *Newtons* einen ersten Höhepunkt
erreicht. Ihr ungeheurer Erfolg ist unbestreitbar, und sie feiert in
der Technik ihre Triumphe: Man kann die kompliziertesten
Maschinen systematisch planen und bauen, und sie funktionieren genau den Erwartungen entsprechend – wenigstens fast
immer. Bei diesem wissenschaftlichen Vorgehen ist die Aufmerksamkeit allein auf das gerichtet, was sich isolieren und
reproduzieren lässt, auf das, was immer, überall und für jedermann gültig ist: das ist das sogenannte Objektive und Naturge-
setzliche.

Der Mensch, auch der Physiker, ist aber ein Individuum, der
ein individuelles Leben hat. Und im Leben wiederholt sich
streng genommen nie irgend etwas. Hier gilt das, was im 1. Aphorismus des *Hippokrates* formuliert ist: «Das Leben ist kurz, die
Kunst ist lang, der günstige Augenblick ist flüchtig, die Erfahrung unsicher, das Urteil schwierig.» Es ist gerade der Arzt, der
vor dieses Problem gestellt ist, den günstigen Augenblick, der so
flüchtig ist und niemals wiederkehrt, zu erfassen, und dem seine
Erfahrung nur unsichere Hilfen bietet. Und jeder von uns ist in
seinen Lebensfragen in keiner besseren Lage: Was wir verpasst
haben, das haben wir verpasst, die Folgen unserer Fehler müssen wir tragen, und dies auch dann, wenn wir uns unschuldig
fühlen und es vielleicht auch sind oder wenn wir die Opfer eines
unglücklichen Zufalles geworden sind. Die Fragen, die uns hieraus erwachsen, sind Lebensfragen; aber die Wissenschaft ist
nicht geeignet, auf sie eine Antwort zu finden. Und doch sollten

wir auch über solche Fragen vernünftig und sinnvoll nachdenken. Der einzelne mag hierauf verzichten. Der Pädagoge – und ein solcher ist ja ein jeder Professor – kann und darf es nicht, wenn er seine Aufgabe erfüllen will. Darum hat *Goethe* auch jenen Aphorismus des *Hippokrates* gegen den Schluss seines Erziehungsromans «Wilhelm Meisters Lehrjahre» an bedeutender Stelle zitiert, und dort habe ich ihn zum ersten Mal kennengelernt, als ich dieses Buch als Student in Göttingen in einsamer Bude gelesen habe.

Die Lebensaufgaben sind auch wesentlich subjektiv, d. h. subjektive Faktoren spielen eine entscheidende Rolle – bei uns und bei den anderen. Wenn wir uns einbilden, wir könnten mit unseren Mitmenschen objektiv verkehren, so irren wir uns und geraten in die allergrössten Missverständnisse.

Nun wollen wir aber zur Sache kommen. Als *Jung* und *Pauli* das Buch veröffentlichten, war *Jung* 77 Jahre alt und schon 50 Jahre lang als Psychiater und Arzt tätig. *Pauli* war 52 und, wie man gerne sagt, «auf der Höhe seines Ruhmes». Da er aber eine Art von Wunderkind gewesen war – mit 19 Jahren hat er den Enzyklopädieartikel über spezielle und allgemeine Relativitätstheorie geschrieben, ein Buch von 330 Seiten mit gegen 400 Literaturzitaten –, so hatte auch er schon vieles als Gelehrter und Mensch erlebt.

Was ist es nun, was *Jung* in seinem Aufsatz vorbringt? *Jung* schildert zunächst die naturwissenschaftliche Fragestellung. Die Überlegungen, die ich einleitend zu formulieren trachtete, drückt er wie folgt aus: «Die naturwissenschaftliche Fragestellung zielt auf regelmässige, und soweit sie experimentell ist, auf reproduzierbare Ereignisse. Überdies auferlegt das Experiment der Natur einschränkende Bedingungen, denn es will sie veranlassen, auf vom Menschen erdachte Fragen Antwort zu geben. Jede Antwort der Natur ist daher belastet durch die Art der Fragestellung, und das Ergebnis stellt ein Mischprodukt dar. – Die hierauf basierte sogenannte naturwissenschaftliche Weltanschauung kann daher nichts anderes sein, als eine psychologisch präjudizierte Teilansicht.»

Was ist nun – wenn die Naturwissenschaften eine Teilansicht sind – jener andere Teil, den sie nicht erfassen? Da sagt *Jung:* «Es gibt innerhalb unserer Erfahrung ein unermesslich weites Gebiet, dessen Ausdehnung der Reichweite der Gesetzmässigkeit sozusagen das Gleichgewicht hält: Es ist die Welt des Zufalls, welch letzterer mit dem koinzidierenden Tatbestand kausal nicht verbunden zu sein scheint.»

Dieser Satz hat einen Endschnörkel, in welchem von «koinzidierenden Tatbestand» die Rede ist. Der entscheidende Aspekt des Zufalls ist für *Jung* das *Zusammenfallen* zweier kausal unverbundener Ereignisse: Das eine der beiden Ereignisse ist der «Zufall», das andere der mit ihm «zusammenfallende Tatbestand».

Nun fallen jederzeit beständig Ereignisse zusammen, die nichts miteinander zu tun haben – ausser eben, dass sie gleichzeitig sind. *Jung* meint aber mehr, weshalb er auch von *sinngemässer* Koinzidenz redet (p. 9). Und nun zitiert er die Abhandlung *Schopenhauers:* «Über die anscheinende Absichtlichkeit im Schicksale des Einzelnen», die, wie er sagt, seinen Anschauungen zu Gevatter gestanden hat. Hier sagt *Schopenhauer:* «Dass die nämliche Begebenheit als ein Glied zweier ganz verschiedener Ketten doch beiden sich genau einfügt, infolge wovon jedesmal das Schicksal des Einen zum Schicksal des Anderen passt, und jeder der Held seines eigenen, zugleich aber auch der Figurant im fremden Drama ist, dies ist freilich etwas, das alle unsere Fassungskraft übersteigt.»

Schopenhauer meint nun, das Subjekt des grossen Lebenstraumes sei nur *eines,* nämlich der transzendentale «Wille». Er ist die *prima causa,* von welcher alle Kausalketten wie Meridiane vom Pol ausstrahlen und vermöge der Parallelkreise in einer sinngemässen Gleichzeitigkeitsrelation zueinander stehen. *Jungs* Bezeichnung «Synchronizität» will eben diese sinngemässe Gleichzeitigkeit oder Koinzidenz zum Ausdruck bringen. Dabei sind für ihn aber die beiden zusammenfallenden Ereignisse nicht gänzlich gleichwertig, die Situation ist nicht wirklich symmetrisch, weshalb er einerseits vom «Zufall», andererseits vom «koinzidierenden Tatbestand» spricht. Diese Unterscheidung ist wahrscheinlich durchaus subjektiv, d. h. derjenige, der ein solches Zusammentreffen erlebt, hat den Eindruck, in die Reihe seiner Erlebnisse sei etwas anderes, Fremdes und doch Sinnvolles eingebrochen. Aber der subjektive Eindruck ist eben gerade das, worauf es bei solchen Erlebnissen ankommt.

Jung weist nun, wie schon *Schopenhauer,* darauf hin, dass alle Divinationsverfahren in diesen Zusammenhang gehören. Divinationsverfahren sind Verfahren, die momentane Lage eines Menschen oder auch einer Gruppe von Menschen, gleichsam durch den Zufall zu erforschen. Dazu gehört z. B. das Kartenschlagen oder das chinesische Verfahren, das im I Ging beschrieben ist. Dazu gehört auch das Verfahren, mit einer Nadel zwischen die Seiten der Bibel zu stechen, und den ersten Satz, der daraufhin in die Augen fällt, ernst zu nehmen – ein Verfahren, das z. B. *Goethes* Mutter, die ja eine bedeutende Frau war, mit Erfolg lebenslang praktiziert hat. Dazu gehören natürlich auch die Los-Orakel in den antiken Tempeln, wie in Delphi, oder die jüdischen Orakel, die auf *Moses* zurückgeführt wurden. Es sind also weitverbreitete, uralte Bräuche, die teils eine primitiv-abergläubische Form beibehalten haben, teils, wie das I Ging, hochdifferenziert und sehr tiefsinnig sind. Da wir nicht mehr glauben, dass die Sterne auf die Seele des Menschen in geheimnisvoller Weise wirken, was noch *Kepler* und *Galilei* fest geglaubt haben, so muss auch die Astrologie als derartiges Divinationsverfahren gelten.

Jung hat sich darum gefragt, ob man diese Dinge nicht doch wissenschaftlich prüfen könne. In der Astrologie gilt z. B. die Konjunktion von Sonne und Mond als typischer Eheaspekt: d. h. die Sonne des einen Ehepartners steht in seinem Horoskop an der Stelle, wo im Horoskop des anderen Ehepartners der Mond steht. Eine solche Behauptung lässt sich prüfen, ohne dass irgendein Glauben oder ein Verständnis der Astrologie nötig ist. *Jung* hat darum bei allen möglichen Astrologen Horoskope von Ehepaaren gesammelt und zunächst deren 180 zusammengebracht. Falls der Abstand zweier Gestirne weniger als 8° betrug, galt dies als Konjunktion. Er hat in diesen 180 – oder genauer 360 Horoskopen nachgeschaut, wie oft in ihnen Konjunktionen zwischen ☉, ☽, ♀, ♂, asc. vorkommen, was $5^2 = 25$ mögliche Konjunktionen gibt, wovon jede die Wahrscheinlichkeit $^{16}/_{360}$ besitzt[2]. Man erwartet im ganzen 200 Konjunktionen, wobei jede im Mittel 8mal vorkommen sollte (200 ± 14; $8 \pm 2{,}77$). Man fand 236 Konjunktionen, und diejenige der männlichen Sonne mit dem weiblichen Mond kam 18mal vor. Man hat also ziemlich viel mehr

---

[2] *Jung* betrachtete auch noch die Oppositionen. Ich habe sie bei diesem Vortrag der Einfachheit halber nicht berücksichtigt.

Konjunktionen als man erwarten würde, und dass gerade ⊙ ☌ ☽ 18mal vorkommt, ist ein sehr unwahrscheinliches Ereignis, das man nach den Regeln der Statistik als relevant betrachten muss.

Statistisch gesehen ist die Sache aber dennoch ein Zufall, denn als die Sammlung vergrössert wurde – auf gegen 500 Ehepaare – ist die statistische Anomalie verschwunden. Es bleibt aber merkwürdig, dass zunächst der Zufall *Jung* ein Paket von 180 Ehehoroskopen in die Hände spielte, in welchem die Konjunktion Sonne-Mond besonders oft vorkam: Die Wahrscheinlichkeit hierfür beträgt nur Bruchteile eines Promille.

Dem Physiker ist diese Sache ganz vertraut: Er wird nur allzuoft, gerade im Anfang einer Untersuchung, vom Zufall an der Nase herumgeführt.

Man kann dies nun alles recht vernünftig erklären. Sinnvolle und eindrucksvolle Zufälle treten vor allem in kritisch angespannten Lagen auf – dies betont auch *Jung*. In solchen Lagen sind im Menschen die Komplexe und andere unbewusste Inhalte aktiviert und werden darum projiziert. Daher besteht beim Individuum die Neigung, das, was ihm zufällig zustösst – und etwas geschieht ja immer – auf seine Komplexe und unbewussten Konflikte zu beziehen. Dies geschieht unbewusst, durch Projektion, und darum erscheinen dann die Ereignisse bedeutsam und ominös.

Darum sagt *Cardano* ganz richtig: «Wenn der Hund heult, wenn der Giebel des Hauses einstürzt, das ist alles natürlich. Es kommt aber darauf an, welchem Menschen solches widerfährt.»

Wenn nämlich einem bestimmten Menschen ein Ereignis ominös erscheint, dann *ist* es für ihn ominös und ist ein wesentlicher Teil seines persönlichen, unwiederholbaren Erlebens. Er muss dies ernst nehmen, wenn er sich selber wirklich ernst nehmen will – nämlich das, was er tatsächlich ist, nicht das, was er gerne sein möchte, oder das, was er anderen gegenüber vorstellen möchte – auch hier dürfen wir auf *Schopenhauer* verweisen!

Jung weist im letzten Teil seiner Abhandlung darauf hin, dass eine Betrachtungsweise, die der seinigen verwandt ist, in der chinesischen Philosophie, vor allem bei *Lao Tse* und *Ch'uang Tse* gefunden werden kann. Er sagt, es klinge wie eine Kritik unserer naturwissenschaftlichen Weltanschauung, wenn *Ch'uang Tse* sagt: «Das Tao» – der Sinn, wie *Wilhelm* übersetzt – «wird verdunkelt, wenn man nur kleine fertige Ausschnitte des Daseins

ins Auge fasst» oder wenn es heisst: «Die Begrenzungen sind nicht im ursprünglichen Dasein begründet. Die Unterscheidungen entstammen erst der subjektiven Betrachtungweise.» Das chinesische Denken ist ganzheitlich. Ein ähnliches Denken findet man auch bei *Paracelsus* oder bei *Cardano*. Auch *Joh. Kepler* hat noch so gedacht, und darum sind sein Denken und seine Arbeitsweise manchen Wissenschaftshistoriken recht unverständlich geblieben.

Mit *Kepler* beschäftigt sich nun der Aufsatz von *Pauli. Pauli* geht es nicht in erster Linie um Wissenschaftsgeschichte, sondern er möchte darstellen, wie wissenschaftliche Begriffe entstehen. Er glaubt nicht, dass die Naturgesetze aus dem Erfahrungsmaterial allein entnommen werden können, da diese die Erfahrung immer weit überschreiten. Daher entsteht die Frage, welches die Brücke sei, die zwischen den Sinneswahrnehmungen und den Begriffen überhaupt eine Verbindung herstellt. Ihm scheint am meisten befriedigend, hier das Postulat einer unserer Willkür entzogenen Ordnung des Kosmos einzuführen[3], die von der Welt der Erscheinung verschieden ist. Die Beziehung von Sinneswahrnehmung und Idee ist dann eine Folge der Tatsache, dass sowohl die Seele des Erkennenden als auch das in der Wahrnehmung Erkannte einer objektiv gedachten Ordnung unterworfen sind. Der Vorgang des Verstehens, der beglückend ist, scheint demnach auf einem Zur-Deckung-Kommen von präexistenten inneren Bildern der Psyche mit äusseren Objekten zu beruhen. Diese Auffassung geht auf *Plato* zurück und wird auch von *Kepler* vertreten. *Kepler* spricht von Ideen, die im Geiste Gottes präexistent sind und die der Seele als dem Ebenbild Gottes mit-ein-erschaffen wurden. Diese Urbilder nennt *Kepler* archetypisch. Die Übereinstimmung mit dem, was *Jung* als Archetypen bezeichnet, ist sehr auffallend. Als anordnende Operatoren in der Welt der symbolischen Bilder funktionieren die Archetypen, wie *Pauli* sagt, eben als die gesuchte Brücke zwischen Sinneswahrnehmung und Ideen. Man muss sich aber hüten, dieses *a priori* der Erkenntnis ins Bewußtsein zu verlegen und auf bestimmte, formulierbare Ideen zu beziehen.

---

[3] *I. Kant,* den *Pauli* nicht erwähnt, vertritt in der «Kritik der Urteilskraft» eine sehr ähnliche Auffassung.

Die rationalistische Einstellung der Forscher seit dem 18. Jahrhundert hatte aber zur Folge, dass die Hintergrundvorgänge, welche die Entwicklung der Naturwissenschaft stets begleitet haben, weitgehend unbeachtet, also unbewusst geblieben sind.

Pauli hat sein Interesse *Kepler* zugewendet, weil man bei ihm deutlich sehen kann, wie das neue naturwissenschaftliche Denken, als Folge einer grossen geistigen Anstrengung, aus der magisch-animistischen Naturauffassung herauswächst. Ich möchte hier noch betonen, dass sowohl *Galilei* wie dann besonders auch *Descartes* sich viel energischer als *Kepler* von den okkulten Wissenschaften abgewendet haben und hofften, eine Physik auf rein geometrischer Grundlage aufbauen zu können. Das ist aber unmöglich, und so gehen so eminent physikalische Begriffe wie die Massenträgheit und die Fernkraft auf *Kepler* zurück und wurden denn auch von den Cartesianern, wie *Huygens* und *Leibniz,* als okkult empfunden und darum abgelehnt.

Kepler war ein überzeugter Kopernikaner, und diese Überzeugung hatte bei ihm einen deutlich religiösen Ton. Die Kugel mit ihrem Zentrum ist für ihn ein Abbild oder Symbol der Trinität: Der Vater ist das Zentrum, der Sohn die Oberfläche, der Heilige Geist ist die radiale Bewegung vom Zentrum zur Oberfläche, durch die jeder ihrer Punkte aufs Zentrum bezogen ist. Zugleich ist die Bewegung vom Zentrum zur Oberfläche ein Sinnbild der Schöpfung, denn die Schöpfung ist durch den Geist geschehen, der über den Wassern brütete. Die Emanation aus dem Zentrum ist aber auch eine Lichtemission: Denn das Licht erleuchtet wie der Geist. Das setzt *Kepler* in seinen Ergänzungen zur Optik des *Witelo* auseinander. Das Lehrbuch des *Witelo* (ca. 1220–1275) ist das klassische Lehrbuch des Mittelalters, das auf spätgriechische-arabische Quellen zurückgeht. In der Einleitung zu seinen Ergänzungen schildert *Kepler,* wie der Schöpfer spielerisch ein Abbild seiner Trinität schuf. Es ist charakteristisch, dass in der Übersetzung, die in «Ostwalds Klassikern» publiziert wurde, diese hochinteressante Einleitung weggelassen wurde; denn für die Herausgeber hat das nichts mit Physik zu tun. Wohl aber für *Kepler.* Nimmt man diese Seite seines Denkens nicht wahr, so ist seine Begeisterung für *Kopernikus* ganz unverständlich! *Pauli* sagt ganz richtig, und er belegt seine Ansicht mit zahlreichen Zitaten: «Weil Kepler Sonne und Planeten mit dem archetypischen Bild der Trinität im Hintergrund anschaut, glaubt er mit religiöser Leidenschaft an das heliozentrische System. Dieser heliozentrische Glaube veranlasst ihn, nach den wahren Gesetzen der Proportion der Planetenbewegung als dem wahren Ausdruck der Schönheit der Schöpfung zu suchen.»

Das Gottesbild *Keplers* ist ein mathematisches oder vielleicht geometrisches Bild. Die Proportionen sind geometrische Proportionen. Daraus ergibt sich die hohe Bedeutung der Mathematik für das Weltverständnis. *Kepler* sagt: «Wie der Schöpfer gespielt, also tat Er auch die Natur als sein Ebenbild lehren spielen, und zwar eben das Spiel, das er ihr vorgespielt.» Der Schöpfer ist aber ein Mathematiker, und sein Spiel ist ein mathematisches Spiel. Wer kein Mathematiker ist, kann das wohl kaum ganz verstehen. Man bedenke aber, dass die Musiktheorie seit dem Altertum bis ins 18. Jahrhundert immer zur Mathematik gerechnet worden ist. Das Spiel kann darum auch als Musik, als Sphärenmusik aufgefasst werden. Die Weltschau *Keplers* kommt uns heute in vielem altertümlich vor. Damals war sie es aber nicht, und darum ist *Kepler* mit einem Vertreter der alten Naturphilosophie in eine merkwürdige Polemik verwickelt worden. Sein Gegner war der berühmte Arzt und Rosenkreuzer *Robert Fludd* aus Oxford. *Pauli* hat diese Polemik ausführlich dargestellt. *Fludd* war der Ansicht, dass eine Wissenschaft, welche die rosenkreuzerischen oder alchemistischen Mysterien nicht beachtet, eine subjektive Fiktion sei. *Kepler* rechnete dagegen allein das zur Wissenschaft, was sich mathematisch beweisen lässt – alles andere ist privat. *Fludd* war ein Epigone und führte gleichsam ein Rückzugsgefecht. *Pauli* sieht die beiden Diskussionspartner aber auch als Vertreter zweier Geistesrichtungen: Die einen halten die quantitativen Beziehungen der Teile, die anderen die qualitative Unteilbarkeit des Ganzen für die Hauptsache. *Pauli* weist auch mit Recht auf die Polemik *Goethes* gegen die *Newtonsche* Farbenlehre hin: Das Licht ist für *Goethe* ein unteilbares Ganzes. *Newtons* spektrale Zerlegung ist ein durchaus künstlicher Prozess, der das Licht gleichsam tötet, so dass nur noch sein Spektrum, d. h. ein Gespenst übrig bleibt.

Pauli sagt nun am Schluß seines Aufsatzes: «Ein Rückgriff auf den archaischen Standpunkt, dessen Einheit mit einer naiven Unwissenheit über die Natur erkauft war, ist für den Modernen offenbar ausgeschlossen. Dennoch veranlasst ihn gerade sein starker Wunsch nach einer grösseren Einheitlichkeit seines

Weltbildes, der Untersuchung der naturwissenschaftlichen Erkenntnis nach aussen eine Untersuchung dieser Erkenntnisse nach innen an die Seite zu stellen. Während die erstere die Anpassung unserer Kenntnisse an die äusseren Objekte zum Gegenstand hat, sollte letztere die bei der Entstehung unserer wissenschaftlichen Begriffe benützten archetypischen Bilder ans Licht bringen. Nur durch beide Untersuchungsrichtungen zusammen genommen dürfte sich nämlich eine Vollständigkeit des Verstehens erreichen lassen.»

Der Moderne, dem der Rückgriff auf den archaischen Standpunkt unmöglich ist, ist natürlich zunächst *Pauli* selber. Denn wie bei *Jung,* so ist auch *Paulis* Aufsatz gleichsam durchtränkt von persönlicher Erfahrung. Dass die Wissenschaft zu keinem Weltbild führt, war ihm nur allzu klar, und doch lebte in ihm auch der Magier, der die Einheit des Ganzen zu erschauen trachtete. Wer ihn gekannt hat, der hat es auch spüren können, dass in diesem Mann die Gegensätze des himmlisch Lichten und des archaisch Dunkeln gewaltig wirkten. Diese Gegensätze versuchte *Fludd* in seinen beiden Dreiecken, dem weissen und dem schwarzen, die sich gegenseitig durchdringen, darzustellen. *Pauli* hat diese Figur in seinem Aufsatz abgebildet, und ich weiss, dass sie ihm einen grossen Eindruck gemacht hat. Er hat den Konflikt in seinem eigenen Innern in seiner ganzen Furchtbarkeit erlebt, und *Jung* ist ihm in dieser schweren Zeit beigestanden.

Es scheint, dass die meisten Physiker nicht wussten, dass *Pauli* weit mehr war als ein sehr brillanter und einigermassen sonderbarer Theoretiker. Aber gespürt haben sie es doch. Denn auch ganz nüchterne Experimentalphysiker waren der Ansicht, dass von *Pauli* seltsame Wirkungen ausgingen. Man glaubte z. B., seine blosse Anwesenheit in einem Laboratorium erzeuge allerhand experimentelles Missgeschick, er erwecke gleichsam die Tücke des Objektes. Das war der «Pauli-Effekt». Darum hat ihn z. B. sein Freund *Otto Stern,* der berühmte Künstler der Molekularstrahlen, nie in sein Institut hereingelassen. Das ist keine Legende, ich habe *Pauli* und *Stern* beide sehr gut gekannt! *Pauli* selber hat an seinen Effekt durchaus geglaubt. Er hat mir gesagt, er spüre das Unheil schon vorher als unangenehme Spannung, und treffe dann tatsächlich – einen anderen! – das erahnte Missgeschick, so fühle er sich merkwürdig befreit und erleichtert.

Man kann den «Pauli-Effekt» durchaus als synchronistische Erscheinung, so wie sie *Jung* in unserem Buch beschreibt, auffassen. Man kann auch sagen: Was man nicht innerlich erleben kann, das erlebt man oft als verwirrende und erschreckende Erscheinungen in der Aussenwelt, und der Psychologe wird uns dann aufklären, dass wir eben unsere Konflikte nach aussen projiziert haben – womit die Sache zwar beschrieben ist, aber nicht erklärt wird.

Der Artikel *Jungs,* in welchem ein im Grunde missglücktes «astrologisches Experiment» beschrieben wird, hat vielerorts Befremden erweckt. Manche Freunde *Paulis* haben ihm geraten, die englische Übersetzung seines Keplerartikels doch getrennt von *Jung* erscheinen zu lassen. Pauli hat mir davon erzählt und dann gesagt: «Ich habe mir das überlegt, und ich meine, ich soll dies nicht tun. Denn ich muss doch einmal dokumentieren, was ich diesem Manne verdanke.»

Ich bin am Ende meiner Anführungen, die mir – ich muss es gestehen – einige Mühe gemacht haben, denn das Thema ist an den Grenzen dessen, worüber man wissenschaftlich reden kann. Die Kunst, vernünftig und doch nicht wissenschaftlich im engen Sinne zu reden, ist schwierig, aber auch ich musste diesen Vortrag halten und dokumentieren, was ich den beiden Autoren verdanke.

Aufklärung und Wissenschaft (1980)

Bei der Vorbereitung eines Vorlesungszyklus über die Wissenschaften in der Zeit der Aufklärung hat Herr Kollege J. F. Bergier die Fragen aufgeworfen: Warum hat man sich damals für die Wissenschaften interessiert? Warum fühlte man sich aufgeklärt?

Ich versuche, in den folgenden Betrachtungen zur Beantwortung derartiger Fragen etwas beizutragen.[1]. Dabei denke ich vor allem an die frühe Aufklärung, zu Ende des 17. und zu Anfang des 18. Jahrhunderts. Ein grossangelegtes Bild des geistigen Lebens dieser Zeit bietet das glänzende Buch von Paul Hazard «La crise de la conscience Européenne 1680–1715», auf das ich hier ausdrücklich hinweisen möchte.

Damals ist in England eine neue Geisteshaltung – man sprach später von «Aufklärung» – deutlicher sichtbar geworden. Man kann sie als Reaktion gegen das, was vorher war, auffassen; und wie meist bei solchen Reaktionen hat man dabei an Ideen und Tendenzen angeknüpft, die noch früher – im 16. Jahrhundert – von Bedeutung waren, die aber damals nicht recht zur Geltung gekommen sind.

Vor der Aufklärung liegt das Aufkommen des sogenannten absoluten Staates, der religiösen Orthodoxie – sei sie nun katholisch oder reformiert – und der Politisierung der Religion. Damit im Zusammenhang stehen Bürgerkriege in Frankreich und in England. In Deutschland aber kommt es zur Katastrophe des Dreissigjährigen Krieges. Diese Zeit ist auch eine Zeit ärgsten Aberglaubens: der Hexenwahn breitet sich aus und nimmt epi-

---

[1] Nach einem Vortrag, gehalten in der Universität Zürich, 19. November 1980.

demische Formen an. Da wird vor niemandem haltgemacht: hoch und niedrig, reich und arm, Männer, Frauen und Kinder – alle können in den schrecklichen Verdacht geraten, werden gefoltert und hingerichtet. Es war gefährlich, wider diesen Wahn aufzutreten; denn dann galt man als Genosse von Zauberern, die alle mit dem Teufel im Bunde stehen. Selbst sonst vernünftige und sehr liberale Leute, wie der grosse Rechtsgelehrte Jean Bodin (1530–1596) im 16. Jahrhundert oder wie Joseph Glanvill (1636–1680), ein Geistlicher und Gründungsmitglied der Royal Society in London – im 17. Jahrhundert –, waren der Ansicht: wer nicht an Zauberer glaubt, glaubt nicht an den Teufel, also glaubt er nicht an die Notwendigkeit der Erlösung und ist damit kein Christ, sondern ein Ketzer und Atheist.

Dieser Wahn ist keineswegs ausgesprochen mittelalterlich, sondern erlebte seine schreckliche Blüte erst im 16. und 17. Jahrhundert. Die Orthodoxie, sei sie nun katholisch, lutherisch oder helvetisch, konnte diesem Übel nicht abhelfen. Sie war überhaupt keine rechte Hilfe in den Nöten der Zeit.

Zwar gab es Leute, die nicht an Hexerei glaubten, aber sie waren meist keine orthodoxen Christen. Es gab zwar grosse Soldaten und Politiker, die völlig frei dachten, sich keiner Sekte anschlossen und die dennoch von einem sehr starken Christenglauben erfüllt waren, wie Oliver Cromwell. Aber das waren Ausnahmen. Gerade bei den grossen Kriegsleuten und auch bei vielen anderen bedeutenden und gebildeten Herren war ein zynischer Skeptizismus sehr verbreitet. Ich denke z. B. an den englischen König Karl II., über den einer seiner Höflinge, der junge Earl of Rochester, die berühmte Pseudograbschrift gedichtet hat:

> «Here lies a great and mighty King
> Whose promise none relies on.
> He never said a foolish thing
> Nor ever did a wise one.»

Wie man dem König diesen Spruch hinterbrachte, sagte er: «O yes! the words are mine, the deeds are my ministers.» Der Witz dieser Antwort ist wohl damals um so mehr geschätzt worden, als sie ein klassisches Zitat ist, das den «Maximen» des Plutarch entnommen ist. Mit seiner Antwort hat der König sehr geschickt von dem bedenklichen Vorwurf abgelenkt, dass sich niemand auf sein Wort verlasse.

Nicht alle waren so zynisch wie Karl; aber sehr viele waren der Ansicht, eine Wahrheit, die der Mensch begreifen könne, gebe es nicht. So sollten eben Staat und Kirche dekretieren, was wahr sei. Damit fanden sie sich ab und gingen pflichtgemäss zur Kirche. Sie waren auch ganz dafür, z. B. in England, dass man Katholiken und Sektierer unterdrücke, oder in Frankreich, dass man Hugenotten verfolge und womöglich bekehre. Denn Ordnung müsse sein, und die Kriege und Wirren hätten zur Genüge gezeigt, wohin religiöse Duldung führe.

So möchte ich in groben Zügen die Geisteshaltung zeichnen, die weit herum im 17. Jahrhundert herrschte. In England war dies die Zeit der Könige aus dem Hause Stuart.

Die Zeit, die vorher war, ist diejenige der Tudors: Heinrichs VIII. und der Elisabeth. Das war eine grosse Zeit, und in ihr nehmen die Wissenschaften im neueren Sinne ihren Anfang.

William Gilbert, Leibarzt der Königin, ist 1540 geboren worden. Er hat 1600 sein berühmtes Buch «Über den Magneten, die magnetischen Körper und über den grossen Erdmagneten» veröffentlicht. Weil er ein Kopernikaner war, hat er den Himmel als ruhend betrachtet: also hat er keine Pole, nach denen sich der Magnet richten könnte. Die Erde aber dreht sich um eine Achse, hat also Pole und ist ein grosser Magnet, nach dem sich die Magnetnadel richtet.

Galilei kam 1564 zur Welt, im gleichen Jahr wie Shakespeare; und Francis Bacon, der spätere Lordkanzler Jakobs I., war um drei Jahre älter.

Unter Wissenschaften verstehe ich hier aber nicht nur die Mathematik und die Naturwissenschaften, sondern auch die Geistes- und Staatswissenschaften: Geschichte, Philologie und Jurisprudenz. Im 16. Jahrhundert hat man sich auf allen diesen Gebieten mit der Tradition kritisch auseinandergesetzt. Man übte vor allem Kritik an der harmonisierenden Auffassung, die seit dem Mittelalter das Denken beherrschte. Noch die Florentiner Humanisten haben z. B. die Philosophie Platons, Aristoteles' und der Neuplatoniker als einheitliche Lehre, als *die* Philosophie verstanden. Man interpretierte Aristoteles und Plato vom neuplatonischen Standpunkt aus und suchte alle Widersprüche zwischen den grossen Meistern auszugleichen. Ähnlich galt auch das römische Recht als einheitliche Lehre.

Jetzt dagegen betonte man: die im Corpus juris gesammelten Rechtssätze und Entscheidungen berühmter Juristen stammen aus ganz verschiedenen Zeiten: aus der Republik, aus der Kaiserzeit, aus dem Byzantinischen Reich. Daraus haben Rechtsgelehrte des 16. Jahrhunderts geschlossen, dass diese Rechtsnormen verschiedene politische und soziale Verhältnisse widerspiegeln. Darum ist es kein Wunder, wenn sie sich gelegentlich widersprechen. Man soll das nicht wegbeweisen wollen. Man soll vielmehr die Rechtssätze in ihrem historisch bedingten Zusammenhang zu verstehen trachten. So gelangte man zur Einsicht, dass das Recht etwas Gewordenes und sich Wandelndes ist. Damit entstand ein neues Interesse für andere Rechtsformen, für die mittelalterlichen, regionalen Gesetze oder das jüdische Recht. Man vertrat die Ansicht, dass nicht nur historische, sondern auch klimatische Faktoren auf das Recht einwirken: das englische Recht ist ja ganz verschieden vom französischen. Die verschiedenen Rechtsformen galten aber alle als Ausdruck eines natürlichen Rechtes, das man durch rechtsvergleichende Studien zu eruieren trachtete. Das kritische Rechtsstudium hatte teilweise politische Gründe. Der Kampf gegen die Kurie, das Aufrichten eines nationalen Königtums waren hier wichtige Antriebe. In England führte das zum Einführen der Prärogativ-Gerichtshöfe des Königs und zum systematischen Ausbau der Equity-Gerichtsbarkeit. Dadurch wurden die mittelalterlichen Gerichtsbarkeiten des Common Law sinnvoll ergänzt. Es ist kein Zufall, dass der Philosoph der neuen Wissenschaft, der Lordkanzler Francis Bacon (1561–1626), auch einer der führenden Köpfe beim Ausbau der Equity gewesen ist[2].

Diese Tendenzen, die im 16. Jahrhundert sichtbar wurden, aber dann zurückgedrängt worden sind, kommen im 17. Jahrhundert erneut zum Vorschein und setzen sich diesmal durch. Nun gab es sogar Gelehrte, die sich nicht scheuten, selbst die Bibel als eine Sammlung von historisch bedingten Schriften zu betrachten, die keineswegs alle denselben religiösen Wert besit-

---

[2] Über das ältere englische Recht orientiert das klassische Werk von Sir William Blackstone «Commentaries on the Law of England», 4 vol., 1765–1769; seither zahlreiche Auflagen. Eine meisterhafte Übersicht bietet: F. W. Maitland, «Constitutional History of England» (Cambridge 1908).

zen. Auch diese Betrachtungsweise ist in Ansätzen schon im frühen 16. Jahrhundert vorhanden, wurde aber von der Orthodoxie mit ihrer Lehre von der Verbalinspiration erfolgreich unterdrückt.

Freilich, die nun zuerst derartiges zu denken wagten, der schreckliche Thomas Hobbes (1588–1679), der in seinem «Leviathan» (1651) die politisch-soziale Welt so schilderte, wie sie damals war, der abtrünnige Jude Baruch de Spinoza (1632–1677), sie konnte man noch als Atheisten brandmarken, deren Wort nichts galt. Bedenklicher war es dann, dass auch der französische Pater Richard Simon, vorsichtshalber in Holland, seine «Histoire critique du Vieux Testament» (1685) und «du Nouveau Testament» (1689) veröffentlichte, Bücher, die John Locke (1632–1704) und Isaac Newton besessen und fleissig gelesen haben. Doch gerade Locke und Newton waren sehr fromme Männer, wie überhaupt die meisten der frühen Aufklärer. Doch waren sie meistens mehr oder weniger heterodox. Newton war ein Unitarier, das Dogma von der Dreieinigkeit leuchtete ihm gar nicht ein. In Holland waren es die Arminianer, man nennt sie auch Remonstranten, welche als Aufklärer gelten müssen; sie lehnten die strenge Prädestinationslehre Calvins ab. So der aus Genf stammende Theologe Leclerc (1657–1736). Dieser hatte schon in Genf Gedanken der Remonstranten kennengelernt, und er ist während eines Aufenthaltes in Saumur, damals ein Zentrum des französischen Protestantismus, ganz von ihrem Geist erfüllt worden. So hat er Genf verlassen müssen und hat schließlich um 1685 in Amsterdam eine neue Heimat gefunden. Dort fand er die Freundschaft und Unterstützung Philipp von Limborchs, dem Haupte der remonstrantischen Gemeinde, der auch ein Freund Lockes war. Wie Limborch 1712 starb, wurde Leclerc sein Nachfolger als Professor der Kirchengeschichte am remonstrantischen Seminar.

In Amsterdam hat Leclerc zwischen 1686 und 1727 die «Bibliothèque universelle et historique» – 67 Bände – publiziert, die das fortschrittliche Geistesleben der Zeit widerspiegelt. 1703–1706 erschien seine Ausgabe der Werke des Erasmus von Rotterdam in 10 Foliobänden[3]. Denn Erasmus war damals all denen, die

---

[3] Vgl. Werner Kaegi, «Erasmus im achtzehnten Jahrhundert», S. 193 ff., in «Historische Meditationen» (Zürich 1942).

nach einem freieren und menschlichen Christentum sich sehnten, «Mitkämpfer und Eideshelfer» (W. Kaegi).

In Deutschland spielen im Rahmen des lutherischen Protestantismus die Pietisten eine ähnliche Rolle wie im Calvinismus die Remonstranten. Christian Thomasius (1655–1728), der sich von der scholastischen Rechtslehre befreit hatte, bekämpfte das Unwesen der Hexenprozesse; dies als Professor an der neuorganisierten Universität Halle, dem Zentrum des Pietismus.

In England gilt der sehr reiche und sehr fromme Right Honourable Robert Boyle (1627–1691) – er war einer der vielen Söhne des «great earl of Cork» – als Begründer der neueren Chemie. Er war vor Newton der berühmteste Naturforscher seiner Zeit. Ganz im geheimen hat der grosse Gelehrte riesige Summen für wohltätige Zwecke gestiftet. Er hat nicht nur unzählige wissenschaftliche Abhandlungen geschrieben, sondern auch religiöse Traktate, wie z. B. «Some Considerations about the Reconcileableness of Reason and Religion» (London 1675). Ich besitze dieses Büchlein. Das Exemplar stammt von Baron von Canstein, einem Offizier in preussisch-englischen Diensten im Krieg gegen Frankreich 1690, der nachher Pietist geworden ist und seine Mittel zur Gründung der berühmten Cansteinschen Bibelgesellschaft verwendet hat.

Robert Boyle hat in seinem Testament (1692) eine Stiftung errichtet, die noch heute besteht. Nach seinem Willen sollen die Trustees «ein jährliches Gehalt für einen Theologen oder Kirchenprediger aussetzen, der die folgende Aufgabe zu erfüllen hat: Er soll in diesem Jahr acht Predigten halten, in denen er die christliche Religion gegen notorische Ungläubige beweist, ohne sich in Kontroversen einzulassen, die zwischen den Christen bestehen. Die Vorlesungen sollen am ersten Montag der Monate Januar, Februar, März, April, Mai, September, Oktober und November in einer geeigneten Kirche stattfinden.» Es ging Boyle offenbar darum, den Atheismus *wissenschaftlich* zu widerlegen. Der erste Boyle-Lecturer war der Reverend Richard Bentley, der später hochberühmte Philologe. Bei der Ausarbeitung der Predigten hat sich Bentley von Newton beraten lassen, dessen «Principia» er häufig zitiert. Er nennt ihn dabei «that very excellent and divine Theorist Mr. Isaac Newton». Newton war damals noch Professor in Cambridge und erst in engeren Fachkreisen berühmt. Denn seine «Principia», 1687 erschienen, sind ein sehr schwieriges Buch und waren nur ganz wenigen Leuten verständlich. Als Text der Eröffnungspredigt dient Bentley der Psalmvers «Der Thor spricht in seinem Herzen: es ist kein Gott.» Die Predigten waren ein grosser Erfolg. Sie wurden gedruckt und erlebten zahlreiche Auflagen bis weit ins 18. Jahrhundert.

Die Briefe, die damals Newton an Bentley geschrieben hat, sind in seine «Werke» (1779–1785) aufgenommen worden und füllen dort zehn Druckseiten. Bentley hatte ihn gefragt, ob es zutreffe, dass er mit seinen «Principia» eine theologische Absicht verbunden habe. Newton antwortete schon in seinem ersten Brief: «Mein Herr, wie ich meine Abhandlung über unser Weltsystem schrieb, hatte ich ein Augenmerk auf solche Prinzipien, die bei nachdenklichen Menschen den Glauben an eine Gottheit bewirken könnten; und nichts kann mich mehr freuen, als wenn es sich herausstellt, dass sie für diesen Zweck nützlich ist. Wenn ich aber auf diese Weise dem Publikum irgendeinen Dienst erwiesen habe, so ist dies einzig die Folge von Fleiss und geduldigem Nachdenken.»

Diese Sätze sind bemerkenswert und charakteristisch, nicht nur für Newton, sondern für das Denken vieler damaliger, führender Naturforscher in England. Die «Principia» sind eine Monographie über die mathematischen Prinzipien der Mechanik und über ihre Anwendung zur mathematisch-physikalischen Erklärung der Bewegungen der Planeten und Kometen. Dass ein solches mathematisches Buch nachdenkliche Menschen zum Glauben an eine Gottheit führen könne, mutet heute seltsam an. Doch hier muss man bedenken, dass Newton die Prinzipien der Mechanik keineswegs für so klar und deutlich hielt, wie dies Descartes verlangt hatte. Denn dieser suchte Prinzipien, die dem Verstande unmittelbar einleuchten. Dieser Rationalismus schien Newton und ihm verwandten Gelehrten illusionär und unwissenschaftlich. Ja sie hielten ihn für schädlich, weil er zum Atheismus führe. Die Grundgesetze der Mechanik, das war Newtons Überzeugung, können durch keine noch so scharfsinnige Spekulation a priori gefunden werden. Sie sind uns vielmehr durch *Erfahrung* gegeben. Dass die Masse nicht nur ausgedehnt, sondern auch träge ist, dass sich Massen – jedes Masseteilchen mit jedem anderen – gegenseitig anziehen gemäss dem Gravitationsgesetz, das sind Erfahrungstatsachen, die allein durch die Erfahrung begründet werden können. Gerade das Gravitationsgesetz ist denn auch Cartesianern wie Huygens und Leibniz absurd vorgekommen. Leibniz hat Newton vorgeworfen, er führe damit erneut okkulte Qualitäten in die Wissenschaft ein, die man doch seit Descartes glücklich losgeworden sei. Newton war dagegen mit Recht davon überzeugt, es genüge, dass dies Gesetz in sehr hohem Mass die Planetenbewegung, die Bewegung des Mondes und der Kometen und die Gezeitenwirkung des Mondes richtig beschreibe. Es war ihm ein sicheres Zeichen, dass die Welt die Schöpfung eines weisen, uns aber gänzlich unbegreiflichen Gottes ist. Seinem Willen entspringen die Naturgesetze, und dieser Wille ist unerforschlich und durch nichts beschränkt. Leibniz war der Ansicht, die Anziehung der Planeten durch die Sonne und die gegenseitige Anziehung der Planeten wäre, wenn Newton recht hätte, ein beständiges Wunder. Darauf entgegnete Newton: der Begriff des Wunders hat in diesem Zusammenhang keinen Sinn. Letztlich ist ja alles wunderbar, als freie Schöpfung des allmächtigen Gottes. Nur wir Menschen reden von Wundern und Nicht-Wundern, wobei uns das, was wir täglich beobachten, nicht als Wunder gilt; was aber selten eintritt und darum ungewöhnlich ist, das gilt uns als Wunder. In diesem Sinne ist aber die Gravitation, als eine immerwährende Erscheinung, gewiss kein Wunder. Sie ist uns aber unverständlich, weil wir den Willen Gottes nicht begreifen können. Dass es Naturgesetze gibt und dass diese höchst mathematisch sind, das lehrt uns die Erfahrung, die damit auch zeigt, dass die Welt die Schöpfung eines allweisen, allmächtigen Wesens sein muss.

Ich möchte hier erwähnen, dass die Gottesvorstellung, bei der der unerforschliche Wille Gottes die stärkste Betonung erfährt, eine durchaus englische Auffassung ist, die schon um 1300 die Theologie des berühmten Johannes Duns Scotus (ca. 1266–1308) charakterisiert.

Für Newton war also die Physik eine Art natürlicher Theologie. Die Wissenschaft lehrt uns aber nicht nur den Schöpfergott kennen. Sie ist zudem auch das stärkste Mittel gegen den Skeptizismus. Die Naturgesetze, die wir mathematisch formulieren können, sind wahre Aussagen. Sie gelten immer, überall und für jedermann. Gewiss, sie sind uns nur teilweise bekannt, und sie sind, wie alles empirisch Begründete, nur annäherungsweise mathematisch formulierbar. Aber die Annäherung ist z. B.

bei den Gesetzen, die das Planetensystem regeln, derartig gut, dass es töricht wäre, hier nicht von richtig formulierten Gesetzen und von wahrer Erkenntnis zu sprechen.

Die Bekämpfung des Skeptizismus war auch ein Hauptanliegen John Lockes. In der Einleitung zum «Essay concerning Human Understanding» stellt er fest, dass die Kenntnis unserer Fähigkeiten ein Heilmittel gegen Skeptizismus und Trägheit sei. Denn wenn wir unsere Kräfte kennen, werden wir besser wissen, was wir mit einiger Hoffnung auf Erfolg unternehmen können. Dann werden wir nicht jedes Wissen leugnen, weil es Dinge gibt, die wir nicht verstehen können. Denn dass wir etwas wissen können, das beweisen eben die Erfolge eines Sydenham, eines Huygens und eines Newton.

1726 ist der junge Voltaire – er war 32 Jahre alt – als Verbannter nach England gekommen. Während seines Aufenthaltes, im März 1727, starb Isaac Newton, und Voltaire sah das Begräbnis. Wie ein Fürst wurde Newton in Westminster Abbey beigesetzt. Der Lordkanzler, zwei Herzöge und drei Earls hielten ihm im Trauerzug das Bahrtuch. Die sechs Peers waren Mitglieder der Royal Society, deren Präsident Newton über 20 Jahre lang gewesen war.

Der Lordkanzler war der erste Minister der Krone, und er war immer ein Peer, denn auf dem Wollsack sitzend, präsidierte er das Oberhaus. Er war auch immer ein Jurist, denn alle Klageschriften waren bei der königlichen Kanzlei einzureichen, und der Kanzler übte die Equity-Rechtsprechung aus. Der damalige Kanzler war Peter King, Lord of Ockham (1669–1734). Er war ein liberaler Herr und hat 1710 als Barrister die Verteidigung von William Whiston (1667–1752) geführt.

Whiston war der Nachfolger Newtons in Cambridge gewesen, und er war ein Antitrinitarier, wie Newton, der aber seine häretischen Ansichten im Druck verbreitet hat. So wurde er der Ketzerei angeklagt. King aber hat es erreicht, dass die Klage fallengelassen wurde. Die Professur in Cambridge hat Whiston allerdings verloren. Doch hat er hierauf ein erfolgreiches Leben als hochgeschätzter und gelehrter Wanderprediger geführt und noch zahllose wissenschaftliche Aufsätze und religiöse Traktate geschrieben.

Auch der Kanzler, Peter King, hat theologische Bücher geschrieben und publiziert, nämlich: 1691 «An Enquiry into the

Constitution of the primitive Church» und 1702 «History of the Apostel's Creed».

Diese Arbeiten sind charakteristisch für die Zeit. Man suchte zum Urchristentum zurückzukehren, zu der Zeit, wo es noch keine Dogmen und keine Konfessionen gab und wo die Kirche noch nicht politisiert war. Diese Rückkehr hoffte man mit Hilfe der historisch-kritischen Methode, also wissenschaftlich, einleiten zu können. Kings Arbeit über das Glaubensbekenntnis ist der erste Versuch, seine Entstehung zu erforschen und darzustellen. Auch Newton hat ähnliche Studien unternommen. Anders als Whiston hatte er aber keinen Missionstrieb und hat seine Ergebnisse nur engeren Freunden, wie John Locke, mitgeteilt.

Doch kehren wir zu Voltaire und dem Trauerzug Newtons zurück! Voltaire fand es höchst erstaunlich, dass ein bürgerlicher Beamter – Newton war Münzdirektor gewesen –, der ursprünglich Bauernsohn gewesen war, von Ministern und hochadeligen Herren zu Grabe geleitet wurde. Das war nur in England möglich; in Frankreich war es undenkbar, denn das Standesbewusstsein war dort viel zu gross.

In London hat Voltaire den Theologen und Philosophen Samuel Clarke (1675–1729) kennengelernt. Dieser, ein Freund Newtons, hat in einem berühmten Briefwechsel mit Leibniz die Philosophie und Theologie Newtons verteidigt, wobei man nicht behaupten kann, er habe gegenüber seinem berühmten Korrespondenten den kürzeren gezogen. Von Clarke konnte Voltaire aus erster Quelle manches über Newton und sein Denken erfahren. 1738, also 10 Jahre später, liess er in Amsterdam die «Eléments de la Philosophie de Neuton, mis à la portée de tout le monde» erscheinen. Das Buch ist eine ausgezeichnete, kompetente populäre Darstellung der Newtonschen Physik. Er hat es seiner gelehrten Freundin, der Marquise du Chastelet gewidmet, die die «Prinicpia» Newtons ins Französische übersetzt hat. An sie richtet er sein Widmungsgedicht, das beginnt:

> «Tu m'appelles à toi vaste et puissant Génie,
> Minerve de la France, immortelle Emilie,
> Disciple de Neuton et de la vérité
> Tu pénètres mes sens des feux de ta clarté.»

Dann heisst es, als Einleitung zu einer dichterischen Schilderung der Newtonschen Physik:

«L'espace qui de Dieu contient l'immensité
Voit rouler dans son sein l'Univers limité
Cet Univers si vaste à notre faible vue,
Et qui n'est qu'un atome, un point dans l'étendue.»

Er skizziert nun, was alles in diesem göttlichen Raum enthalten ist: die Himmelskörper und vor allem das Licht, und ruft alsdann aus:

«Que ces objets sont beaux! que notre âme épurée
Vole à ces vérités, dont elle est éclairée!
Oui dans le sein de Dieu, loin de ce corps mortel
L'esprit semble écouter la voix de l'Eternel.»

Voltaire nimmt also ganz teil an dem religiösen Gefühl, das auch Newton beseelt hat. Im Raum, in den Naturgesetzen offenbart sich die wunderbare Weisheit Gottes.

1745 hat er das Buch ein zweites Mal herausgegeben und hat ihm ein grosses Kapitel über die «Metaphysik» vorangestellt. Dieses beginnt mit den Worten: «Newton war zutiefst von der Existenz eines Gottes überzeugt, und er verstand unter diesem Wort nicht nur ein unendliches, allmächtiges Wesen, sondern einen Herrn, der zwischen sich und seinen Geschöpfen eine Beziehung gestiftet hat. Denn ohne eine solche Beziehung ist das Anerkennen einer Gottheit nur eine unfruchtbare Idee, die sogar zum Verbrechen einlädt, da sie jeden perversen Vernünftler hoffen lässt, er werde ungestraft bleiben.

Ich erinnere mich an mehrere Gespräche, die ich 1726 mit Dr. Clarke führte. Niemals sprach der Philosoph den Namen Gottes anders aus als mit einem Ausdruck tiefster Andacht und Ehrfurcht. Ich gestand ihm den Eindruck, den dies auf mich machte, und er sagte, er habe diese Gewohnheit ganz unbewusst von Newton übernommen, und sie sollte die Gewohnheit eines jeden Menschen sein. Die ganze Philosophie Newtons führt notwendig zur Erkenntnis eines höchsten Wesens, das alles geschaffen und völlig frei geordnet hat.»

Voltaire hat diese Folgerung aus der Newtonschen Philosophie anerkannt und ist ihr zeitlebens treu geblieben. Das «écrasez l'infâme» galt immer nur der katholischen Kirche, die er allerdings von Herzen gehasst hat.

Ich möchte nun zum Schluss, weil wir in Zürich sind, einen Zürcher Gelehrten betrachten, den Arzt, Naturforscher, Historiker und Politiker Johann Jakob Scheuchzer, der 1672–1733 gelebt hat. (Nach ihm heisst die Scheuchzerstrasse.) Hans Fischer hat ihn im Neujahrsblatt 1972 der Naturforschenden Gesellschaft ausführlich und verständnisvoll gewürdigt. Den einzigen Einwand, den ich gegen Fischers Darstellung machen muss, ist der, dass er die stark religiösen Tendenzen in den Schriften Scheuchzers als damals nicht mehr zeitgemäss betrachtet. So sagt er Seite 28 über dessen «Physica oder Naturwissenschaft» von 1701:

«Wenn man sich vorstellt, dass Newtons ‹Principia› 1687 veröffentlicht worden war, so ist man über die offensichtliche Naivität Scheuchzers, die schliesslich alles Gott anheimstellt, erstaunt.» Und dort, wo er die «Physica sacra» bespricht, Seite 108, fragt er: «War diese ‹Biblia sacra› nicht das bizarre Werk eines grossen Naturforschers und religiösen Phantasten, dessen absonderliche Art man nicht mehr recht verstand, weil die Zeit in ihren erleuchtetsten Geistern, vorab denjenigen Newtons, Huygens und anderer, trotz ihres christlichen Glaubens, eine freiere Einstellung zur Wissenschaft besass?»

Ich glaube, dass man so nicht urteilen kann. Das Forschen Newtons hat einen religiösen Hintergrund, der von der Religiosität Scheuchzers kaum verschieden ist. Ich glaube, dass ich dies gezeigt habe. Scheuchzer gehört als Aufklärer durchaus zu seinen englischen Zeitgenossen. Das frühe 18. Jahrhundert ist eben noch «barock», und das ist auch die «Biblia sacra», aber sie ist nicht «bizarr».

Scheuchzer machte sich als Naturforscher einen internationalen Namen durch Publikationen von Versteinerungen, die er, wie sein Zeitgenosse, der Engländer Woodward, nicht als Naturspiele, sondern als Zeugnisse der Sintflut auffasste. Er ist daraufhin, auf Betreiben Woodwards, 1702 Mitglied der Royal Society geworden. Diese hat seine Alpenbeschreibung, ein Pionierwerk, finanziert und herausgegeben.

In Zürich war Scheuchzer Stadtarzt, wie sein grosser Vorgänger Conrad Gessner. (Auch ihm hat Hans Fischer 1966 ein Neujahrsblatt gewidmet.) Er hat am Carolinum Vorlesungen über

Medizin und ihre Geschichte gehalten. Seit 1710 war er Professor für Mathematik, doch immer war er schlecht bezahlt – Zürich war, anders als Basel oder Bern, eine arme Stadt, trotz grosser politischer und kultureller Bedeutung.

Er hat auch populäre Vorlesungen gehalten, in denen er die Bibel wissenschaftlich erklärte. Aus diesen ist schliesslich die «Physica sacra» entstanden. Sie erschien erstmalig 1721 als Quartband, ohne Illustrationen, und umfasste lediglich einen Kommentar zum Buch Hiob. Dabei hatte Scheuchzer einige Schwierigkeiten mit der Zürcher Zensur, die damals noch sehr orthodox war. Aber das Buch war ein grosser Erfolg, und so wagte es Scheuchzer, einen Kommentar zur ganzen Bibel zu schreiben. Diese «Biblia sacra» ist ein Riesenwerk in vier grossen Foliobänden mit über 750 ganzseitigen Abbildungen in Kupferstich: ein barockes Prachtwerk. Es handelt sich um eine Art von Realenzyklopädie zur Bibel, in der alle Naturerscheinungen, die in der Bibel vorkommen, wissenschaftlich erklärt werden. Aber auch Sitten und Gebräuche, Bauwerke und ihre kultische und künstlerische Ausgestaltung werden erklärt und abgebildet, ja es werden die Namen von Tieren und Pflanzen in den orientalischen Sprachen angeführt und ihre philologische Verwandtschaft erwogen. Ich finde, das Werk ist zwar phantasievoll, hat aber einen durchaus ernsthaften, wissenschaftlichen, wenn auch populären Charakter. Scheuchzer war kein «religiöser Phantast».

Die Herausgabe des Riesenwerks war ein riskantes verlegerisches Unternehmen des «Kayserlichen Hof-Kupferstechers» in Augsburg, Johann Andreas Pfeffel, dessen Bildnis, neben demjenigen Scheuchzers, im ersten Bande zu finden ist. Er hat über zwanzig Stecher beschäftigt, welche die von Johann Melchior Füessli in Zürich gezeichneten Abbildungen in Kupfer gravierten. Sie alle sind am Anfang des Werkes namentlich aufgeführt. In Augsburg wurde eine deutsche und eine lateinische Ausgabe gedruckt, das dauerte vier Jahre (1731–1735). Dann gingen die Platten an einen Verleger in Amsterdam, der eine französische und eine holländische Ausgabe druckte. Scheuchzer hat die Vollendung seines Werkes nicht mehr erlebt.

Der Hiobkommentar von 1721 ist in die endgültige «Biblia sacra» aufgenommen. Da lesen wir zu Hiob 28.3 «Er setzt der Finsternis ein Ende»: «Hiob deutet auf neue Erfindungen, welche nach und nach durch Gottes weise Vorsehung zu sonderbarem Nutzen der menschlichen Gesellschaft an das Licht gebracht werden.» (Das hatte, wie Scheuchzer sagt, schon Pineda vorgeschlagen, ein spanischer Jesuit, der um 1600 einen Hiobkommentar in zwei Foliobänden herausgegeben hat, der bis ins 18. Jahrhundert oft gedruckt wurde.) «Sofern diese Erklärung den Zweck und Sinn erreicht, und das Ende der Finsternis auf ein gewisses Säkulum gesetzt wird, mögen wir wohl sagen, dass an neuen Erfindungen keines so fruchtbar gewesen, wie das jüngst verstrichene siebzehnte, darin mehr als in den vorigen sechzehn zusammengenommen erfunden worden.»

Nun folgt eine Aufzählung von Gelehrten und ihren Entdeckungen im 17. Jahrhundert. Cartesius macht den Anfang, mit seiner neuen Philosophie. Von ihm sagt Scheuchzer, er sei nicht so hoch auf dem Thron geblieben, als man ihn erhoben. Er habe aber das Tor zu der neueren, jetzt herrschenden Philosophia Mathematica – d. i. die Physik Newtons – eröffnet. Dann nennt er die Anatomen und Ärzte, denn er ist selber Arzt: Harvey (Blutkreislauf), Aselli (Chylusgefässe), Pecquet (Ductus Thoracicus), Wharton (Speichelgänge), Willis (Hirnanatomie) und noch andere.

Nun erst folgen die Mathematiker: Cartesius, Leibniz, Newton und die Bernoulli. Von den Astronomen nennt er als ersten Galilei «den Erneuerer des Kopernikus, mit seinem Fernrohr, der vortreffliche, von der römischen Klerisei verfolgte Mann». Sodann folgen Cassini, Huygens, Scheiner und Hevelius. Nach den Erforschern des Himmels folgen Mikroskopiker mit Leeuwenhoek an erster Stelle. So geht es weiter bis zu Fürsten, die sich durch Kanalbauten grossen Stils Verdienste erworben und die wissenschaftliche Akademien gründeten. Doch er will nicht alles erwähnen, denn das würde zu weit führen. Darum verweist er auf die Akademieberichte: die «Philosophical Transactions» der Royal Society, die «Mémoires de l'Académie Royale», die «Berliner Berichte».

Diese Skizze der Wissenschaftsgeschichte im 17. Jahrhundert erscheint hier, man erinnere sich daran, als Kommentar zu Hiob: «Er setzt der Finsternis ein Ende». Das zeigt, was Scheuchzer als «Aufklärung» empfunden hat. Das Wort war damals noch nicht gebräuchlich, die Sache aber war im Bewusstsein der Menschen.

Betrachtungen zur «Persona» und zum «Schatten». Anlässlich des Buches von Ernst H. Kantorowicz: «The King's Two Bodies» (1983)

Der Mediävist *Ernst H. Kantorowicz* hat 1957 ein Buch mit dem merkwürdigen Titel: «The King's Two Bodies, a Study in Mediaeval Political Theology»[1] veröffentlicht. Den älteren unter uns ist der Autor schon lange bekannt, denn er ist der Verfasser eines sehr eindrucksvollen Buches über den Kaiser Friedrich II. von Sizilien. Es ist 1927 erschienen als eines der «Werke aus dem Kreis der Blätter für die Kunst», entstammt also dem George-Kreis. Diese Herkunft kommt im gelegentlich hochgespannten Stil zum Ausdruck, der uns schon damals absurd schien; das Buch ist aber dennoch ein bedeutendes Geschichtswerk, das von einer umfassenden und gründlichen Gelehrsamkeit getragen wird, wie ja überhaupt jener Kreis bedeutende gelehrte Werke hervorgebracht hat.

Der Buchtitel zeigt das Signet der «Blätter für die Kunst»: das Hakenkreuz. Aber als unter diesem Zeichen Deutschland vom Wahnsinn ergriffen wurde, hat *Stefan George* sein Vaterland verlassen, und sein Kreis hat sich aufgelöst. Auch *Kantorowicz* musste flüchten. Er ist 1963 als angesehener Universitätslehrer in Amerika gestorben.

«The King's Two Bodies» ist sein letztes Werk; es ist englisch geschrieben, und der Stil hat sich entspannt. Aber die tiefe und weit ausgebreitete Gelehrsamkeit, das Verständnis für die ungeahnten Möglichkeiten menschlicher Spekulation und die Darstellungskraft sind dem Verfasser geblieben.

---

[1] Kantorowicz, E. H.: The king's two bodies. A study in mediaeval political theology (Princetown University Press, Princeton 1957). 1981 als Paperback erschienen (Princeton University Press), 608 pp., 24 ill., £ 20,–, No. 0 69 1 02 01 83.

Wie in der Einleitung ausgeführt, behandelt das Buch: «The mystic fiction of the ‹King's Two Bodies›, as divulged by English jurists of the Tudor period and the times thereafter». Es heisst hier weiter, dass Mystizismus, wenn er, statt im warmen Zwielicht des Mythus und der Dichtung, im kalten Lichte des Tatsächlichen und der Vernunft betrachtet wird, meist wenig für sich hat. Seine Sprache scheint dann arm, oft gar töricht, und bietet den jämmerlichen Anblick von *Baudelaires* «Albatros».

Zunächst freilich ist die Lehre von den beiden Körpern des Königs keineswegs «mystisch». Die beiden Körper werden «body physick» und «body politick» genannt. Der erste der beiden – «physick» bedeutet hier nicht Physik, sondern die ärztliche Kunst – ist der Menschenkörper, wie ihn jedermann hat, der geboren wird, an Krankheiten und Schwächen leidet und stirbt. Der andere ist der politische Körper, man könnte sagen der Körper des Königtums. Dieser ist nie unmündig, nie alt oder krank, und er stirbt nie: «the King never dies», sagen die Juristen. Er ist viel vollkommener als der «body physick». Als Staatsoberhaupt wird er von den Juristen als Korporation und juristische Person aufgefasst, in die der König als einzige natürliche Person inkorporiert ist. Daher gilt der König als «sole corporation».

Hiervon gibt es in der englischen Geschichte eine Ausnahme: William und Mary, die 1690–1694 die Krone gemeinsam trugen.

Weil der König nie stirbt, da beim Tod der natürlichen Person die Krone sogleich an den Thronerben übergeht: Le roi est mort – vive le roi [1, pp. 409 ff.], so sprechen die Juristen nicht von «Tod des Königs», sondern vom «Niederlegen der Krone» – «demise of the crown».

Im Römischen Recht, aus welchem der Begriff der Korporation stammt, gilt zwar die Regel: «tres faciunt collegium», was bedeutet, dass eine Korporation mindestens drei Personen vereinigen soll. Doch diese Regel ist nicht logisch zwingend. Darum schreibt der grosse Commonlawyer Sir *William Blackstone* (1723–1780) in seinen 1763 erstmals und später in zahlreichen Auflagen erschienenen «Commentaries on the Laws of England», die Römer hätten den Begriff der Korporation erfunden: «But our laws have considerably refined and improved upon the invention according to the usual genius of the English nation: particularly with regard to the sole corporation, consisting of one person only, of which the Roman lawyers had no notion.»

Da der König, als «body politick», eine Korporation ist, also etwas Begriffliches, ist er unsichtbar und kann unsichtbar anwesend sein. Darum sagt wiederum Blackstone: «His Majestie in the eye of the law is always present in all his courts (i.e. of law), though he cannot personally distribute justice.»

Auch diese Vorstellung ist nicht «mystisch», denn das Gericht urteilt im Namen des Königs, der Quelle allen Rechtes. Er wird von den Richtern repräsentiert.

Die Mystik beginnt [1, p. 9], wenn die Richter zur Zeit der Elisabeth behaupten, die beiden Körper des Königs seien zu einem einzigen untrennbar vereinigt: «He has not a Body natural distinct and divided by itself from the Office and Dignity royal, but a Body natural and a Body politic together indivisible; and these two Bodies are incorporated in one Person, and make one Body.»

Die hieraus entspringende Auffassung erinnert stark an die Lehre, dass in Christus eine göttliche und eine menschliche Natur untrennbar vereinigt seien. *Kantorowicz* hat Ideen, die hinter diesen juristischen Formulierungen stehen, durch alle Zeiten und Länder des Mittelalters zurückverfolgt und präsentiert in seinem Buch dem erstaunten Leser höchst eindrucksvolles Material.

Dass ein Kollegium oder eine Korporation – im Mittelalter sprach man auch gerne von «Universitas», z. B. auf dem Siegel von Schwyz, 1284: «S. Universitatis in Swits» – von den Mitgliedern verschieden ist, hat der Papst am Konzil von Lyon 1245 zum ersten Mal deutlich ausgesprochen [1, pp. 305 ff.: *Kantorowicz* nennt die Erklärung «epochemachend»]. Er sagte, eine «Universitas» kann man nicht exkommunizieren, denn sie ist nur eine juristische Benennung. Sie ist also ein Begriff, und dass sie eine «Person» sei, ist eine juristische Fiktion. Dadurch wird freilich, wie die Juristen betonen, der Wert einer solchen «persona ficta» keineswegs herabgemindert, «denn die Fiktion ahmt die Natur nach». Das ist gut gesagt, und gerade der theoretische Physiker hat dafür volles Verständnis. Denn mit seinen Theorien, mathematisch formulierten Fiktionen, ahmt er die Natur nach. Ich glaube, das reiche Material, das *Kantorowicz* in seinem Buch mit bewundernswerter Gelehrsamkeit zusammengetragen hat und das er als wahrer Kenner kommentiert, ist gerade auch für den Psychologen von Bedeutung. Ich hoffe, dass mein kurzer Bericht

dies wenigstens ahnen lässt. Im folgenden möchte ich, obwohl
kein Fachmann, Betrachtungen vorbringen, die wenigstens
einen speziellen psychologischen Aspekt der Theorie von des
«King's Two Bodies» beleuchten sollen.

Zunächst: Die «Mystik» entsteht dann, wenn die Erwägungen
den Bereich der Logik verlassen. Dass die natürliche Person des
Königs eine Korporation, also eine juristische Person bilde, das
ist logisch. Man sieht dies sogleich ein, wenn man die Verhältnisse in der Eidgenössischen Staatsverfassung betrachtet. Hier
ist der Bundesrat das Staatsoberhaupt, also ein Kollegium von
sieben Personen. Der Bundespräsident hat nicht die Stellung des
amerikanischen oder französischen Präsidenten: Er ist kein
Staatsoberhaupt, sondern nur der Vorsitzende des Bundesrates.
Er kann diesen bei bestimmten Gelegenheiten vertreten. Doch
dies kann auch durch eine Delegation, ja unter Umständen
durch den Bundeskanzler (in der Schweiz der Chef der Bundes-
kanzlei) geschehen. In diesen Fällen ist der Bundesrat in seinem
Vertreter anwesend. Die «Stellungnahme des Bundesrates» ist
auch immer die des Kollegiums, nicht die der Mehrheit. Hier ist
es nicht schwierig, zwischen dem Kollegium und den einzelnen
Bundesräten zu unterscheiden. Beim König von England ist dies
schwieriger, weil sich in der Vorstellung der König «als natürliche Person» mit dem König als «sole corporation» leicht ver-
mischt. Dann entstehen «mystische», d. h. unlogische Vorstellungen, wie die erwähnte, wo der «body politic» und der «body
natural» in einer Korporation vereinigt werden, wie wenn zwei
Körper in der Krone inkorporiert wären. Wäre dies so, dann wäre
der König gar keine «sole corporation», sondern eine solche von
zweien. In England ist aber nicht nur der König als «sole corporation» betrachtet worden. Auch jeder Landpfarrer, falls er Inhaber
der Landkirche war, diese also nicht einem Stift inkorporiert
worden war, galt als solche [1, p. 449]. Von einem Chorherrenstift
unterscheidet er sich ja nur dadurch, dass er als einziger die Kirche besitzt. Im Gegensatz zu einem Vikar heisst ein solcher Pfarrer darum «parson», was nichts anderes bedeutet als «person»: Er
ist eine juristische Person.

Ich glaube, es ist mehr als ein Wortspiel, wenn man den Par-
son-Pfarrer in Analogie setzt zur «Persona» im Sinne *C. G. Jungs*.
Hieraus ergeben sich Gesichtspunkte, unter denen man die Persona betrachten kann.

Zunächst ist die Persona von der natürlichen Person verschieden. Letztere ist in der Persona inkorporiert, was wohl bedeutet, dass nicht wir eine Persona haben, sondern dass sie uns hat, nämlich schützend umhüllt und bekleidet. Dies ist besonders dann der Fall, wenn die Persona sehr bedeutend ist, wie beim König oder eben auch beim Landpfarrer im Mittelalter.

Die Persona ist viel vollkommener als die natürliche Person, und sie ist unsterblich. Unsterblich ist sie, weil die Persona der Rolle entspricht, welche der Mensch vor den anderen, und wohl auch vor sich selber spielt. Eine Rolle kann aber nicht sterben. Zudem entspricht sie einem Typus, den es immer schon gegeben hat und den es immer wieder geben wird. Darum hilft auch die Persona dem gegenseitigen Verständnis: Man weiss, mit wem man es zu tun hat. Das ist wenigstens «von Rechts wegen» so, denn niemand kann andere durchschauen, ja niemand kann sich selber durchschauen.

Die Persona ist vollkommener als der «body physick», der des Arztes bedarf. In ihr ist wohl der «Schatten» *nicht* inkorporiert.

Die Eigenschaften des Typischen, der Dauer, der Vollkommenheit verleihen der Persona archetypische Züge. Beim König und beim Pfarrer, dem Seelenhirten und Verwalter der Glaubensmysterien, ist das offenkundig. Ebenso ist es erkennbar bei den bedeutenden historischen Persönlichkeiten, bei Helden, Heiligen und Weisen. Durch ihre Persona haben sie «die Macht ihrer Persönlichkeit» ausgeübt. Die archetypischen Züge der Persona bedeuten aber eine Gefahr für ihren Träger: Sein Schatten entschwindet seinem Bewusstsein, ja er kann von einem Archetyp verschlungen werden.

Es ist interessant, dass die Lehre von des Königs zweien Körpern gerade zur Zeit der Tudors, also zur Zeit Heinrich VIII. und der Elisabeth, besonders ausgebaut wurde. Dabei hat man die Mahnung des Papstes vergessen, dass eine Korporation keineswegs mit ihren Mitgliedern identisch sei, denn sie ist ein rechtlicher Begriff, die Mitglieder aber sind natürliche Menschen, die man exkommunizieren kann. Man hatte vielmehr die Tendenz, die beiden Körper in einen einzigen zu vereinigen. Das bedeutet offenbar, dass die Identifikation mit der Persona beim König als zu Recht bestehend anerkannt wurde. Und das entsprach wohl auch bei Heinrich und der Elisabeth der Wirklichkeit. Damit würde die ungewöhnliche Macht dieser beiden Fürsten erklärt, die als Haupt des Parlamentes dieses sich gänzlich dienstbar machten und in einer Selbstherrlichkeit regierten, wie kein König von England vorher oder nachher. Es ist erstaunlich, wie z. B. Heinrich VIII. sein überaus tyrannisches Regiment ohne eigentliche Machtmittel wie Armee und Polizeiapparat ausübte und dabei sogar noch populär war. Der Nachfolger der Elisabeth, James Stewart, als König von Schottland der VI., als König von England der I. dieses Namens, hatte diese Macht nicht. Trotz grosser Gelehrsamkeit und politischem Talent hat er seinen Untertanen nie imponieren können. Nur sein Sohn Karl hat ihn und seine Lehren bewundert – mit welchen Folgen, ist bekannt. Die Engländer dagegen fanden, ihm mangle jede königliche Würde: Seine königliche Persona war gänzlich unzureichend. Das war schlimm, denn das Königsein war sein Beruf, und er selber war sogar der Ansicht, er sei König «by Divine hereditary right», eine Idee, welche den Engländern seltsam vorkam.

Zu jedem Beruf, insofern er Umgang mit Menschen mit sich bringt, gehört nämlich eine angemessene Persona. Auf ihr beruht insbesondere die Autorität des Erziehers.

Wenn der Lehrer zum ersten Male vor seine Klasse tritt, wenn der Meister seinen Lehrling in die Werkstatt einführt, wenn der Redner das Podium besteigt, ist dies jedesmal ein kritischer Augenblick. Jetzt gilt es den Menschen, denen man begegnet, klarzumachen, mit wem sie es zu tun haben. Wer nicht, ganz naiv, mit seiner wohl ausgebildeten Persona identisch ist, tut jetzt gut, sich mit seiner Persona zu identifizieren. Weil nämlich der Moment typisch ist, schon immer vorkam und immer wieder vorkommen wird, so genügt es nicht, wenn ein «body natural» in all seiner Sonderbarkeit und Unzulänglichkeit auftritt. Vielmehr gilt es nun, den Lehrer, den Redner, den Politiker in gültiger Weise darzustellen. Wenn später dann der Mensch mit seinen Eigenheiten auch in Erscheinung tritt, so ist das gut und recht, ja notwendig. Denn erstens hat ja jede Lage ihre einmaligen, menschlich-individuellen Züge, und ferner soll auch deutlich werden: Der Mensch ist nicht nur das, was er darstellt.

Als Erzieher soll man nicht fürchten, dass man sich Autorität anmasse. Dies geschieht nur dann, wenn man vergisst, dass man nicht «die Autorität» ist, sondern sie repräsentiert.

Das gilt vor allem für die elterliche Autorität, denn Vater- und Mutter-Sein, das sind archetypische Rollen. Sie zu übernehmen ist unsere Pflicht, wenn auch hier, wie überall, gilt: ultra posse nemo obligetur.

Die heute verbreitete Furcht, Autorität auszuüben, hängt wohl unter anderem auch damit zusammen, dass sich die Leute gänzlich unbewusst mit ihrer Persona identifizieren, anstatt sie zu repräsentieren. Das geschieht leicht, weil nur noch wenig Mittel zur Repräsentation zur Verfügung stehen: Man ist allzu formlos. Da nun aber jeder weiss, dass er nicht fehlerfrei ist, so richtet sich die Selbstkritik auf jene unbewusste Korporation, die aus der natürlichen Person und der Persona besteht. In ihr ist aber auch der Schatten mitinkorporiert – weil die Identifikation unbewusst ist –, weshalb nicht einzusehen ist, wie und warum eine solche Persönlichkeit Autorität haben soll: Diese ist hier in der Tat eine Anmassung.

Man sollte aber wissen, dass das, was man repräsentiert – als Vater und Mutter ist es ein Archetypus –, besser und grösser ist als man selber und darum auch Autorität hat. Man kann nun einwenden, dass diese repräsentierte Autorität eine Fiktion sei. Da man ja selber zugestandenermassen keine Autorität ist!

Ich will das gar nicht bestreiten, antworte aber mit dem Bologneser Juristen Baldus (1327–1400) [1, p. 306, Note 81]: «Fictio imitatur naturam. Ergo fictio habet locum, ubi potest habere locum veritas». (Fiktionen ahmen die Natur nach. Darum findet man die Fiktionen dort, wo man auch die Wahrheit findet.)

Anmerkung zum Begriff der Anzahl

F. L. G. Frege (1845–1925), der Begründer der neueren mathematischen Logik, hat in seinem Buch: «Die Grundlagen der Arithmetik» (1884) wohl als erster betont: Die Zahlen als Kardinalzahlen (Anzahlen) gehören nicht Gegenständen, sondern Begriffen an. Sie beantworten die Frage, wie viele Gegenstände unter einen Begriff fallen.

Es gibt Begriffe, unter die nur ein einziger Gegenstand fällt. Das kann empirische, es kann auch logische Gründe haben. Es ist eine empirische Tatsache, dass es nur einen «Trabanten der Erde» gibt: den Mond. Aber der Mond ist keine «Eins» noch ist er eine «Einheit» im mathematischen Sinn. Es gibt mathematische Probleme, die mehrere oder nur eine einzige Lösung haben. Das hat logisch-mathematische Gründe. Die Eigenschaft eines mathematischen Gebildes, Lösung eines bestimmten Problems zu sein, umschreibt einen Begriff und bleibt auch dann ein solcher, wenn es nur eine einzige Lösung gibt. Es gibt Begriffe, unter die gar kein Gegenstand fällt. Ihnen zugehörig ist die Kardinalzahl Null. Man sagt, ein solcher Begriff sei «leer». Er braucht deshalb aber nicht sinnlos zu sein. Wenn z. B. eine Stelle ausgeschrieben wird, so gibt es den Begriff «Anwärter auf die Stelle». Meldet sich niemand, so ist der Begriff leer. Sinnlos ist er damit nicht, sonst hätte man die Stelle nicht ausgeschrieben. Man könnte ihn aber «problematisch» nennen. In der Mathematik gibt es viele Begriffe, von denen man nicht weiss, ob sie leer sind, nämlich die Lösungen von Problemen, bei denen man nicht weiss, ob überhaupt eine Lösung existiert. Ist ein Begriff nicht leer, so sagt man: «Es gibt einen Gegenstand, der dem Begriff entspricht.» Oder: «Ein solcher Gegenstand existiert.» Diese Ausdrucksweise klingt so, wie wenn dem Gegenstand Existenz zukäme, obwohl gemeint ist, dass ein Begriff nicht leer sei. Die Aussage bezieht sich auf einen Begriff, und darum ist es besser, «Existenz» als Eigenschaft eines Begriffes aufzufassen.

Es ist somit sehr fraglich, ob die Aussagen der Philosophen über die «Eins» und über «Existenz» immer einen rechten Sinn haben. Ich glaube, dass sich häufig bei ihren Worten nichts denken lässt. Aber der Sprachgebrauch ist verführerisch: «Gewöhnlich glaubt der Mensch, wenn er nur Worte hört, es müsse sich dabei doch auch was denken lassen.»

Das sagt nun freilich Mephisto (Hexenküche), und so ist Vorsicht am Platz. Es ist vielleicht gar nicht nötig, dass sich immer etwas denken lässt. Worte können auch Ahnungen wachrufen, die das Denken nicht fassen kann.

Rückblick vom Hönggerberg
(April 1975)

Es ist noch nicht lange, dass die gesamte Physik – Forschung und Unterricht – hier auf dem Hönggerberg angesiedelt ist; und es ist das erste Mal, dass die Schweiz. Phys. Gesellschaft ihre Tagung in diesen imposanten Gebäuden abhält. Sie alle haben die grossen Hörsäle und die noch grösseren Hallen und Treppen gesehen und sind gewiss gebührend beeindruckt. Mich hat man aufgefordert, ich solle Ihnen, rückblickend aus dieser Gegenwart, schildern, wie es früher war.

Dies früher soll nicht die Zeit vor über hundert Jahren sein, wo Clausius in Zürich Physikprofessor war, oder die Zeit vor dem Ersten Weltkrieg, wo Einstein für kurze Zeit an unserer Schule wirkte. Diese Zeiten sind auch für mich historisch, insofern ich sie nicht erlebt habe.

Ich möchte vielmehr auf jene Zeiten zurückblicken, wo ich selber jung war, vor dem 2. Weltkrieg – auch das ist schon 40 Jahre her, und ebenfalls bald historisch. Damals lagen die Jahre, in denen Planck das Wirkungsquant entdeckte, Einstein die Relativitätstheorie schuf und Bohr sein Atommodell erfand, auch schon ziemlich weit zurück; und sie kamen mir vor als Zeit der Väter.

Ich glaube nun, dass die Veränderungen im physikalischen Leben von 1900–1940, ja vielleicht von 1860–1940 kleiner waren, als diejenigen, die ich von 1935–1975 erlebt habe, trotz aller jener berühmten Veränderungen in der Wissenschaft, die uns die Elektrodynamik, die Quantentheorie und die Relativitätstheorie gebracht haben.

Das physikalische Leben in Hochschulen und Instituten war wohl um 1930 nicht sehr verschieden von demjenigen um die Jahrhundertwende. Heute ist das alles ganz anders geworden.

Da Sie nun alle wissen, wie es heute ist, so will ich versuchen, Ihnen zu beschreiben, wie es «damals» war; also vor allem in den Jahren, wie ich studierte und hernach Assistent bei Pauli war.

Was ich erzählen will, beruht auf persönlicher Erinnerung. Ich habe, um diesen Vortrag vorzubereiten, keine verstaubten Zeitschriften und vergilbten Briefe gelesen, die ja auch nur ein einseitiges und schattenhaftes Bild der Vergangenheit bieten. Was ich erzählen werde, ist, wie ich hoffe, nicht schattenhaft; einseitig ist es aber gewiss. Aber es mag manchem, der jene vergangenen Zeiten studieren möchte, helfen, das, was sich in Dokumenten niedergeschlagen hat, zu beleben.

Übrigens ist jede sogenannte Rekonstruktion der Vergangenheit eine missliche Sache, wenn man erwartet, man werde zum Schluss wissen, «wie es eigentlich gewesen ist». Denn «wie es eigentlich ist», das wissen ja die Zeitgenossen auch nicht, und jeder erlebt seine Zeit auf seine eigene Weise. Dem Mitlebenden ist das Geschehen zwar lebendig, aber er hat kaum Distanz und keine Übersicht. Sein Urteil ist durch Hoffnungen und Leidenschaften getrübt. Der Nachfahr hat zwar Distanz; aber das, was die Vergangenheit bewegte, ist ihm oft unverständlich geworden. Zudem hat er seine eigenen Vorurteile und ist leicht geneigt, das, was sein Denken fesselt, in die Vergangenheit zurückzuprojizieren.

Diese allgemeinen Erwägungen mögen begründen, dass ich die Zeit einfach so schildere, wie sie mir in der Erinnerung geblieben ist, und keineswegs behaupte, es sei alles für jeden so gewesen!

Wie ich in die Mittelschule ging, da haben nur sehr wenige Leute Physik und Mathematik studiert; und die meisten, die so studiert haben, sind nachher Lehrer geworden. Wer keine Gaben für diesen Beruf mitbrachte, der hatte nur sehr wenig Chancen, einen, seinem Studium entsprechenden Beruf zu finden. Es gab sehr wenig Stellen – auch an den Schulen –, es war ja eine Zeit grosser Arbeitslosigkeit. Das hatte nun den Vorteil, dass wir am Gymnasium ganz hervorragende Physik- und Mathematiklehrer hatten, wie Willi Hardmeier und Emil Beck. Ich möchte hier erwähnen, dass Emil Beck anno 1919 eine Präzisionsmessung des gyromagnetischen Verhältnisses, wie es der Einstein-de Haas-Effekt liefern kann, ausgeführt hatte. Aber anders als de Haas, dessen Messung tatsächlich nur qualitativ war, der aber glaubte, den g-Faktor 1 nachgewiesen zu haben, bewies Beck, dass dieser mit hoher Genauigkeit 2 beträgt. Das war eine bedeutende Entdeckung, deren Bedeutung freilich nur wenige zu würdigen wußten. Heute würde wohl einem jungen Gelehrten eine derartige Erstlingsarbeit den Weg zu einer akademischen Laufbahn öffnen. Damals war das nicht so; aber eben darum hatte ich die Freude, von dem geistvollen Mann in die Elementarmathematik eingeführt zu werden.

Ich beschloss, Physik zu studieren und habe meinen verehrten Lehrer und Freund Willi Hardmeier um Rat gefragt. Er empfahl mir, nach Göttingen zu gehen – im Herbst 1931. Göttingen war damals, was Mathematik und Physik betraf, eine berühmte und grosse Universität. Darum gab es dort zwei physikalische Institute und dementsprechend zwei Ordinariate, die Franck und Pohl innehatten. Jeder dieser Professoren hatte einen ersten Assistenten, die beide habilitiert waren: Cario und Hilsch. Als theoretischer Physiker wirkte ein einziger Professor, Max Born. Sie sehen also, wie klein, nach heutigen Begriffen, der Lehrkörper auch an dieser grossen Universität war. Nun gab es freilich noch einige wenige Privatdozenten, die mir als seltsame, kauzige Randgestalten vorkamen. Sie hatten kaum Hörer, in der Regel ein ganz unzureichendes Einkommen, und warteten auf bessere Zeiten.

Nun wissen Sie ja wohl, dass man als Student, auch im ersten Semester, scharf beobachtet und grausam urteilt. Mir schien es jedenfalls – ob ich recht hatte, das weiss ich nicht –, dass diese Privatdozenten sich in der Regel in einer recht hoffnungslosen Lage befänden. Denn es fehlte ihnen jenes künstlerische Fluidum, oder jene mächtige Energie, die allein, so meinte ich, einer Gelehrtenlaufbahn Halt geben könnte. Ich habe in jugendlicher Naivität diese Ansichten Hermann Weyl gegenüber geäußert, der mich väterlich und weise belehrt hat. Er hat meine Auffassung, was ein Gelehrter sein solle, nicht bestritten. Aber er hat mir gesagt, dass es eben auch immer jene geben müsse, die zwar kein Feuer anzünden können, aber doch die Glut hüten, damit, wenn der rechte Mann kommt, er seine Fackel anzünden kann. Gleichwohl ist mir der Beruf des Mittelschullehrers viel erfreulicher vorgekommen als dies wenig hoffnungsvolle Warten auf eine akademische Professur, als dies ängstliche Hüten der glimmenden Kohlen unter der Asche.

Ich blieb drei Semester in Göttingen. Dann ist das 1000jährige Reich ausgebrochen, Studenten haben den jüdischen Professoren – einem Landau, einem Courant – die Fenster eingeschmissen, und ich bin schleunigst nach Zürich zurückgekehrt. Dort studierte ich weiter an der Universität. Im Gegensatz zu Göttingen war das Zürcher Universitätsinstitut ein kleines Institut. Es befand sich im Hochparterre und im Souterrain des Hauses neben der Universität, das heute das Physiologische Institut einnimmt. Oben im Haus war schon damals die Physiologie mit dem berühmten Prof. Hess.

Im Parterre gab es, neben dem Haupteingang an der Rämistrasse, zwei grosse, kahle Zimmer mit geölten Fussböden für die beiden Professoren Edgar Meyer und Gregor Wentzel. Es gab einen kleinen und einen grossen Hörsaal nebst Sammlung, zwei mässig grosse Praktikumsräume und eine kleine, dunkle, schlauchartige Bibliothek. Das restliche Institut: Werkstatt, Zimmer der Privatdozenten und Arbeitsräume für Doktoranden waren im Souterrain, das teilweise durchaus kellerartig war. Hier arbeiteten die Privatdozenten Richard Bär, Kurt Zuber, Marcel Schein, der Assistent Fritz Levi und einige Doktoranden, wie Klaus Meyer, Schwarzenbach, Fritz Müller, Billeter.

In einem solchen Institut hatte sich die Forschungstätigkeit, was die Apparate angeht, sehr stark auf die Sammlung zu stützen, da der Institutskredit nur ungefähr Fr. 3000.-- betrug. Die Anschaffung eines neuen Präzisionsinstruments oder gar eines Oszillographen war daher ein grosses Unternehmen, das reiflich diskutiert werden musste. Mancher Plan konnte nur verwirklicht werden, weil Prof. Bär, als vermöglicher Privatgelehrter, eine eigene Sammlung besass und so das Institut unterstützte. Die Beschränkung zwang die Universitätsinstitute zur Spezialisierung: in Basel wie auch in Tübingen und Bonn pflegte man die Spektroskopie, in Marburg die Kristallphysik, in Leyden die Physik tiefer Temperaturen. Wer ein derartiges Gebiet kennenlernen wollte, begab sich an die betreffende Universität. Das Meyersche Institut war auf die Physik der Gasentladung und verwandter Gebiete spezialisiert. Trotz der engen Verhältnisse wurden teilweise bemerkenswert originelle Untersuchungen angestellt, wie z.B. die Analyse der Hyperfeinstruktur des Quecksilbers in Resonanzfluoreszenz durch Marcel Schein. Zuber hat dann etwas später eine kleine Wilsonkammer, die mit

Argon gefüllt war, gebaut – das Geld dafür bezahlte die Jubiläumsspende. In dieser Kammer untersuchte er die Paarerzeugung durch γ-Strahlen (Ra Thor). In 2300 Aufnahmen – die Kammer expandierte automatisch ca. alle Minuten – beobachtete er 142 Paare, von denen 97 ausgemessen werden konnten: für damalige Begriffe eine sehr anständige Statistik, die die Aussagen der Theorie, was Winkelverteilung und Energieverteilung der Partner anbetrifft, schön bestätigte. Die theoretische Physik wurde von Wentzel verwaltet, und zwar ganz allein: er hatte keine Assistentenstelle. In der Schweiz hatte nur Pauli eine solche.

Wentzel war damals 35 Jahre alt, beschäftigte mehrere Doktoranden und hatte ein vollgerütteltes Pensum. Er las einen sechssemestrigen Kursus: Punktmechanik, Mechanik der Kontinua, Thermodynamik, Elektrodynamik, Theorie des Lichtes, und schliesslich Wellenmechanik. Dazu kamen jedes Semester ein oder sogar zwei Spezialvorlesungen. So las er z. B. im Wintersemester 34/35 eine vierstündige Kursvorlesung: Theorie des Lichtes mit 1 Std. Übungen und zwei zweistündige Spezialvorlesungen, die eine über Elektronentheorie, die andere über Quantenstatistik. Er war immer ausgezeichnet vorbereitet, was er sagte, war klar und übersichtlich. Er war ein zierlicher Mann von sehr aufrechter und bestimmter Haltung, er sprach schön und sehr gepflegt. Hin und wieder belebte ein reizendes Lächeln sein Gesicht.

Kam man in sein grosses, leeres Zimmer, das an ein ausgeräumtes Schulzimmer erinnerte, so fand man ihn dort in dicken Tabaksqualm gehüllt: er rauchte Schweizerstumpen wie andere Leute Zigaretten. Hätte er nicht soviele Stunden lesen müssen, er hätte noch viel mehr geraucht. Die Studentenzahl war klein. In den Kursvorlesungen waren wir gewöhnlich ungefähr zwölf, in den Spezialvorlesungen vielleicht fünf Studenten. Dabei sassen immer mehrere Jahrgänge beisammen, denn der Kursus dauerte ja 3 Jahre. Dass unter diesen Umständen kein eigentlicher Lehrplan bestehen konnte, ist klar. Wie ich z. B. im 4. Semester nach Zürich zurückkam, hatte Wentzel gerade Mechanik gelesen, so dass ich nie eine Vorlesung über dieses Gebiet gehört habe. Wir waren darum auf Lehrbücher angewiesen. Analytische Mechanik habe ich, wie damals viele, aus dem Anhang von Sommerfelds «Atombau u. Spektrallinien» gelernt.

Das Kolloquium und das theoretische Seminar wurden damals, wie heute, gemeinsam mit der ETH veranstaltet. Es gab selten auswärtige Gäste. Um solche einzuladen, fehlte das Geld und es war überhaupt nicht der Brauch, soviel zu reisen. So haben denn vor allem die Doktoranden vorgetragen, und zwar meistens nicht über eigene Arbeiten. Vielmehr hat man irgendeinen Doktoranden – es konnte aber auch ein jüngerer Student sein – dazu verdammt, über eine oder mehrere Arbeiten, die den Kolloquiumsleitern wichtig schienen, vorzutragen. Diese Leiter sassen in der vordersten Reihe: Pauli, Wentzel, Edgar Meyer und Paul Scherrer. In Anbetracht dieses Publikums war die Aufgabe nicht ungefährlich. Der Vortragende wurde oft unterbrochen – durch Fragen oder Zwischenbemerkungen –, man fürchtete Paulis Kritik, aber auch Wentzel konnte durch eine schneidende Bemerkung den Vortragenden aus der Fassung bringen. Aber das Kolloquium war für alle Teile höchst nützlich, denn es bot eine vortreffliche Übersicht über das, was in der Physik vorging. Was ich über Physik im allgemeinen weiss, habe ich zu grossem Teil im Kolloquium gelernt.

Das Theoretische Seminar war ein kleiner Kreis: Pauli und sein Assistent – das war Weisskopf –, Wentzel und seine Doktoranden, nämlich Bargmann, Kemmer und ich. Man hat damals vor allem die Versuche Dirac's, Heisenbergs und seiner Schüler besprochen, in der Quantenelektrodynamik die Divergenzen zu substrahieren, um so auch in höheren Näherungen Aussagen zu gewinnen. Diese Arbeiten waren sehr kompliziert und unübersichtlich – mir jedenfalls kamen sie so vor –, aber Euler und Kockel haben richtige Aussagen über die Streuung von Licht an Licht bei grossen Wellenlängen hergeleitet. Das war einigermassen eine Kunst!

Mir schien ferner, dass meine Lehrer, aber auch Weisskopf und Bargmann, alles schon zum voraus wüssten, und kam mir recht beschränkt vor. So erschrak ich denn sehr, wie Wentzel mich aufforderte, im Seminar eine Arbeit über Comptonstreuung vorzutragen. Ich versuchte, mich zu drücken, worauf Wentzel in seiner scharfen Art sagte: «Aha, Sie wollen ein blosser Zuschauer bleiben!» Das hat mich getroffen – viel mehr, als Wentzel beabsichtigt hatte. So übernahm ich die Aufgabe und habe mich kurz nachher als Doktorand bei Wentzel gemeldet.

Als Doktoranden arbeiteten wir zu Hause. Denn für uns gab es in diesem Institut, das nicht einmal über eine Sekretärin verfügte, keine Zimmer. So haben wir uns selten gesehen und ich wusste jedenfalls kaum, was die anderen beiden trieben. Besonders Bargmanns Dissertation war geheimnisvoll. Er sprach nicht darüber und machte scheinbar auch keine Fortschritte. Und doch wussten wir, dass er sehr gelehrt war, denn er hatte ja schon in Berlin mit Schrödinger eine Arbeit über Spinoren in der allgemeinen Relativitätstheorie publiziert. Aber Bargmann hatte eben kein Interesse, seine Studien abzuschliessen, denn dann hätte er seinen Status als Student verloren und wäre aus der Schweiz ausgewiesen worden. Damit wäre er in eine höchst bedenkliche Lage geraten.

Im Wintersemester 1935/36 habe ich doktoriert und bin im Sommer als Gast des Seminars von Heisenberg in Leipzig gewesen. Natürlich auf eigene Kosten! Denn anders ging dies damals nicht. Mit Heisenberg und seinem Assistenten Euler bin ich im Juli auch an eine jener berühmten Konferenzen nach Kopenhagen gefahren, wo sich fast alles, was in der Theorie einen Namen hatte, versammelte: es mögen etwa 50 Physiker, vor allem Theoretiker, gewesen sein. Da habe ich Jordan, Peierls, London, Heitler, Kramers und viele andere kennengelernt. Es war unerhört feucht und heiss in Kopenhagen. Beim Mittagessen in einem Praktikumsraum mit einem Glasdach, einem wahren Gewächshaus, fragte mich Pauli, ob ich sein Assistent werden wolle. Ich erschrak ziemlich, zumal da Pauli mir sagte: «Ich weiss, Sie sind nicht so erfahren wie Casimir oder Weisskopf, aber ich will es mit Ihnen versuchen».

Nun, es ist ja wider Erwarten gut gegangen, vor allem, weil mich Pauli – allen Erzählungen nach – bedeutend besser behandelt hat als seine früheren Assistenten. Wer weiss, vielleicht war es mein Glück, dass er von mir offenbar nicht besonders viel erwartet hatte. Ich habe mich auch tapfer gewehrt, wenn Pauli meiner Auffassung eines Problems nicht zustimmen wollte.

Pauli las an der E. T. H. einen viersemestrigen Kursus: Elektrodynamik, Optik und Elektronentheorie, Thermodynamik und zum Schluss Statistische Mechanik. Die Optikvorlesung diente ihm u. a. auch dazu, die Hamiltonsche Theorie zu entwickeln, da diese in der zweisemestrigen Mechanikvorlesung, die ja vor allem für Ingenieure bestimmt war, nicht vorkam. Er hat, wie Wentzel, neben der Kursvorlesung noch Spezialvorlesungen gehalten. In diesen kamen seine mathematischen Interessen sehr stark zur Geltung. Auch Wellenmechanik war eine Spezialvorlesung, in der aber der Gegenstand nur sehr rudimentär und etwas verworren behandelt wurde: Pauli hatte eben gerade seinen Handbuchartikel geschrieben, und war darum nie vorbereitet. Pauli besorgte den Unterricht allein, ich hatte damit nichts zu tun. Wie ich ihn fragte, ob ich seine Vorlesung besuchen dürfe, winkte er ab: das ist nichts für Sie! Ich habe später herausgefunden, warum. Es kam nämlich vor, dass er mich vor seiner Vorlesung zu sich bestellte, um irgend etwas zu besprechen. Und dann kam der Moment, wo er sagte: «Nun muss ich aber bald lesen, und will noch nachsehen, was ich zu sagen habe.» Darauf ergriff er eines jener in schwarzes Wachstuch gebundenen Kolleghefte, in das er seine Notizen eingetragen hatte. Er hatte dies offenbar schon vor vielen Jahren getan, und zwar immer nur auf der einen Seite jedes Blattes. Auf der anderen Seite und auch zwischen schon geschriebenen Zeilen hatte er mannigfache Ergänzungen eingetragen. Das Ganze machte mir, wenn ich so neben ihm stehend in das Heft sah, einen verwirrenden Eindruck. Auch Pauli blickte kopfschüttelnd in sein Heft: «Ich begreife gar nicht, was ich mir da überlegt habe, na, es wird schon gehen» – und er enteilte in die Vorlesung.

Zur Thermodynamik hatte er ein eigenartig ambivalentes Verhältnis. Einerseits schien sie ihm als abstraktes Gebäude anziehend und höchst lehrreich. Andererseits meinte er: «Im Grunde ist das doch eine unverständliche Lehre. Nachdem im 1. Hauptsatz die Äquivalenz von Wärme und Arbeit festgestellt wird, führt man den 2. Hauptsatz ein, indem nun gerade zwischen Wärme und Arbeit streng unterschieden werden muss. Im Grunde ist dies alles ganz unlogisch». Kein Wunder, wenn die Studenten Mühe hatten, ihn zu verstehen!

Doktoranden hatten wir keine, und in den drei Jahren, die ich bei ihm war, nur einen einzigen Diplomanden: Joseph Maria Jauch. Ich war Paulis Forschungsassistent und musste ihm häufig über Arbeiten, die ihn interessierten, referieren und alsdann eine Meinung abgeben. Im übrigen kam er fast jeden Tag nachmittags auf mein Zimmer. Das war ein kleines Büro im damaligen Neubau gegen den Lichthof. Er fragte mich, ob ich in meinen Forschungen weitergekommen sei, oder ob ich Schwierigkeiten habe. Ich erklärte ihm alsdann meine Auffassung des Problems sowie die mathematischen Probleme, in die ich häufig verwickelt war. Gerne nahm er alsdann Notizen nach Hause, um mir am folgenden Tag eine vollständige oder mindestens skizzierte Rechnung zu präsentieren. So habe ich seine erstaunliche Arbeitskraft kennengelernt. Über solche Kräfte verfügte ich keineswegs.

Neben mir, gegenüber und unter mir aber wirkten die Experimentalphysiker, und ihr Institut war von Scherrer dominiert. Er füllte es mit Phantasie und Unternehmungslust; er übte einen gewaltigen Einfluss auf seine Schüler aus. Aber er war keineswegs ein lehrhafter oder systematischer Mensch. Auch war er launenhaft, und er konnte Dinge, für die er sich eifrig eingesetzt hatte, plötzlich fallen lassen, ohne eigentliche Gründe hierfür abzugeben. Gleich einem König hätte er sagen können: «sic volo, sic jubeo sit pro ratione voluntas». Es ist begreiflich, dass diese Seite seines genialischen Wesens seine Mitarbeiter oft höchlichst irritierte.

Aber er war ein Physiker von erstaunlicher Vielseitigkeit, und er hatte ein sicheres, sehr persönliches Urteil in wissenschaftlichen Fragen. Darauf vor allem beruhte sein internationaler Ruf. Viele berühmte Physiker kamen immer gerne nach Zürich, um ihre Probleme mit Scherrer besprechen zu können. Seine Reaktionen waren oft verblüffend, immer interessant und lehrreich.

Als Vortragender hatte Scherrer die Gabe, das Publikum zu faszinieren. Diese Gabe hat er sich nutzbar gemacht, und grosse Experimentalvorträge vor allen möglichen Körperschaften gehalten. Damit hat er weite Kreise für die Physik zu begeistern gewusst. So ist es ihm gelungen, mannigfaltig unterstützt, ein grosses Institut aufzubauen, in dem die Physik für damalige Verhältnisse sehr vielseitig betrieben wurde. Wie ich bei Pauli eintrat, da hatte Georg Busch bei Scherrer vor kurzem neue seignettelektrische Kristalle entdeckt: Kaliumphosphat und verwandte Verbindungen. Damit war die «Ferroelektrizität» aus einer Kuriosität zu einer Erscheinung geworden, die man systematisch untersuchen und aufklären konnte. Mehrere Doktoranden, so Hablützel, und ich glaube auch Bantle, arbeiteten nun auf diesem Gebiet. Daneben beschäftigte sich Herzog mit Höhenstrahlung. Unter meinem Zimmer, ebenfalls gegen den Lichthof, hatte er eine grosse Wilsonkammer mit Magnetfeld aufgestellt, die, durch Zählrohre ausgelöst, seltene Ereignisse aufnehmen sollte. Die Helmholzspulen wurden durch einen Luftstrom gekühlt, der sich mit grossem Rauschen in den Lichthof ergoss. Wurde die Kammer ausgelöst, was nur alle paar Stunden eintrat, dann wurde die Ventilation abgestellt, aber dafür ertönte eine Alarmglocke solange, bis Herzog eilte, sie abzustellen.

In einem grossen Zimmer im 1. Stock bauten auf einem Tisch Baldinger, Huber und Staub die erste Cockroft-Walten-Anlage in der Schweiz, die mit einer Spannung von 130 KV einen Teilchenstrom von 200 Amp. beschleunigen sollte. Diese Apparatur zum Laufen zu bringen, war mit grossen Schwierigkeiten verbunden, so wie auch die Wirtschaftskrise überall sonst zu Schwierigkeiten führte. Die Stadt hatte darum eine Campagne unternommen, den Optimismus anzukurbeln und überall klebten Spruchbänder: vo hüt a mues es obsi ga! Und auch um die Apparatur in der E. T. H. war ein solches Spruchband gewunden. Die Kernphysik an der E. T. H. ist alsdann in der Tat «obsi» gegangen, nicht aber die Wirtschaft; denn Europa wurde von ruchlosen Räubern in den Krieg getrieben. Wenn wir nun von diesen Anfängen der Kernphysik in Zürich reden, so müssen wir uns auch daran erinnern, dass grundlegende technische Ideen, die man in dieser Forschung benützt, aus Bern stammen. Greinacher hat dort die Spannungsverdoppelung, den Proportionalzähler und den Funkenzähler erfunden. Diese Erfindungen anzuwenden, dafür fehlten ihm freilich die Mittel in seinem kleinen Institut auf der Berner Schanze, wo die Anlagen damals noch mit Rindenhüttchen geziert waren, ganz wie der Park Eduards in den Wahlverwandtschaften. Und am Berner Institut gab es ein Türmchen, auf das eine Wendeltreppe führte. Ihr Kern war eine dicke Säule, gleichsam der Nabel der Schweiz: denn durch diesen Treppenkern lief der Nullmeridian der Schweizer Landesvermessung. Aber das Berner Institut war gleichwohl keineswegs der physikalische Nullpunkt der Schweiz, so gern dies auch, scherzeshalber, gesagt worden ist.

Mein Rückblick hat die Form einer Plauderei eines älteren Herrn angenommen, der sich an seine Jugend erinnert. Das ist durchaus passend, denn ich stamme noch aus der Zeit, in der die Physik mehr eine Liebhaberei – eine recht zweifelhafte Liebhaberei –, weniger ein Beruf war. Sie galt weitherum als zwar interessante – oder unverständliche –, aber doch eher unnütze und weltfremde Wissenschaft. Dies gilt natürlich besonders für die theoretische Physik. Der Rahmen war klein, man kannte die meisten Kollegen in aller Welt. Dadurch gewann das physikalische Leben einen persönlichen Charakter. Den heute Jungen mögen diese Zustände gemütlich erscheinen, sie waren es aber nur teilweise. Die Not der Zeit warf tiefe Schatten; aber auch unabhängig davon, war die Lage des Physikers schwierig. Es gab fast keine akademischen Stellen und die beruflichen Aussichten waren auch sonst sehr schlecht. So war der Konkurrenzdruck zwischen den jungen Leuten sehr gross. Gewiss, wer etwas Bedeutendes leistete, der konnte auch auf Anerkennung hoffen. Aber wer kann wissen, ob ihm geschenkt werde, Bedeutendes zu leisten? Und von Anerkennung allein kann man ja auch nicht leben!

In der Schweiz bahnte sich nun freilich schon Ende der dreissiger Jahre eine Wandlung an, und dies vor allem dank der Bemühungen Paul Scherrers. Dann kam der Krieg und in der Folge haben Entwicklungen eingesetzt, die Sie alle kennen. Und darum sind wir heute auf dem Hönggerberg.

Textnachweis

1) Zur physikalischen Erkenntnis
In: Eranos-Jahrbuch 1948, 433–460.
2) Der Glaube an den Fortschritt und die Erforschung der Natur
In: Das Problem des Fortschritts und die Wissenschaft. Rektoratsprogramm der Universität Basel für das Jahr 1959, Basel 1959, 5–15.
3) Die Verantwortung des Physikers
In: Verhandl. der Schweiz. Naturf. Gesellschaft, Scuol 1962, 30–38.
4) Symbole in der Wissenschaft, insbesondere in der Physik
In: Traum und Symbol (= Neuere Arbeiten zur analytischen Psychologie C. G. Jungs, hg. v. C. A. Meier), Zürich–Stuttgart 1963, S. 9–33.
5) Die vier Elemente
In: Traum und Symbol (wie oben), S. 35–64.
6) Über den Zufall
In: Spectrum Psychologiae. Festschrift zum 60. Geburtstag von C. A. Meier, Zürich–Stuttgart 1965, S. 97–108.
7) Wege der Wissenschaft und Religion
In: Zeitschrift für Analytische Psychologie und ihre Grenzgebiete 4 (Juli 1973), 235–247.
8) Die Bedeutung der Jungschen Psychologie für die exakten Wissenschaften
In: C. G. Jung im Leben und Denken unserer Zeit, Olten/Freiburg i. Br. 1975, S. 88–103.
9) Die frühen Jahre der Royal Society of London
In: Vierteljahresschrift der Naturforschenden Gesellschaft in Zürich, Jg. 122, Schlussheft, 501–511.
10) Die Aristotelisch-Mittelalterliche Seelenlehre.
Der Text ist bisher noch nicht publiziert worden.
11) Naturerklärung und Psyche
In: Analytische Psychologie. Zeitschrift für Analytische Psychologie und ihre Grenzgebiete, Vol. 10, No. 4, 1979, 290–299.
12) Aufklärung und Wissenschaft
In: Vierteljahresschrift der Naturforschenden Gesellschaft in Zürich (1981) 126/2, 129–139.

13) Betrachtungen zur «Persona» und zum «Schatten»
In: Analytische Psychologie. Zeitschrift für Analytische Psychologie und ihre
Grenzgebiete 14/2/83, Mai 1983, 126–133.
14) Rückblick vom Hönggerberg
Der Aufsatz ist unter dem Titel «Die Physik in den dreissiger Jahren – ein Rück-
blick» in verkürzter Form erschienen in: Physikalische
Blätter 36 (1980) Nr. 6, 133–136.